# UNBEKANNTE LECKEREIEN

Bernd Meißner

# UNBEKANNTE LECKEREIEN

## 30 PILZARTEN, deren Geschmack dich überraschen wird

Bernd Meißner, geboren 1968, begeistert unter dem Namen SNOKRI mit seinem YouTube-Kanal seit 2015 zehntausende Follower für die Welt der Pilze. Im Jahr 2020 legte er die Prüfung zum Pilzsachverständigen nach den Richtlinien der deutschen Gesellschaft für Mykologie ab. Sein in vielen Jahren angeeignetes Wissen und seine Erfahrungen gibt er auf Pilzlehrwanderungen und Seminaren an Interessierte weiter.

Vielen herzlichen Dank an die Community meines YouTube-Kanals SNOKRI – ein Korb voll Pilze. Ohne Euch wäre der Kanal heute nicht das, was er ist, ihr seid einfach klasse.

# INHALT

**DAS MUSST DU WISSEN** 13

AUF DER SUCHE NACH VERBORGENEN SCHÄTZEN 14

WANN UND WO FINDE ICH PILZE? 15

WAS BRAUCHE ICH? 21

WAS MUSS ICH ÜBER PILZE UND NATURSCHUTZ WISSEN? 25

WELCHE GIFTPILZE MUSS ICH KENNEN? 26

WIE VERMEIDE ICH PILZVERGIFTUNGEN? 35

WIE VERHALTE ICH MICH BEI EINER PILZVERGIFTUNG? 40

WIE BESTIMME ICH PILZE? 41

KLEINE BAUMKUNDE 49

BESCHREIBUNG FARBSKALA 52

## ARTENPORTRÄTS 55


DER FICHTENSTEINPILZ 57

DER SOMMERSTEINPILZ 65

DER MARONENRÖHRLING 71

DER GEMEINE ROTFUSSRÖHRLING 78

DER GEMEINE BIRKENPILZ 84

DIE BIRKENROTKAPPE 89

DER GOLDRÖHRLING 94

EXKURS: TÄUBLINGE UND MILCHLINGE 100

# INHALT

DER FRAUENTÄUBLING 107

DER GRÜNGEFELDERTE TÄUBLING 113

DER FLEISCHROTE SPEISETÄUBLING 118

DER ORANGEROTE GRAUSTIELTÄUBLING 122

DER EDELREIZKER 126

DER FICHTENREIZKER 132

DER FLOCKENSTIELIGE HEXENRÖHRLING 138

DER SEMMELSTOPPELPILZ 144

DIE KRAUSE GLUCKE 148

DER ECHTE PFIFFERLING 153

DER FLASCHENSTÄUBLING 159

DER SCHOPFTINTLING 164

DIE HERBSTTROMPETE 170

DER TROMPETEN-PFIFFERLING 175

DER NELKENSCHWINDLING 179

DER MAIPILZ 186

DER GEMEINE RIESENSCHIRMLING 192

DER PERLPILZ 198

DER GROSSE GELBFUSS 204

DER VIOLETTE RÖTELRITTERLING 209

DER SCHWEFELPORLING 215

DER BÜSCHELRASLING 221

DAS HEXENEI DER STINKMORCHEL 225

EXKURS: LECKERE PILZE IM WINTER 231

IMPRESSUM 239

# DAS MUSST DU WISSEN

# AUF DER SUCHE NACH VERBORGENEN SCHÄTZEN

Was gibt es Schöneres, als draußen in der Natur zu sein, frische Luft und Energie zu tanken und Ausgleich vom Alltag zu bekommen? Wie wunderbar ist ein Ausflug mit Freunden oder der Familie, wenn man gemeinsam, vielleicht mit den Kindern, der Natur wieder ein Stück näherkommt – und dabei auch noch köstliche Speisepilze findet und mit nach Hause nimmt. Die grauen Zellen bleiben auch in Schwung, da man immer etwas dazulernt, wenn man sich mit Pilzen beschäftigt. Und am Ende einer Tour wird man mit einer leckeren Mahlzeit belohnt, ein wenig Glück vorausgesetzt. Mit Glück allein ist es aber meist nicht getan. Etwas Grundwissen über die bunten Gesellen, die wir Pilze nennen, gehört schon dazu, wenn unsere Suche erfolgreich sein soll.

Wo und wann wachsen Pilze? Mit welchen Arten bin ich auf der sicheren Seite? Was brauche ich an Ausrüstung? Wie entnehme ich Pilze richtig? Diese und weitere Fragen stellen sich Pilzsammler, und vor allem Einsteiger, sehr bald. Muss ich aber ein studierter Mykologe sein, um Erfolg zu haben? Nein, bereits mit geringen Vorkenntnissen kann ich den Sammelkorb mit den feinsten Speisepilzen füllen, wenn ich gewisse Dinge beachte. Ehrlicher Respekt vor den Gefahren gehört dazu, vergiften sich doch jedes Jahr aufs Neue Pilzsammler mit selbstgesammelten vermeintlichen Speisepilzen. Und wer weiß, wenn ich erst einmal Gefallen daran gefunden habe, durch die Wälder zu streifen, um nach Pilzen Ausschau zu halten, stellt sich vielleicht auch der Wunsch ein, mehr über das Reich der Pilze zu erfahren. Wer tiefer in die Materie eintaucht, wird feststellen, dass neben dem kulinarischen Wert noch ein ganz anderer Reiz von ihnen ausgeht. Tauchen wir also gemeinsam ein in die geheimnisvolle Welt der Pilze, und begeben uns auf die Suche nach ihren verborgenen Schätzen.

## WANN UND WO FINDE ICH PILZE?

Will ich erfolgreich sein, den Sammelkorb gut füllen und am Ende eine leckere Mahlzeit genießen, sollte ich mir diese Frage stellen. Ich kann natürlich auch einfach auf gut Glück losziehen, das mache ich auch hin und wieder, aber das Wissen um die Lebensweise der Pilze erhöht meine Erfolgschancen. Die gute Nachricht: Pilze wachsen das ganze Jahr. Überrascht? Tatsächlich lassen sich feine Speisepilze sogar im Winter finden. Auch das Frühjahr hält einige köstliche Speisepilze für uns bereit. Die Hauptsaison ist freilich der Herbst und der späte Sommer. Einsteiger in das Hobby Pilze suchen sollten also vor allem in dieser Zeit unterwegs sein. Dann bleibt der Erfolg nicht aus. Die Artenfülle kann in dieser Zeit gigantisch sein.

Die meisten Pilzarten, darunter auch unsere häufigsten und beliebtesten Speisepilze, haben ganz bestimmte Erscheinungszeiten, andere wiederum lassen sich das ganze Jahr über finden. Manchmal ist diese Zeitspanne recht kurz und beträgt nur wenige Wochen. Bei anderen Arten können wir das Wachstum über mehrere Monate beobachten. Der Winter mit seinen tiefen Temperaturen stoppt für die allermeisten Arten das Bilden ihrer Fruchtkörper. Es gibt aber auch Arten, die sich im Winter pudelwohl fühlen. Verrückte Sache! Wie stolz ist man dann, vor allem als Einsteiger, wenn man sein erstes Pilzgericht aus im Winter frisch gesammelten Pilzen zubereiten kann.

Aber Pilze sind ein launisches Völkchen und halten sich nicht immer an die für sie typischen Zeiten. In milden Wintern z. B. können viele Arten, die sonst vom Frost verdrängt werden, noch weiter Fruchtkörper bilden. So habe ich auch schon Steinpilze im Dezember gefunden. Klassische Spätherbstpilze tauchen oft auch im zeitigen Frühjahr nochmals auf, besonders dann, wenn der Herbst sehr trocken war und die Pilze ausgeblieben sind.

Neben dem Wissen um die typische Erscheinungszeit spielt die Witterung eine große Rolle. **Pilze brauchen ausreichend Feuchtigkeit**, um ihre Fruchtkörper bilden zu können. Ohne Regen geht da auf Dauer nichts. In trockenen Sommern werden wir daher kaum etwas finden. Lohnen kann sich die Suche allerdings dennoch: in Gewässernähe oder an anderen feuchten Standorten. Auch an Wegrändern, an der Traufseite von Bäumen, stehen bei Trockenheit die Chancen gut, etwas zu finden. Ich kenne einen solchen Standort, der etwas tiefer liegt als das Gelände ringsum und durch den ein Bachlauf führt. Hier ist es immer etwas kühler und feuchter, und die Pilzfunde bleiben meist nicht aus.

Nach dem Wann stellt sich die nächste Frage: Wo wachsen Pilze eigentlich? Grundsätzlich lassen sich Pilze fast überall finden, in Wäldern, in Parkanlagen, auf Wiesen, selbst im eigenen Garten. Es gibt kaum einen natürlichen Lebensraum, den Pilze nicht erschließen können. Wenn ich gezielt auf Suche gehen will, ist es natürlich wichtig zu wissen, welche Arten in welchem Lebensraum vorkommen. Ein wichtiger Punkt ist dabei das Wissen um die Ernährungsweise der Pilze. Sämtliche als Speisepilze geschätzten Röhrlinge bilden eine Mykorrhiza genannte, symbiotische Lebensgemeinschaft mit

Bäumen und lassen sich nur in der Nähe ihres Baumpartners finden. Bin ich z. B. ab Anfang Juni unterwegs auf der Suche nach dem Sommersteinpilz begebe ich mich in Laubwälder, denn nur mit Laubbäumen bildet diese Art eine Symbiose. Vorzugsweise schaue ich in lichten Eichenbeständen, aber auch unter Linden und Buchen lässt sich der Sommersteinpilz gut finden. Gut zu wissen: Auch die Täublinge z. B. bilden Mykorrhiza.

Neben diesen in Symbiose lebenden Pilzen gibt es viele Arten, die sich ihre Nährstoffe auf eine andere Weise beschaffen. Wenn Pilze als Substrat totes organisches Material nutzen, spricht man von Zersetzern oder Saprobionten. Diese Pilze tragen damit wesentlich zum Stoffkreislauf in der Natur bei, indem sie z. B. Holz, Falllaub oder Nadelstreu zersetzen. Kenne ich das bevorzugte Substrat einer Pilzart, kann ich also ganz gezielt Ausschau halten. Bin ich im Frühjahr auf der Suche nach dem Stockschwämmchen, bevorzuge ich Laubwälder mit viel Totholz – am besten mit alten Stümpfen –, da es diese gern besiedelt. Gelegentlich kommt das Stockschwämmchen auch an Nadelholz vor, aber typischerweise ist es eben auf Laubholz zu finden. Das Stockschwämmchen wächst gern in mehreren Schüben, ab dem Frühjahr bis in den

Gemeines Stockschwämmchen

späten Herbst. Mit dem entsprechenden Wissen über die Erscheinungszeit und den Standort des Stockschwämmchens werde ich bei der Suche natürlich viel erfolgreicher sein.

Auch die Bodenbeschaffenheit kann von Bedeutung sein. Es gibt Arten, die gern auf basischem Boden wachsen. Andere bevorzugen sauren Boden, wieder andere Arten sind nicht so wählerisch und kommen nahezu in allen Bodentypen vor. Der Specht-Tintling z.B. ist ein typischer Vertreter des Kalk-Buchenwaldes. In meiner Region, der Oberlausitz, ist er nicht zu finden, weil wir hier vor allem saure Böden haben. Bei einem Aufenthalt in Ostseenähe habe ich diese Art hingegen auf Anhieb gefunden, da ich im passenden Habitat unterwegs war, eben in einem wunderbaren Buchenwald auf Kalk.

**Specht-Tintling**

Eine gute Strategie ist es, ein bestimmtes Revier, einen Standort sehr intensiv kennenzulernen. Dazu geht man das ganze Jahr über dieses Gebiet ab und beobachtet das Pilzwachstum im Verlauf der Zeit. Einerseits erschließt man sich so Pilzstellen, die man in Zukunft immer wieder besuchen kann, denn die meisten unserer Speisepilze sind recht standorttreu und versprechen über viele Jahre reiche Funde. Andererseits kann man das so erworbene Wissen anwenden, wenn man in einem neuen Revier unterwegs ist und ähnliche Verhältnisse vorfindet. Man schaut sich überall intensiv um, und prägt sich die Stellen ein, an denen bestimmte Pilzarten erscheinen, achtet auf Bäume und andere Pflanzen, die den Pilzen Gesellschaft leisten, merkt sich auch die Jahreszeit, in der die Arten erscheinen. So bekommt man immer mehr ein Gespür dafür, welche Pilzarten wann und wo auftauchen müssten. Wenn also das Wetter passt, genügend Regen gefallen ist und die typische Wachstumszeit stimmt, kann ich in meinem Pilzrevier losgehen und werde wahrscheinlich auch erfolgreich sein. Im Laufe der Jahre habe ich mir auf diese Art einige Sammelgebiete erschlossen, in denen ich mich inzwischen sehr gut auskenne.

Dieses Buch beantwortet zu jeder Art die Frage nach dem typischen Wann und Wo. Dann kann es ja los gehen, ab in den Wald und viel Erfolg.

# WAS BRAUCHE ICH?

Viel braucht es nicht, um für die Pilzsuche gut ausgerüstet zu sein. Aber man kann dennoch einiges falsch machen.

## KLEIDUNG UND SCHUHWERK

Dem Wetter und dem Gelände angepasste Kleidung und festes Schuhwerk sollten selbstverständlich sein. Nichts ist ärgerlicher, als wenn ein wunderbarer Steinpilz unerreichbar bleibt, nur weil man Angst hat, sich seine gute Jacke zu zerreißen, wenn man unter die Fichte kriecht, unter deren Zweigen sich der Prachtkerl verborgen hat. Kurze Hosen sind ebenfalls nicht geeignet für eine Pilztour im Wald, schon weil wir es den Zecken mit langen Hosen schwerer machen, uns einen Besuch abzustatten. Auch Mücken können auf einer sommerlichen Pilztour recht nervig sein. Lange und geschlossene Kleidung hilft da zumindest etwas. Wer will, benutzt zudem noch gängige Mittel zur Abwehr.

## SAMMELKORB

Das wichtigste Utensil auf unserer Tour ist der Sammelkorb. Am besten ist hier ein geflochtener, luftdurchlässiger Korb geeignet. Idealerweise mehr breit als hoch, sodass die Pilze darin eher nebeneinander als übereinander liegen. Luftundurchlässige Gefäße sind nicht zum Sammeln geeignet, da die Pilze gequetscht werden und nicht mehr atmen können. Sie verderben so schneller und werden unansehnlich, was zu einer unechten Pilzvergiftung durch in Zersetzung befindlichem Eiweiß führen kann. Eimer oder gar Plastikbeutel sind bei der Pilzsuche daher tabu. Für Notfälle habe ich außerdem immer einen Leinenbeutel dabei. Man weiß ja nie, ob an der nächsten Kiefer nicht eine köstliche Krause Glucke auf einen wartet. Allerdings ist ein solcher Beutel nur für den kurzen Transport festfleischiger Arten geeignet. Für Täublinge hingegen nicht. Zu Hause angekommen hätte man nur noch Brösel darin.

## PILZMESSER

Die gebogene Klinge eines Pilzmessers erleichtert uns das Putzen von Pilzstielen. Auch madige Stellen können wir damit entfernen. Eine am Ende angebrachte Bürste hilft uns ebenfalls beim Reinigen der Pilze vor Ort. Vorputzen im Wald ist ohnehin sinnvoll, wenn wir nicht Waldboden, Nadelstreu usw. mit nach Hause nehmen wollen, und wer will das schon. Außerdem verhindern wir so, dass sich die von uns sicher bestimmten Pilze im Korb gegenseitig verschmutzen.

Das Messer dient natürlich zum Abschneiden, aber mehr noch zur Unterstützung beim Heraushebeln der Pilze aus dem Boden. Damit kommen wir zu einem wichtigen Punkt, der immer wieder diskutiert wird:

## ABSCHNEIDEN ODER HERAUSDREHEN, WAS IST RICHTIG?

Was habe ich da schon für Diskussionen erlebt, voller Leidenschaft auf beiden Seiten. Häufig werden dabei Argumente aufgeführt, die auf den ersten Blick logisch klingen, aber nicht zu Ende gedacht sind. Ich sehe solche Debatten durchaus positiv, zeigen sie doch, dass sich die Beteiligten Gedanken darüber machen, ob unser Sammelverhalten den Pilzen schaden könnte oder nicht. Das ist löblich, Naturschutz und Nachhaltigkeit gehen uns schließlich alle etwas an. Das Spannende aber ist: Eine allgemeingültige Antwort gibt es nicht. Was viele nicht wissen: Das, was wir als Pilze bezeichnen, sind nur die Fruchtkörper eines Organismus der, für uns unsichtbar, im Verborgenen agiert. Der eigentliche Pilz, das sogenannte Mycel, entzieht sich als feines Geflecht unseren Blicken. Und nur, wenn er die Fruchtkörper bildet, die der Bildung von Sporen und somit der Verbreitung und Vermehrung dienen, signalisiert er uns seine Anwesenheit. Das Entnehmen der Pilzfruchtkörper schadet dem eigentlichen Organismus daher nicht und ist vergleichbar mit dem Pflücken eines Apfels am Apfelbaum. Aber genauso, wie wir bei der

Apfelernte keinen ganzen Ast entfernen, um an die Äpfel zu kommen, entnehmen wir auch die Pilze behutsam, ohne den Boden aufzuwühlen. Ob wir sie nun abschneiden, herausdrehen oder -hebeln, ist dabei gleich. Leicht kenntliche Arten und solche, die an Holz wachsen, können wir dicht über dem Substrat abschneiden. Herausdrehen ist empfehlenswert, wenn sich ein genießbarer Teil des Pilzes in der Erde befindet, den wir sonst verschenken würden, so wie das beim Steinpilz und anderen Dickröhrlingen der Fall ist.

Dann gibt es noch ein gewichtiges Argument für das vollständige Entnehmen der Fruchtkörper: die sichere Pilzbestimmung. Häufig befinden sich wichtige Merkmale an der Stielbasis, die im Erdreich verborgen sein kann. Diese gehen beim Abschneiden verloren, und eine Bestimmung wird sehr schwer bis unmöglich. Will ich nach und nach weitere Pilze kennenlernen, ist es wichtig, vollständige Fruchtkörper mitzunehmen und diese separat von den bekannten Speisepilzen zu transportieren. Kurz zusammengefasst: Es kommt immer auf die Situation an. Eine vollständige Entnahme ist nie falsch, aber nicht immer nötig.

Fruchtkörper und Mycel des Pilzes

# WAS MUSS ICH ÜBER PILZE UND NATURSCHUTZ WISSEN?

Darf ich jetzt einfach losziehen und überall Pilze sammeln, so viele, wie ich will? Nein, der Gesetzgeber hat in Deutschland im Sinne des Naturschutzes Regeln erlassen, die uns bei der Suche und Mitnahme einschränken. Darüber hinaus verhalte ich mich im Wald ohnehin rücksichtsvoll und ruhig, um die dort lebenden Tiere und Pflanzen so wenig wie möglich zu stören. In Naturschutzgebieten, Nationalparks und Gebieten mit Betretungsverbot ist das Sammeln von Pilzen grundsätzlich verboten. Mancherorts gelten jedoch Ausnahmen, die zu erfragen sind.

Laut Bundesartenschutzverordnung dürfen wir Pilze nur für den Eigenbedarf und nur in geringen Mengen sammeln. Was als geringe Menge gilt, ist regional unterschiedlich geregelt. Man kann aber von ca. 1 bis 2 Kilogramm pro Person und Tag ausgehen. Gewerbliches Sammeln schließt sich damit grundsätzlich aus. Weitere Auskünfte geben z.B. die unteren Naturschutzbehörden. Viele Pilzarten stehen unter strengem Schutz und dürfen überhaupt nicht oder nur in geringen Mengen gesammelt werden. In diesem Buch werden jedoch keine Arten als Speisepilze vorgestellt, für die ein vollständiges Sammelverbot besteht.

Pilze haben eine immense Bedeutung für unser Ökosystem, die vielfach unterschätzt wird. Ohne Pilze gäbe es kein Leben auf der Erde. Sie recyceln natürliche Stoffe, greifen regulierend ein, bilden Lebensgemeinschaften mit Bäumen und vernetzten diese auch miteinander. Diese fantastische Welt zu schützen, sollte Anliegen eines jeden Pilzsammlers sein.

***Tipp!***

*Die Putzreste wieder in den Wald zurückbringen und dort verteilen. So leisten wir einen Beitrag zur Nachhaltigkeit. Denn in den Putzresten sind noch zahlreiche Sporen enthalten, die dann wieder für Nachwuchs sorgen können.*

## WELCHE GIFTPILZE MUSS ICH KENNEN?

Die essbaren Pilze, die in Kochtopf und Pfanne landen sollen, muss ich sicher erkennen, das ist klar. Noch wichtiger ist es allerdings, dass ich die gefährlichen Giftpilzarten oder -gruppen erkenne, damit ich diese zuverlässig ausschließen kann. Einige giftige Pilze können für Beschwerden im Magen-Darm-Bereich sorgen. Übelkeit, Erbrechen und Durchfall sind die möglichen Folgen. Andere Arten enthalten Gifte, die innere Organe wie Leber oder Nieren angreifen. In dieser Gruppe befinden sich unsere gefährlichsten Giftpilze. Ein Angriff auf unser Nervensystem ist bei Verzehr bestimmter Arten ebenfalls moglich, genauso wie Blutzersetzung oder Schädigung der Muskelfasern.

Auch allergische Reaktionen und Unverträglichkeiten können durch den Verzehr von Pilzen ausgelöst werden. Allerdings werden die Giftstoffe erst wirksam, wenn sie in den Verdauungstrakt gelangen. Anfassen allein führt zu keiner Vergiftung, da Pilze nicht über Kontaktgifte verfügen. Ich kann also in aller Ruhe auch den giftigsten Pilz in die Hand nehmen und eingehend kennenlernen – solange ich meine Hände danach gründlich reinige.

So habe ich schon einige Male den Grünen Knollenblätterpilz in der Hand gehabt. Ein respekteinflößendes Gefühl, der Bursche ist schließlich für die meisten tödlich verlaufenden Pilzvergiftungen verantwortlich.

## GIFTIGE RÖHRLINGE

Auch bei den Röhrlingen gibt es Giftpilze, lebensbedrohlich giftige Arten sind aber nicht darunter. Wer sichergehen will, vermeidet alle Röhrlinge mit einer Netzzeichnung auf dem Stiel, außer dem Steinpilz.

### Satansröhrling (Rubroboletus satanas)

Der Satansröhrling ist zum Glück nicht häufig und als kalkliebende Art nur regional vertreten. Er verursacht heftige Magen-Darm-Störungen. Sein, besonders im Alter, unangenehmer Geruch schreckt meist vom Verzehr ab, sollte er doch einmal in den Korb gelangen. Satansröhrlinge sind gut durch ihren kräftigen Habitus und den bauchigen Stiel gekennzeichnet. Der polsterförmige Hut hat eine weißliche bis hellgraue, manchmal beigegraue Oberseite. Die Röhren sind rot. Der Stiel ist mit einer gelblichen bis rötlichen Netzzeichnung überzogen.

Satansröhrling

### Schönfußröhrling (Caloboletus calopus)

Der Schönfußröhrling hat eine gewisse Ähnlichkeit mit dem Satansröhrling: Der Hut ist ebenfalls grau bis beige, und der Stiel hat ein ebenso deutliches Netz. Betrachtet man die Unterseite, ist der Unterschied aber sofort ersichtlich. Der Schönfußröhrling hat gelbe Röhren. Meist schmeckt er bitter, was vom Verzehr abhal-

Schönfußröhrling

ten sollte. Wird er dennoch gegessen kann, es zu Magen-Darm-Störungen kommen. Man findet diese Art vor allem in sauren Nadelwäldern in Lagen ab 400 Meter.

## WULSTLINGE/KNOLLENBLÄTTERPILZE (AMANITA)

Zur Gattung der Wulstlinge/Knollenblätterpilze gehören unsere gefährlichsten Giftpilze, aber auch einige Speisepilze. Es handelt sich um Blätterpilze mit weißem Sporenpulver, meist weißen Lamellen, die auch im Alter weiß bleiben, Teil- und Gesamthülle und einer knolligen Stielbasis. Die Lamellen sind mehr oder weniger frei, dass heißt sie berühren den Stiel nicht. Die in dieser Gattung ebenfalls enthaltenen Scheidenstreiflinge weichen etwas von diesen Merkmalen ab, sind aber auch nicht Gegenstand dieses Buches.

### Grüner Knollenblätterpilz (Amanita phalloides) und seine weißen Verwandten

Auch Einsteigern ist der Grüne Knollenblätterpilz sicherlich ein Begriff. Kaum bekannt ist allerdings, dass er in einer weißen Varietät auftreten kann und dass es zwei weitere weiße, ebenso giftige Verwandte gibt,

Grüner Knollenblätterpilz

den Frühlingsknollenblätterpilz und den Kegelhütigen Knollenblätterpilz. Immer wieder kommt es zu tragischen Vergiftungen, wenn weiße Knollenblätterpilze für Champignons gehalten werden. Champignons sind deshalb nichts für Einsteiger und in diesem Buch auch nicht enthalten. Der Grüne Knollenblätterpilz kann bei nachlässiger Betrachtung z. B. mit essbaren grünen Täublingen verwechselt werden. Vergiftung mit den genannten Arten enden immer wieder tödlich. Verantwortlich ist vor allem das Gift Amanitin, welches leberschädigend wirkt und infolge zu Leberversagen und Multiorganversagen führen kann. Die Latenzzeit ist bei einer Amanitinvergiftung sehr lang. Die ersten Symptome treten meist nach ca. 6–12 Stunden auf. Die tödlich giftigen Knollenblätterpilze muss ich also ausschließen können, wenn ich beginne, Lamellenpilze für Speisezwecke zu sammeln.

Kegelhütiger Knollenblätterpilz

**Kurz zusammengefasst erkenne ich sie an folgenden Merkmalen:**

- Huthaut lässt sich bis zur Mitte tortenstückartig abziehen
- Lamellen immer weiß
- knollige Stielbasis
- häutiger, oft vergänglicher Ring am Stiel

- jung, von einer häutigen Hülle ganz umschlossen. Später bleibt diese als sackartige Hauttasche an der Knolle zurück.

### Pantherpilz (Amanita Pantharina)

Auch diese Art gehört zu den giftigen Wulstlingen/Knollenblätterpilzen. Das enthaltene Gift Ibotensäure greift nach kurzer Latenzzeit von 30 Minuten bis 3 Stunden das zentrale Nervensystem an und löst zunächst einem Alkoholrausch ähnliche Symptome aus, die später von weiteren Symptomen begleitet werden wie z. B. Tremor und Krämpfen. In schweren Fällen ist es schon zu tödlichen Vergiftungen gekommen. Der Pantherpilz gilt als klassischer Verwechslungspartner von essbarem Perlpilz und Grauem Wulstling. Der Perlpilz ist als Speisepilz in diesem Buch beschrieben, bitte auch die Hinweise im Artenporträt beachten.

Pantherpilz

**Kurz zusammengefasst erkenne ich den Pantherpilz an folgenden Merkmalen:**

- Huthaut braun, graubraun, beigebraun, lässt sich bis zur Mitte tortenstückartig abziehen
- Hutrand meist deutlich gerieft, aber nicht immer
- Lamellen immer weiß

- Knollige Stielbasis, die mit einem Wulst scharf vom Stiel abgesetzt ist, oft weitere wulstige Zonen am Stiel über der Knolle
- häutiger, meist ungeriefter, oft vergänglicher Ring am Stiel
- junge Fruchtkörper von einer schorfartigen weißen Hülle ganz umschlossen. Später bleibt diese als Flöckchen auf dem Hut zurück.

## SCHIRMLINGE (LEPIOTA)

Auch in dieser Gruppe gibt es Arten, die Amanitin enthalten. Finger weg also von allen Schirmlingen. Riesenschirmlinge sind allerdings etwas anderes. Schirmlinge sind eher kleine bis mittelgroße Pilze. Vergiftungen mit Schirmlingen kommen selten vor, da sie kaum mit Speisepilzen zu verwechseln sind. Schirmlinge haben einen glockenförmigen bis ausgebreiteten Hut, der oft mit Schüppchen versehen ist. Die Lamellen sind weiß bis weißlich und frei. Am Stiel befindet sich ein häutiger Ring oder zumindest eine Ringzone. Der Ring ist nicht verschiebbar.

Fleischrosa Schirmling

## HAARSCHLEIERLINGE (CORTINARIUS)

In dieser enorm großen Gattung gibt es nur wenige Speisepilze, aber sehr gefährliche Giftpilze. Spitzgebuckelter und Orangefuchsiger Raukopf enthalten den Giftstoff Orellanin, welcher auch in weiteren Schleierlingen enthalten ist bzw. vermutet wird. Orellanin greift die Nieren an. Die ersten Symptome zeigen sich 30–40 Stunden oder sogar erst bis zu 14 Tage nach der Mahlzeit. Schleierlinge sollten deshalb komplett gemieden werden, besonders von Anfängern. Es gibt zwei wichtige Merkmale der Gattung, das rostbraune Sporenpulver und eine Teilhülle in Form einer spinnwebartigen Struktur.

**Spitzgebuckelter Raukopf**

## RISSPILZE (INOCYBE)

Zu den lebensbedrohlichen Giftpilzen gehören auch die Risspilze. Das enthaltene Gift Muscarin wirkt auf das vegetative Nervensystem und verursacht unter anderem Sehstörungen, Schweißausbrüche, Tremor und Atembeschwerden. Auch Todesfälle sind leider schon vorgekommen. Risspilze sind kleine bis mittelgroße Pilze mit meist kegeligen Hüten, die aber später abflachen kön-

Umbrabrauner Risspilz

nen. Namensgebend ist die Eigenschaft der Hüte, radial einzureißen. Auffällig ist auch der Geruch, meist spermatisch oder fruchtig.

## TRICHTERLINGE (CLITOCYBE)

Einige Arten der umfangreichen Gattung der Trichterlinge enthalten auch Muscarin und verursachen gefährliche Vergiftungen wie einige Risspilze. Weiße Trichterlinge sehen dem essbaren Mehlräsling sehr ähnlich. Daher ist der Mehlräsling als Speisepilz in diesem Buch nicht enthalten. Trichterlinge sollten von Einsteigern grundsätzlich gemieden werden, da es darunter nur wenige Speisepilze gibt. Sie bilden kleine bis große Fruchtkörper. Weißliche und beige Farben herrschen vor, aber graue, rötliche und bräunliche Farben sind ebenfalls möglich. Die Hüte sind mehr oder weniger trichterförmig, gern auch genabelt. Der Hutrand ist oft eingerollt. Die Lamellen laufen kaum bis stark am Stiel herab.

Weißer Anistrichterling

# WIE VERMEIDE ICH PILZVERGIFTUNGEN?

Niemand möchte sich an Pilzen vergiften. Was aber muss ich beachten, damit meine Pilzmahlzeit kein unangenehmes Nachspiel hat? Man könnte jetzt natürlich ganz platt sagen: einfach keine giftigen Pilze essen. So einfach ist das aber nicht, auch weil nicht nur ausgesprochene Giftpilze Probleme verursachen können. An folgende Regeln sollten gerade Einsteiger sich daher unbedingt halten.

**Nur Pilze verspeisen, die man zweifelsfrei als Speisepilze erkannt hat.**

Beim geringsten Zweifel an der eigenen Bestimmung dürfen die Pilze nicht verspeist werden. Kein Pilzgericht ist es wert, seine Gesundheit zu riskieren.

**Die eigenen Kenntnisse realistisch einschätzen.**

Personen, die sich mit Pilzen vergiften, waren zuvor in der Regel der Meinung, einen Speisepilz erkannt zu haben. Sie überschätzen ihr Wissen und handeln leichtsinnig. Daher ist es sehr wichtig, sich über den eigenen Wissensstand im Klaren zu sein und sich die enorme Vielfalt im Pilzreich bewusst zu machen.

### Keine Experimente mit Arten, die nicht eindeutig als Speisepilz benannt sind.

Neben den klassischen Speisepilzen gibt es eine ganze Reihe von Pilzarten, deren Speisewert unklar beurteilt oder mittlerweile kritisch betrachtet wird. Der Grünling z. B. hat in den letzten Jahren eine Wandlung vom Speisepilz zum Giftpilz durchgemacht, nachdem es zu tödlichen Vergiftungen gekommen ist. Finger weg von solchen Arten.

Grünling

### Die Pilze sollten vom Sammler geputzt und ein zweites Mal kontrolliert werden.

Das hat sich in der Praxis sehr bewährt. Doppelte Kontrolle bringt mehr Sicherheit. Ratsam ist das gerade, wenn mehrere Personen sich einen Korb teilen. Wie schnell kann es passieren, dass ein Pilz unbemerkt in den Sammelkorb geworfen wird, z. B. von einem Kind.

### Unbekannte Pilze separat und vollständig sammeln.

Nehme ich neben den mir bekannten Speisepilzen weitere Arten mit, um sie zu Hause zu bestimmen, muss ich sie getrennt sammeln. Schließlich könnte ein gefährlicher Giftpilz darunter sein. Ist dies der Fall, würde bereits ein abgelöstes Stück dazu führen, dass der gesamte Korbinhalt nicht mehr verspeist werden darf. Das Sammeln vollständiger Fruchtkörper ist für die spätere Bestimmung unabdingbar.

## Auf wenige Arten für Speisezwecke beschränken.

Ein wichtiger Tipp für Einsteiger und auch der Grundgedanke dieses Buches: mit wenigen Arten beginnen, Erfahrungen sammeln, das eigene Wissen erweitern und dann schrittweise weitere Arten für den Speiseplan erschließen.

## Nur einwandfreie Pilze sammeln.

Vergiftungen durch überständige und verdorbene Pilze sind viel häufiger als Vergiftungen durch echte Giftpilze. Achte deshalb auf Qualität und sammle nur gesunde Pilze. Vermeide auch, zu junge oder zu alte Pilze zu sammeln, da hier oft noch nicht oder nicht mehr alle Merkmale ausgeprägt sind, was die Bestimmung erschwert oder unmöglich macht. Stark vermadete Pilze und solche mit Schimmelbefall gehören ebenfalls nicht in den Sammelkorb.

Stark vermadeter Pilz

# WIE VERHALTE ICH MICH BEI EINER PILZVERGIFTUNG?

Eine köstliche Pilzmahlzeit liegt hinter uns, allen hat es gut geschmeckt. Aber plötzlich stellen sich Übelkeit und Bauchschmerzen ein. Die Gedanken fangen an zu rasen ... Was, wenn doch ein Giftpilz dabei war? Ein schreckliches Szenario, aber immer wieder läuft es genau so ab. Jetzt heißt es, schnell zu handeln und das Richtige zu tun.

Wichtig bei all der verständlichen Aufregung: **ruhig bleiben** und besonnen reagieren. Der erste Schritt ist die **Kontaktaufnahme mit einem Krankenhaus oder Arzt**. Das medizinische Fachpersonal leitet weitere Schritte ein, und informiert die Giftnotrufzentrale sowie einen Pilzsachverständigen. Man kann den Giftnotruf auch selbst telefonisch kontaktieren, um die entsprechende Hilfe zu erhalten. Anschließend Reste der Mahlzeit, Erbrochenes, Putzreste usw. sicherstellen. Diese sind wichtig, um die Pilze identifizieren zu können. Wenn Fotos der Funde vorhanden sind, kann das ebenfalls hilfreich sein. Keine Hausmittel verabreichen, keine Selbstmedikation.

---

***Achtung:***

*Vergiftungssymptome können auch Stunden bis Tage nach der Mahlzeit auftreten.*

**Giftnotrufnummern:**

- Berlin (Berlin, Brandenburg): 030 192 40
- Bonn (NRW): 0228 192 40
- Erfurt (Mecklenburg-Vorpommern, Sachsen, Sachsen-Anhalt und Thüringen): 0361 730 730
- Freiburg (Baden-Württemberg): 0761 192 40
- Göttingen (Niedersachsen, Bremen, Hamburg und Schleswig-Holstein): 0551 192 40
- Mainz (Rheinland-Pfalz, Hessen und das Saarland): 06131 192 40
- München (Bayern): 089 192 40

## WIE BESTIMME ICH PILZE?

Es gibt keine Möglichkeit, giftige und essbare Pilzen anhand von allgemeinen Merkmalen zu unterscheiden. Weder Farben noch Formen noch ein besonderer Geruch oder Geschmack stehen allgemein für Giftigkeit oder Essbarkeit. Auch von Tieren angefressene Pilze müssen nicht für uns Menschen verträglich sein. Leider geistern noch immer einige unsinnige Überlieferungen durch die Köpfe mancher Pilzsammler. Völlig verrückte Annahmen z. B., dass sich ein im Pilzgericht mitgekochter Silberlöffel schwarz verfärbt, wenn sich ein Giftpilz darin befindet, sollten wir ganz schnell vergessen.

**Die Bestimmung einer Pilzart ist nur durch den Abgleich der spezifischen Merkmale möglich.**

Machen wir es also richtig und bestimmen Pilze zweifelsfrei, erkennen sie als Speisepilz und schätzen auch den Zustand ein, bevor wir uns entscheiden, sie zu verspeisen.

Die Arten, die in diesem Buch beschrieben werden, kann ich sehr gut einzeln, anhand der Beschreibungen der Merkmale und der beigefügten Fotos kennenlernen. Hinweise auf die Gattungen oder Gruppen, denen die jeweilige Art angehört, sollen Anregung sein, sich mit den Verwandtschaftsbeziehungen und der systematischen Stellung zu beschäftigen. Auf lange Sicht ist eine systematische Vorgehensweise bei der Pilzbestimmung besser, als einzelne Arten kennenzulernen, ohne verwandtschaftliche Zusammenhänge herzustellen.

## Die Fruchtkörperform

Pilze treten in den unterschiedlichsten Formen auf. Das Erkennen dieser allgemeinen Fruchtkörperform ist wichtig und erlaubt uns, erste Einordnungen zu treffen. Der Speisepilzsammler wird sich sicherlich am Anfang auf die Pilze konzentrieren, die in Hut und Stiel gegliedert sind – die wahrscheinlich bekannteste Fruchtkörperform. Aber es gibt zahlreiche weitere Möglichkeiten, wie Pilzfruchtkörper in Erscheinung treten. Die wichtigsten Fruchtkörperformen in der Übersicht:

In Hut und Stiel gegliedert

Korallenartig

Morchelartig

Keulenförmig

Konsolenförmig an Holz wachsend

Geschlossen kugelähnlich

## Die Fruchtschicht

Das nächste wichtige Merkmal ist die Ausprägung der Fruchtschicht. Das ist der Bereich des Pilzfruchtkörpers, in dem die Sporen gebildet werden. Die unterschiedlichen Formen dienen der Oberflächenvergrößerung, um möglichst viele Sporen bilden zu können. Bei den Pilzen mit außen liegender Fruchtschicht finden wir meist die hier abgebildeten Formen.

Röhren

Lamellen

Leisten

Poren

Stacheln

Bei den sogenannten Bauchpilzen werden die Sporen im Inneren des Fruchtkörpers gebildet. Wir finden also keine Fruchtschicht im klassischen Sinne. Zu den Bauchpilzen zählen unter anderem Boviste, Stäublinge und Rutenpilze.

## Der grundsätzliche Aufbau von Pilzen mit Hut und Stiel

Wir haben als Speisepilzsammler am häufigsten mit Pilzen zu tun, die aus Hut und Stiel bestehen. Schauen wir uns die einzelnen Teile an, die es zu beurteilen gilt. Nicht jeder Teil ist immer vorhanden, da es auch Pilze gibt, die keine Hüllen oder nur eine Teil- oder eine Gesamthülle haben.
Farben und Strukturen der einzelnen Teile sind als Merkmale in den Artporträts beschrieben. So gibt es z.B. Hutoberflächen die schleimig sind, feinfilzig oder schuppig oder von Hüllenresten einer Gesamthülle bedeckt. Der Stiel kann schuppig, genetzt, flockig, genattert usw. sein.

Weitere wichtige Merkmale, die wir beobachten müssen, sind Hüllen, fachlich Velum/Vela genannt. Wir unterscheiden Teil- und Gesamthülle. Bei jungen Fruchtkörpern befindet sich die Teilhülle (Velum partiale) immer über der Fruchtschicht, um diese zu schützen. Eine Gesamthülle (Velum universale) umschließt den jungen Fruchtkörper komplett. Beim Wachstum des Pilzes reißen diese Hüllen auf und bleiben charakteristisch am

Fruchtkörper zurück. Dabei sind verschiedene Ausprägungen möglich. Reste der Teilhülle beobachten wir z. B. als Ring oder Manschette am Stiel oder als Fetzen am Hutrand. Reste der Gesamthülle können unter anderem als Flocken auf dem Hut oder als Volva an der Stielbasis auftreten.

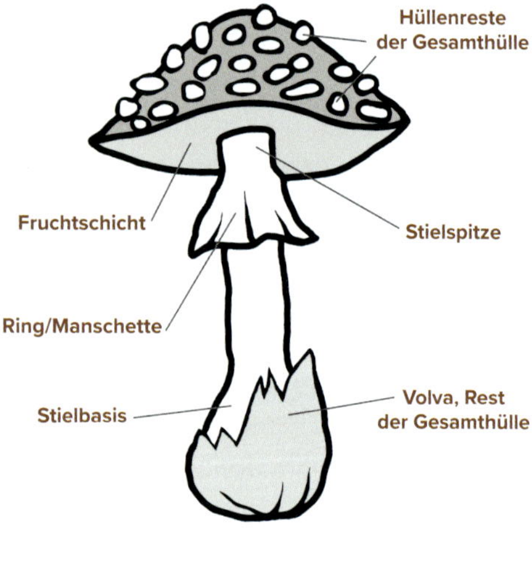


## Geruch und Geschmack

Die Angaben zu Geruch und Geschmack beziehen sich immer auf rohe, nicht zubereitete Pilze. Gerüche werden recht individuell empfunden und nicht jedem fällt es leicht, diese sicher einzuordnen. Es gehört schon einiges an Übung und auch Erfahrung dazu. Wichtig ist, sich von der Vorstellung freizumachen, dass Pilze nur pilzig riechen.

**Grundsätzlich gilt:**
Für den Einsteiger empfehlen sich Geschmacksproben erst einmal nicht. Bin ich ausschließlich bei den Röhrlingen unterwegs, kann es schon mal sinnvoll sein, den bitteren Gallenröhrling zu kosten. Doch spätestens wenn ich mich mit Täublingen beschäftige, komme ich um Geschmacksproben nicht herum. Wie das genau funktioniert, ist im Teil über die Täublinge und Milchlinge nochmals beschrieben.

Fenchelporling mit starkem Fenchelgeruch

**Die wichtigsten Grundsätze:**

- die Kostproben nie hinunterschlucken
- nur kleine Mengen probieren
- keine gefährlichen Giftpilze probieren

Am besten ist es, seine erste mykologische Kostprobe unter Anleitung und Beobachtung durch eine sachkundige Person vorzunehmen.

## Wie gehe ich bei der Bestimmung vor?

Anhand der Beschreibung in den Artenporträts gleiche ich jedes einzelne Merkmal mit dem gefundenen Pilz ab. Auch die Fotos helfen dabei, dürfen aber nie ohne die Merkmalsbeschreibungen zur Bestimmung genutzt werden. Ist ein wichtiges Merkmal nicht ausgeprägt oder kann nicht zweifelsfrei erkannt werden, ist die Bestimmung damit unsicher, und der Pilz darf nicht verspeist werden. Die Hilfe einer fachkundigen Person kann in so einem Fall natürlich auch in Anspruch genommen werden.

## Variabilität und abweichende Ausprägung von Merkmalen

Nicht immer treten Pilze genau so in Erscheinung, wie wir sie aus der Artbeschreibung und von Fotos kennen. Viele Faktoren, wie Witterungsverhältnisse oder Bodenbeschaffenheit, spielen dabei eine Rolle und können zu unterschiedlicher Ausprägung von Merkmalen führen. Im Laufe seiner Existenz verändert sich der Fruchtkörper eines Pilzes ebenfalls. Junge Pilze können ganz anders aussehen als alte. Eine grundsätzliche Variabilität ist mal mehr und mal weniger ausgeprägt bei jeder Art vorhanden. Hier benötigt man viel Erfahrung um die Art trotz dieser Unterschiede an den relevanten Merkmalen zu erkennen.

**Junger Fliegenpilz mit geschlossener Gesamthülle**

**Älterer, aufgeschirmter Fliegenpilz**

# KLEINE BAUMKUNDE

Jede Pilzart kommt an typischen Standorten vor. Manche Arten sind sehr spezialisiert, andere sind nicht so wählerisch. Besonders bei Mykorrhizapilzen kann es wichtig für die Bestimmung sein, die Baumart, bei der der Pilz wächst, richtig zuzuordnen. Die häufigsten Nadel-und Laubbäume lassen sich an den folgenden Merkmalen erkennen.

### Fichte

- stechende Nadeln
- Nadeln um den Zweig verteilt
- hängende längliche Zapfen, die als Ganzes vom Baum fallen

### Kiefer

- Nadeln stechend
- Nadeln gebündelt wachsend, meist zu zweit bis zu fünft
- Zapfen eiförmig bis zylindrisch, als Ganzes abfallend

### Tanne

- Nadeln abgerundet, nicht stechend
- Nadeln in Linien am Zweig angeordnet
- auf der Unterseite der Nadeln zwei helle Streifen
- stehende Zapfen, die am Baum zerfallen

### Lärche

- Nadeln wachsen gebündelt
- Nadeln fallen im Winter ab
- Zapfen eiförmig, aufrechtstehend

### Buche

- dünne und glatte Borke
- eiförmige und zugespitzte Blätter mit welligem Rand
- Früchte (Bucheckern) sitzen jeweils zu zweit am Fruchtstand zusammen

### Eiche

- braungraue, stark aufreißende Borke
- längliche Blätter mit markanten rundlichen Einbuchtungen
- Früchte nussförmig und mit einer Kappe versehen, die sich bei Reife löst

### Linde

- längsrissige und dick gerippte Borke
- herzförmige Blätter
- kugelige Früchte an einem Blatt, welches beim Abfallen die Frucht wegträgt

### Birke

- schwarz-weiße Borke
- dreieckige Blätter, die wechselständig angeordnet sind
- raupenartige Früchte, die mit den Fingern leicht zerrieben werden können

# BESCHREIBUNG FARBSKALA

Alle Pilzarten, die in diesem Buch in den Artenporträts als Speisepilze beschrieben werden, sind bei einem verantwortungsvollen und vorsichtigen Vorgehen grundsätzlich für den Einsteiger geeignet. Die Arten sind in drei farblich gekennzeichnete Gruppen eingeteilt. Wir beginnen bei der Gruppe Grün und sammelt beim Bestimmen der Pilze Erfahrung. Sind wir gefestigt und erkennen die Pilze aus der ersten Gruppe sicher, können wir zur Gruppe Gelb übergehen. Erst wenn wir diese Pilze sicher beherrschen, ist es empfehlenswert, mit der Gruppe Orange weiterzumachen. So eignen wir uns Schritt für Schritt das nötige Wissen an und sammeln Erfahrungen. Im Zweifelsfalle ist der Weg zu einer sachkundigen Person, am besten zu einem geprüften Pilzsachverständigen, der sicherste Weg. Beim geringsten Zweifel an der eigenen Bestimmung muss auf den Verzehr der gesammelten Pilze verzichtet werden. Die Einteilung der drei Gruppen ist vorrangig nach Sicherheitskriterien erfolgt. Leichte Bestimmbarkeit ist ein weiterer Punkt, der einbezogen wurde. Ob ein Pilz leicht bestimmbar und wenig verwechselbar ist, hängt aber entscheidend von dem Wissensstand und den Erfahrungen der sammelnden Person ab und lässt sich nicht pauschal beantworten. Die beschriebene Vorgehensweise ist daher eine Empfehlung, die aber auf jahrelanger Erfahrung beruht.

## GRÜN

- ideal für Einsteiger ohne Vorkenntnisse
- enthält nur Röhrlinge
- keine lebensbedrohlich giftigen Arten als Verwechslungspartner

## GELB

- Pilze, die sich mit ein wenig Erfahrung leicht erkennen lassen
- Täublinge und Milchlinge/Reizker und weitere leicht kenntliche Arten
- kaum gefährliche Verwechslungspartner

## ORANGE

- etwas mehr Erfahrung nötig, um den Pilz sicher zu erkennen
- enthält auch Pilze aus Gruppen, die bei Verwechslungen zu ernsthaften Vergiftungen führen können

Mögliche Verwechslungspartner sind zusätzlich gekennzeichnet, je nachdem, ob sie
☹ giftig
😐 ungenießbar
☺ oder genießbar
sind.

# ARTEN PORTRÄTS

# DER FICHTENSTEINPILZ

## VON ALLEN HEISS BEGEHRT

Der Gemeine Steinpilz oder Fichtensteinpilz ist ganz zu Recht der wohl beliebteste Speisepilz in unseren Wäldern. Leicht zu erkennen, sehr ergiebig, schmackhaft und auch recht häufig zu finden – wenn das nicht verlockend ist!

## WANN UND WO FINDEN

Der Steinpilz (Boletus edulis) lässt sich vom **Frühsommer bis zum Spätherbst** finden. In verregneten Sommern kommt er oft schon ab Juni in großen Mengen vor. Im Herbst zur Hauptsaison erscheint er manchmal massenhaft, **besonders wenn nach einem trockenen Sommer endlich starke Regenfälle einsetzen**. Er ist ein Symbiosepilz verschiedener Baumarten und **bevorzugt die Fichte**. Aber auch unter **Kiefern, Eichen, Buchen, Birken** und weiteren Bäumen ist diese Art zu finden. Ich habe den Steinpilz am häufigsten in Fichtenwäldern oder in Kiefernwäldern auf Sandboden entdeckt.

## BESCHREIBUNG

Der Steinpilz gehört zu den Dickröhrlingen. Das sagt schon viel über sein Erscheinungsbild aus. Wenn man den stattlichen Pilz langsam aus der Erde gedreht hat, liegt er satt in der Hand. Herausdrehen oder hebeln sollte man den Steinpilz dabei unbedingt. Denn oft befindet sich in der Erde ein großer Teil des Stieles, den man beim Abschneiden sonst verschenken würde. Ein Röhrling ist er, weil wir auf der Unterseite des Hutes eine röhrige, an einen Schwamm erinnernde Struktur finden. Steinpilz ist aber nicht gleich Steinpilz. Es gibt insgesamt vier Arten in unseren Wäldern. Neben dem Gemeinen Steinpilz wird in diesem Buch noch der Sommersteinpilz vorgestellt.

## STECKBRIEF

### HUT

Durchmesser bis zu 30 Zentimeter, am Anfang kugelig und später ausgebreitet, farblich sehr variabel von beigebraun bis dunkelbraun, aber auch weiße Hutfarben sind möglich, Huthaut glatt und bei feuchtem Wetter ganz leicht schmierig. Am Hutrand kann man oft eine helle Zone beobachten.

### STIEL

heller als der Hut, weißlich, bräunlich überfasert mit feinem hellem Stielnetz, was besonders an der Stielspitze gut zu erkennen ist. Im Alter kann das Netzt auch dunkler erscheinen.

### RÖHREN

gut ablösbar, jung weiß, später durch die Sporen gelblich bis olivgrün werdend, Sporenpulver olivbraun

### FLEISCH

fest, weißlich, bei Verletzung nicht verfärbend, unter der Huthaut kurze rotbräunliche Zone

### GERUCH

angenehm pilzig

### GESCHMACK

mild, nussig

Alter Steinpilz, Röhren schon olivgrün

## VERWECHSLUNGSPARTNER

Der Steinpilz wird häufig mit dem **Maronenröhrling** ☺ verwechselt. Das ist **nicht tragisch,** da auch diese Pilzart ein **hervorragender Speisepilz** ist. Vorsorglich sollte man **große Röhrlinge mit roten Röhren und auffallendem Stielnetz meiden**, dann ist man schon auf der sicheren Seite. Unangenehm wird eine Verwechslung mit dem Gallenröhrling, der auch Bitterling genannt wird. Man ahnt es schon: Hat man mal ein Exemplar erwischt, lauert eine bittere Überraschung und die ganze Pilzpfanne ist verdorben. Der **Gallenröhrling** 😐 gilt als **ungenießbar wegen seiner Bitterkeit** und kann in größeren Mengen durchaus mal für Magengrummeln sorgen. Daher sollte man ihn auf jeden Fall kennen.

Der **Gallenröhrling** kann dem Steinpilz durchaus recht ähnlich sehen, vor allem wenn wir junge Exemplare vor uns haben. Denn dann sind die **Röhren** bei beiden Arten **weiß**. Beim Gallenröhrling werden diese aber **schnell rosafarben,** im Gegensatz zu den sich gelblich verfärbenden Röhren des Steinpilzes. **Auf Druck** reagieren die **Röhren** des Gallenröhrlings **mit rosabräunlichen Verfärbungen**. Auch wölben sie sich oft auffallend unter dem Hut hervor. Der gelbliche **Stiel** ist von einem **groben, dunklem Stielnetz** überzogen. Sollten noch Zweifel bestehen, hilft letztendlich eine kleine Geschmacksprobe, um den bitteren Gallenröhrling zu erkennen.

Rosa Röhren und deutliche Netzzeichnung am Stiel beim Gallenröhrling

## VERWERTUNG IN DER KÜCHE

Der Gemeine Steinpilz ist einer der wenigen Pilze, die man auch roh verzehren darf. Auch ansonsten ist er für alle Arten der Zubereitung bestens geeignet. Ideal auch zum Trocknen: Die so konservierten Steinpilze entfalten dann ein ganz besonderes Aroma.

## STEINPILZ-CARPACCIO

### ZUTATEN (FÜR 4 PERSONEN)

250 g Steinpilze
8 EL Olivenöl
2 EL Zitronensaft
3 EL geriebener Parmesan
Salz, Pfeffer

### ZUBEREITUNG

Die gründlich gesäuberten Steinpilze in hauchdünne Scheiben schneiden oder hobeln und dann auf einem Teller verteilen. Olivenöl und Zitronensaft darübergeben und etwas ziehen lassen. Nach Belieben salzen und pfeffern. Wer mag, gibt noch geriebenen Parmesan darüber. Fertig ist eine wunderbare Vorspeise, die gut zu frischem Baguette passt.

# DER SOMMERSTEINPILZ

## LECKERE ÜBERRASCHUNG IM FRÜHSOMMER

Im Mai schon Steinpilze? Das ist durchaus möglich. Allerdings handelt es sich hier um eine eigene Art, den Sommersteinpilz, auch Eichensteinpilz genannt – die zweithäufigste Steinpilzart.

## WANN UND WO FINDEN

Der Sommersteinpilz (Boletus reticulatus) lässt sich vom **Frühsommer bis zum Spätherbst** finden. Ein regenreiches Frühjahr ist die beste Vorrausetzung für üppiges Wachstum ab Mai. Im **Juni und Juli** kommen die Sommersteinpilze so richtig in Fahrt. So manchen gut gefüllten Korb konnte ich in dieser Zeit schon heimtragen. Um diesen Burschen zu finden, müssen wir unsere Tour durch den **lichten, sonnigen Laubwald** gehen, im Nadelwald ist der Sommersteinpilz nämlich nicht zu finden. Er bildet mit verschiedenen Laubbäumen Mykorrhiza und bevorzugt dabei, sein zweiter Name Eichensteinpilz verrät es, die **Eiche** als Baumpartner. Aber auch unter **Buchen und Linden** fühlt er sich wohl. **Parkanlagen** kann ich ebenfalls sehr empfehlen: Mit ihrem Bestand an Laubbäumen sind sie ein idealer Standort.

## BESCHREIBUNG

Vieles, was auf den Fichtensteinpilz zutrifft, ist auch typisch für den Sommersteinpilz. Wen wunderts, sind beide doch nahe miteinander verwandt. Stattliche und massige Dickröhrlinge sind sie also beide. Beim näheren Hinsehen fallen jedoch sofort einige Unterschiede auf: Die Hutoberfläche des Sommersteinpilz wirkt richtig samtig, und auch der Stiel sieht etwas anders aus. Aber schauen wir uns die Merkmale genauer an.

## STECKBRIEF

### HUT

Durchmesser bis zu 30 Zentimeter, am Anfang kugelig und später ausgebreitet, hellbeigebraun bis lederbraun. Die Oberfläche ist feinsamtig, auch bei Feuchtigkeit, meist uneben und bei Trockenheit rissig.

### STIEL

heller als der Hut, weißlich, bräunlich überfasert mit feinem hellem Stielnetz, was besonders an der Stielspitze gut zu erkennen ist. Im Alter und bei Trockenheit kann das Netzl auch dunkler erscheinen, das Stielnetz ist beim Sommersteinpilz oft deutlicher ausgeprägt.

### RÖHREN

gut ablösbar, jung weiß, wird später durch die Sporen gelblich bis olivgrün, Sporenpulver olivbraun

### FLEISCH

fest, weißlich, bei Verletzung nicht verfärbend, unter der Huthaut keine rotbräunliche Zone, gute Unterscheidungsmöglichkeit zum Fichtensteinpilz

### GERUCH

angenehm pilzig

### GESCHMACK

mild, nussig

## VERWECHSLUNGSPARTNER

Der **Gallenröhrling** 😐 ist auch hier der Verwechslungspartner Nummer 1. Die Ähnlichkeit zum Sommersteinpilz ist durch das häufig **deutliche Stielnetz** sogar noch größer als beim Fichtensteinpilz. Es gilt also auch hier, den Gallenröhrling zu erkennen und zu vermeiden, wenn man keine bittere Überraschung erleben will.

## VERWERTUNG IN DER KÜCHE

Hier trifft alles zu, was auch beim Fichtensteinpilz gilt. Ein in der Küche universell einsetzbarer, wunderbarer Speisepilz. Ideal zum Trocknen.

## RISOTTO MIT STEINPILZEN

### ZUTATEN (FÜR 4 PERSONEN)

300 g frische Steinpilze
300 g Risottoreis
500 ml Rinderbrühe
100 ml Weißwein
50 g italienischer Hartkäse, z. B. Parmesan
Salz, Pfeffer
1 Schalotte
1 Knoblauchzehe
50 g Butter

### ZUBEREITUNG

Den Reis unter fließendem kaltem Wasser waschen, die Steinpilze in Stücke schneiden. Schalotte und Knoblauch fein gewürfelt in ca. der Hälfte der Butter anschwitzen, bis sie glasig sind. Den Reis dazugeben und ebenfalls glasig dünsten. Mit dem Weißwein ablöschen. Die Steinpilze hinzugeben und andünsten.

Etwas Rinderbrühe dazugeben und köcheln lassenn, bis sie fast verschwunden ist und eine cremige Konsistenz entsteht. Dabei ständig rühren, damit der Reis nicht anbrennt. Am Schluss nach Bedarf noch etwas salzen und pfeffern und die restliche, kalte Butter unterrühren. Auf Tellern anrichten und den Käse darüberhobeln.

# DER MARONENRÖHRLING

## IDEAL FÜR ANFÄNGER

Geschmacklich sind sie dem Steinpilz ebenbürtig und genauso vielseitig in der Küche verwendbar. In manchen Jahren ist die Marone geradezu ein Massenpilz und der Korb schnell gefüllt. In vielen Landstrichen gehört sie zu den am meisten gesammelten Waldpilzen.

## WANN UND WO FINDEN

Die ersten Maronenröhrlinge (Imleria badia) lassen sich bereits im **Sommer** finden. So richtig wohl fühlt er sich aber im **Herbst**, seiner Hauptwachstumszeit. Noch bis zum Einbruch des Winters lassen sich Maronen finden, bei Minusgraden ist allerdings Schluss. Auch die Marone ist, wie alle Röhrlinge mit Ausnahme des Schmarotzer-Röhrlings, ein Symbiosepilz verschiedener Baumarten. Zur Suche heißt es also: ab in den Wald. Dabei ist die Marone nicht wählerisch, was den Baumpartner angeht: **Laubwald, Mischwald, Nadelwald** – alles kein Problem. **Saure Nadelwälder mit Fichten- oder Kie-**

Naturnaher Fichtenwald

**fernbestand** sind aber der ideale Lebensraum. Obwohl die Marone ein Mykorrhizapilz ist, wächst sie **gern auf morschem Holz** oder sogar an Zapfen. Das ist eigentlich typisch für Zersetzer. Warum sie das macht, lässt sich nicht genau sagen. Pilze bleiben eben geheimnisvolle Wesen.

## BESCHREIBUNG

Ganz so ein Brocken wie der Steinpilz ist die Marone nicht. Sie kommt etwas zierlicher und schlanker daher. Ausnahmen bestätigen aber auch hier die Regel. Seinen Namen hat der Maronenröhrling übrigens, weil er durch seine Form und Farbe an Esskastanien erinnert.

## STECKBRIFF

### HUT

Durchmesser bis zu 25 Zentimeter, jung sehr schön kugelig geformt, später langsam abflachend. Meist finden wir eine kastanienbraune Hutoberseite, die aber auch mal hellbraun sein kann. Die Huthaut ist trocken schön feinfilzig-samtig und wenn sie feucht ist, schmierig.

### STIEL

zylindrisch, schlank, manchmal auch bauchig, gelbbräunlich mit feiner, längsfaseriger Maserung, aber kein Stielnetz

## RÖHREN

gut ablösbar, hellgelblich bis grüngelb. Auf Druck reagieren die Röhren mit einer Blaugrünverfärbung, das ist aber nicht immer deutlich zu beobachten und kann auch fast ausbleiben, Sporenpulver olivbraun.

Blauverfärbung auf Druck

## FLEISCH

weißlich/gelblich, bei Verletzung ähnlich blaugrün verfärbend wie die Röhren auf Druck

## GERUCH

angenehm pilzig, leicht säuerlich

### GESCHMACK

pilzig, nussig

### VERWECHSLUNGSPARTNER

Oft werden kräftig geratene Maronen mit **Steinpilzen** ☺ verwechselt, schmächtige Exemplare mit **Rotfußröhrlingen** ☺. **Kein Problem, allesamt sind sie essbar**. Eine Verwechslung mit dem Gallenröhrling sollte ausgeschlossen sein, da der Marone das deutliche Stielnetz des Gallenröhrlings fehlt.

## VERWERTUNG IN DER KÜCHE

Für viele Arten der Zubereitung bestens geeignet, sehr vielseitig verwendbar. Vorsicht: Roh giftig wie die meisten unserer Speisepilze, denn er enthält Xerocomsäure, die heftige Magen-Darm-Beschwerden verursacht, aber durch Erhitzen zerstört wird. Daher immer gut durchgaren. Ideal auch zum Trocknen; die Maronen bekommen dadurch ein ganz eigenes, köstliches Aroma.

## GETROCKNETE MARONENRÖHRLINGE

### ZUTATEN

Maronenröhrlinge (oder andere Speisepilze)

### ZUBEREITUNG

Die Maronen gut trocken säubern und von eventuell madigen Stellen befreien. Auf keinen Fall waschen. Je besser hier die Vorbereitung ist, umso qualitätsvoller sind die Trockenpilze. Die Pilze in dünne Scheiben schneiden, nicht dicker als 5 Millimeter. Bei trockenem und warmem Wetter bietet es sich an, die Pilze im Freien zu trocknen. Ich habe mir dazu einen Holzrahmen gebaut, ca. 100 x 50 Zentimeter und mit Gaze bespannt. Darauf lege ich die Pilzscheiben. Der Vorteil: Die Pilze werden auch von unten belüftet. Vorsicht bei Wind: Die trockenen Scheiben sind sehr leicht und können schon mal heruntergeweht werden.

Alternativ kann man auch ein Holzbrett oder eine ähnliche Unterlage verwenden. Auch in einem Dörrautomat, auf Heizkörpern und Öfen oder in deren Nähe funktioniert das Trocknen sehr gut. Das Trocknen im Backofen ist ebenfalls möglich. Hier darf aber die Temperatur nicht über 50–60 Grad steigen, sonst besteht die Gefahr, dass die Pilze garen. Die Ofentür muss offen bleiben, damit die Feuchtigkeit abziehen kann.

Die getrockneten Pilze sind fertig, wenn sie rascheldürr sind und sich brechen lassen. In luftdichte Gläser gefüllt halten sie sich sehr lange, auch mehrere Jahre. Die getrockneten Pilze werden in warmem Wasser eingeweicht und können dann wie frische Pilze verwendet werden. Besonders Suppen und Soßen verleihen sie einen würzigen Geschmack. Zum Trocknen sind neben Maronenröhrlingen vor allem andere festfleischige Röhrlinge bestens geeignet.

---

**Extra:**

*Maronen reichern in besonderem Maße das radioaktive Isotop Cäsium 137 an. Seit dem Reaktorunfall von Tschernobyl ist diese Tatsache zum Problem geworden. Durch Abziehen der Huthaut lässt sich die Belastung deutlich verringern. Maronen sollten nicht zu oft und nicht in zu großen Mengen verzehrt werden, dann steht dem Genuss nichts im Wege.*

# DER GEMEINE ROTFUSSRÖHRLING

## UNTERSCHÄTZTER SPEISEPILZ

Klar, die Geschmäcker sind verschieden, aber die Geringschätzung, die er oft erfährt, hat er aus meiner Sicht nicht verdient. Bei den Rotfußröhrlingen gibt es mehrere ähnliche Arten, von denen der Gemeine Rotfußröhrling so ziemlich am häufigsten anzutreffen ist.

## WANN UND WO FINDEN

Der Gemeine Rotfußröhrling (Xerocomellus chrysenteron) lässt sich schon im **Frühsommer** finden, oft zur gleichen Zeit wie der Sommersteinpilz. **Bis in den späten Herbst** begleitet uns diese Art. Bei der Wahl seiner Baumpartner ist der Rotfuß, wie er auch genannt wird, nicht wählerisch. Das spiegelt sich in seinem häufigen Auftreten wider. **Reine Laubwälder, Mischwälder und Nadelwälder** sind sein Zuhause. Häufig finde ich den Rotfußröhrling unter **Buchen oder Fichten**.

## BESCHREIBUNG

Rotfüße sind recht zierlich, eher klein bis mittelgroß. Exemplare, die an die Statur einer Marone herankommen, sind bisweilen auch zu finden. Eine große Freude für den Pilzsammler, wenn diese noch fest und madenfrei sind. Leider ist das oft nicht so.

## STECKBRIEF

### HUT

Durchmesser bis zu 10 Zentimeter, gewölbt bis ausgebreitet, hellbraun, dunkelbraun bis fast schwarzbraun. Die feine samtige Hutoberfläche reißt gern fedrig auf, in den Rissen und an Fraßstellen ist oft eine rötliche Färbung zu erkennen.

Rot verfärbte Fraßstellen

## STIEL

schlank. Auf der gelblichen Grundfarbe sind mehr oder weniger stark rote Flocken verteilt.

## RÖHREN

gelblich bis schmutzig olivgelblich, auf Druck grünlich-bläulich verfärbend, Sporenpulver olivbraun

## FLEISCH

gelblich, auch bläulich verfärbend, in der Stielbasis rötlich

## GERUCH

angenehm pilzig, leicht säuerlich

## GESCHMACK

pilzig, säuerlich

## VERWECHSLUNGSPARTNER

Verwechselungen passieren am häufigsten **innerhalb der Gruppe der Rotfußröhrlinge** ☺. Auch **mit der Marone** ☺ wird diese Art gern verwechselt. Das stellt **kein Problem dar, da diese Pilze alle essbar sind**. Manche Pilzsammler halten den Schönfußröhrling für einen Rotfußröhrling und umgekehrt. Der giftige und meist bittere **Schönfußröhrling** ☹ ist aber **viel kräftiger gebaut** und erinnert vom Habitus an einen Steinpilz. Außerdem ist der **Stiel mit einem deutlichen Netz** überzogen. Verwechslungen sollten daher ausgeschlossen sein.

Starkblauender Rotfußröhrling

## VERWERTUNG IN DER KÜCHE

Wir verwenden nur ganz junge, feste Exemplare. Leider wird der Rotfußröhrling schnell weich und ist auch sehr anfällig für Madenbefall. Es gilt hier besonders auf Qualität und nicht auf Quantität zu achten. Schöne, kleine Exemplare mit dunkler Huthaut schätze ich in der Pfanne sehr für ihren intensiven pilzigen und leicht säuerlichen Geschmack. Das sagt natürlich nicht jedem zu. Geschmäcker sind eben verschieden. Meist wird der Pilz in Mischpilzpfannen verwendet, da er gut das Aroma anderer Pilze annimmt.

***Achtung:***

*Rotfußröhrlinge sind sehr anfällig für den Befall mit Goldschimmel. Erkennbar ist dies an einem zunächst weißen Überzug des Pilzes, der später eine goldgelbe Farbe annimmt. Der Befall beginnt an der Röhrenschicht und greift dann auf den ganzen Pilz über. Die betroffenen Pilze sind natürlich nicht mehr essbar, denn Goldschimmel ist giftig. Vorsicht also.*

## TAGLIATELLE MIT ROTFUSSRÖHRLINGEN

### ZUTATEN (für 4 Personen)

600 g Rotfußröhrlinge oder gemischte Pilze
1 Zwiebel
etwas Butter zum Anschwitzen
250 ml Sahne
500 g Tagliatelle
1 Bund Petersilie
1 Frühlingszwiebel
Salz, Pfeffer

### ZUBEREITUNG

Pilze putzen und in Scheiben schneiden. Zwiebel schälen, klein würfeln und in einer Pfanne mit Butter anschwitzen. Die Pilze dazugeben und kurz anbraten. Nun die Sahne unterrühren und aufkochen, dann bei mittlerer Temperatur ein paar Minuten köcheln lassen. Pasta im gesalzenen Wasser kochen und die Soße mit Salz, Pfeffer und gehackter Petersilie abschmecken. Dann die Pasta mit der Soße und etwas Frühlingszwiebel anrichten.

# DER GEMEINE BIRKENPILZ

## EIN TREUER BEGLEITER

Einen schönen Partner hat sich der Birkenpilz ausgesucht und auch gleich passend dazu seinen Namen erhalten. Da möchte man sich nach dem Suchen und Finden gern für eine Rast unter den Zweigen der Birke niederlassen.

## WANN UND WO FINDEN

Der Gemeine Birkenpilz (Leccinum scabrum) wächst vom **Sommer bis in den Herbst**. Wir finden ihn **ausschließlich unter Birken**, auf die er sich als Baumpartner spezialisiert hat. Eine einzige, in den Nadelwald eingestreute Birke kann schon ausreichen, um den Gemeinen Birkenpilz zu finden. Also auch auf einzeln stehende Birken achten.

Birkenwälder beheimaten spezielle Pilzarten

## BESCHREIBUNG

Der Birkenpilz ist ein sportlicher Typ, rank und schlank, mit einem auffallend hellen Stiel. Was allgemein als Birkenpilz bezeichnet wird, umfasst eigentlich mehrere Arten die wir, gemeinsam mit den Rotkappen, als Raufußröhrlinge zusammenfassen. Die Unterscheidung der einzelnen Birkenpilze ist nicht so leicht, aber für den Einsteiger auch nicht wichtig, denn alle sind essbar.

## STECKBRIEF

### HUT

Durchmesser bis zu 15 Zentimeter, manchmal auch darüber, am Anfang kugelig und später ausgebreitet, graubraun, rotbraun kann auch gelbliche Töne enthalten, Huthaut glatt und bei feuchtem Wetter schmierig

### STIEL

schlank, länger als der Hut breit ist, helle Grundfarbe mit dunkleren Schuppen, nach oben verjüngend

### RÖHREN

gut ablösbar, jung weißlich, später grau, im Alter sehr weich werdend, Sporenpulver gelbbraun

### FLEISCH

nur jung fest, später sehr weich werdend, weißlich, nicht verfärbend

### GERUCH

neutral pilzig

### GESCHMACK

mild, säuerlich

### VERWECHSLUNGSPARTNER

Der Birkenpilz wird meist **mit anderen Raufußröhrlingen** ☺ verwechselt, was aber **kein Problem** darstellt, da diese **alle essbar** sind. Es sollen schon Verwechslungen mit dem ungenießbaren **Gallenröhrling** 😐 vorgekommen sein. Hier bitte auf das **Stielnetz des Gallenröhrlings** achten, das sich vom **schuppigen Stiel des Birkenpilzes** unterscheidet.

Hainbuchenraufußröhrling

## VERWERTUNG IN DER KÜCHE

Nur junge und feste Exemplare verwenden, da der Birkenpilz recht schnell weich wird. Bereitet man ältere Exemplare zu, erlebt man eine schleimige Überraschung in der Pfanne. Junge und knackige Exemplare sind allerdings sehr wohlschmeckend. Nicht wundern: Die Pilzstücke werden in der Pfanne beim Zubereiten sehr dunkel bis fast schwarz. Das ist aber kein Problem und keinesfalls ein Zeichen für Giftigkeit.

***Tipp:***

*Durch einen Drucktest lässt sich bei Röhrlingen schon am Standort und ohne den Fruchtkörper zu entnehmen, feststellen, ob der Pilz noch fest ist und für die Küche taugt. Man drückt den Hut leicht ein. Wenn die Delle bleibt und nicht ausfedert, hat man ein älteres Exemplar vor sich das lieber am Standort verbleibt.*

# DIE BIRKENROTKAPPE

## SCHÖNHEIT DER HEIDE

Da streift man durch die Heidelandschaft, hier und da eine Birke zwischen den Kiefern, und da steht sie, leuchtet schon von Weitem, die Birkenrotkappe. Was für ein prächtiger Anblick. Das Sammlerglück ist kaum zu fassen.

## WANN UND WO FINDEN

Schon der **frühe Sommer** kann reiche Funde an Birkenrotkappen bescheren, regnerisches Wetter vorausgesetzt. **Bis in den Herbst** lassen sich diese prächtigen Pilze finden. Wie der Birkenpilz, geht die Birkenrotkappe nur mit der **Birke** eine **Mykorrhiza** ein. Am besten finden wir ihn in heideähnlicher Landschaft. Eingestreute **Birken in Kiefern- oder Fichtenforsten auf saurem Sandboden** sind ideal.

## BESCHREIBUNG

Die Birkenrotkappe (Leccinum versipelle) kann recht stattliche Ausmaße erreichen und erinnert vom Habitus durchaus schon einmal an den Steinpilz. Die schöne orangerote klein schneiden fällt sofort auf. Für den Sammler eine feine Sache, eigentlich kaum zu übersehen. Die Birkenrotkappe gehört zu den Raufußröhrlingen, zusammen mit allen Arten die wir gemeinhin als Birkenpilze und Rotkappen bezeichnen.

## STECKBRIEF

### HUT

Durchmesser bis zu 25 Zentimeter, Jung schmiegt sich der Hut dicht an den Stiel und ist kaum breiter, festfleischig, orangerot bis braunrot, trocken feinfilzig, feucht etwas schmierig, Huthaut steht am Rand etwas über

Ältere Birkenrotkappen

## STIEL

kräftig bis schlank, schwärzliche Schuppen auf weißlichem Grund

## RÖHREN

gut ablösbar, jung weißlich, später grau, im Alter weich und schwammig werdend, Sporenpulver olivbraun

## FLEISCH

fest, weißlich, bei Verletzung grauviolett anlaufend, nach einiger Zeit ganz schwarz werdend, wird selten von Maden befallen

## GERUCH

angenehm pilzig

## GESCHMACK

mild

## VERWECHSLUNGSPARTNER

Eine Verwechslung ist nur mit anderen Arten aus der Gruppe der **Raufußröhrlinge** ☺ möglich, die aber **alle essbar** sind.

Espenrotkappe

## VERWERTUNG IN DER KÜCHE

Um einiges wertvoller als der mit ihr verwandte Birkenpilz. Ergiebiger und fester im Fleisch. Für viele Arten der Zubereitung bestens geeignet. Aber auch hier gilt wieder: gut durchgaren, denn alle Raufußröhrlinge sind roh giftig. Die dunkle Verfärbung bei der Zubereitung stellt auch hier keinen Grund zur Sorge dar.

## EINFACHE, SCHNELLE PILZPFANNE

### ZUTATEN (für 4 Personen)

500 g Rotkappen
1 Zwiebel
Öl
Salz
Pfeffer

### ZUBEREITUNG

Die Rotkappen putzen und in nicht zu große Stücke schneiden. Mit klein geschnittenen Zwiebeln und etwas Öl in der Pfanne langsam dünsten. Salzen und pfeffern und mit Brot servieren.

# DER GOLDRÖHRLING

## SCHMIERIGER SPEZIALIST BEI LÄRCHEN

Wo Lärchen sind, ist meist der Goldröhrling nicht weit. Das gilt auch umgekehrt. Ich finde den goldigen Gesellen und weiß: Irgendwo muss eine Lärche sein, die beiden leben schließlich in Symbiose.

## WANN UND WO FINDEN

Der Goldröhrling (Suillus grevillei) lässt sich vom **Frühsommer bis zum Spätherbst** finden. Er hat keine besonderen Bodenansprüche und kommt allgemein häufig vor. Als Symbiosepilz der **Lärche** ist er immer in deren Nähe zu finden. Am passenden Standort erscheinen die Fruchtkörper oft in großen Mengen.

Lärchenwälder sind ganz besondere Biotope

## BESCHREIBUNG

Ein goldbrauner glitschiger Hut und das Häutchen über den Röhren kennzeichnen diesen Pilz sehr gut. Die Fruchtkörper erscheinen gern in Gruppen, manchmal stehen mehrere Exemplare dicht gedrängt beieinander. Der eher kleine bis höchstens mittelgroße Pilz fällt durch seine leuchtenden Farben dem Sammler sofort ins Auge.

## STECKBRIEF

### HUT

Durchmesser bis höchstens 15 Zentimeter, am Anfang kugelig und später abgeflacht, farblich sehr variabel von leuchtend hellgelb bis fast rostbraun, Huthaut bei feuchtem Wetter stark schmierig schleimig

### STIEL

mit Ring, gelblich, unterhalb des Rings dunkler

### RÖHREN

hellgelb bis gelbbräunlich, auf Druck leicht violettlich verfärbend, jung von einem Häutchen, der Teilhülle (Velum partiale) geschützt, die später aufreißt und als Ring oder Ringzone am Stiel zurückbleibt, Sporenpulver gelbbraun

Junges Exemplar mit fast geschlossener Teilhülle über den Röhren

## FLEISCH

zart, gelb, hellgelb, zitronengelb, nicht oder nur wenig verfärbend

## GERUCH

angenehm pilzig

## GESCHMACK

mild, säuerlich

## VERWECHSLUNGSPARTNER

Der Goldröhrling hat eigentlich **keine Doppelgänger**. Was den Sammler manchmal verwirrt, ist die **Variationsbreite bei den Hutfarben**. Höchstens ein anderer Schmierröhrling mit Teilhülle, der **Butterpilz** ☺**, hat eine entfernte Ähnlichkeit**. Da **Schmierröhrlinge alle essbar** sind, ist das auch kein Problem. Allerdings kann der Verzehr von Schmierröhrlingen mitunter zu allergischen Reaktionen und zu Magen-Darm-Störungen führen. Auf jeden Fall sollte man vor der Zubereitung die schleimige Huthaut abziehen. Wer Schmierröhrlinge dennoch nicht verträgt, sollte sie meiden.

Butterpilz

## VERWERTUNG IN DER KÜCHE

Der Goldröhrling ist ein gern und viel gesammelter Speisepilz mit zartem Fleisch. Allerdings hat er einen wenig intensiven Geschmack und verträgt gut kräftigere Zutaten bei der Zubereitung. Auf jeden Fall sollte man nur junge Fruchtkörper verwenden, da die Pilze schnell weich werden und dann nicht mehr gut schmecken. Auch die Konsistenz in der Pfanne geht dann immer mehr in Richtung schleimig.

# EXKURS: TÄUBLINGE UND MILCHLINGE

## BUNTE GESELLEN DES WALDES

Täublingsregel und rote Milch machen es möglich - erkenne und genieße köstliche Speisepilze.

Die Beschäftigung mit Täublingen und Milchlingen ist ein guter nächster Schritt, wenn ich mein Wissen über die bekannten Röhrlinge hinaus erweitern und den Speiseplan etwas ausbauen möchte. Unter den Täublingen und Milchlingen gibt es wunderbare, köstliche Speisepilze, die das Sammeln mehr als lohnen. Wer meine Videos kennt, weiß natürlich, dass Täublinge zu meinen absoluten Lieblingsspeisepilzen gehören. Warum aber bieten sich diese beiden Gruppen für den Einsteiger als nächsten Schritt nach den Röhrlingen idealerweise an?

Täublinge und Milchlinge lassen sich als solche recht leicht erkennen. Das ist eine feine Sache und nicht selbstverständlich im Pilzreich. Die einzelnen Arten zu bestimmen, ist wiederum recht schwierig und oft nur anhand mikroskopischer Merkmale möglich. Hört sich zunächst nicht so toll an, ist aber für den Speisepilzsammler nicht weiter problematisch. Außerdem gibt es in dieser Gruppe keine lebensbedrohlich giftigen Arten.

Zuerst stelle ich bei dieser Gruppe von in Hut und Stiel gegliederten Pilzen fest ist, dass es Lamellenpilze sind. Die Fruchtschicht ist als Lamellen oder Blätter auf der Hutunterseite ausgebildet. Wenn ich über die Lamellen streife, splittern diese mit wenigen Ausnahmen deutlich, wobei es bei der Sprödigkeit ein gewisses Spektrum gibt. Breche ich den Stiel, erklingt ein Knackgeräusch, und die Bruchstelle ist relativ glatt und fasert nicht aus. Das liegt an der besonderen Struktur der Täublinge und

Milchlinge, bei denen kugelige Zellen im Fleisch eingelagert sind. Deshalb fasst man diese als sogenannte Sprödblättler oder Sprödstielige zusammen. Dieses Merkmal steht in deutlichem Gegensatz zu den übrigen Lamellenpilzen, den sogenannten Faserblätterpilzen, die immer eine mehr oder weniger faserige Struktur im Stiel aufweisen und keine splitternden Lamellen haben. Tritt bei Verletzung der Fruchtkörper eine Flüssigkeit aus, können wir die Milchlinge erkennen und von den Täublingen abgrenzen. Die Milch ist allerdings nicht immer deutlich zu erkennen und fließt manchmal recht spärlich. Täublinge und Milchlinge sind zudem recht einfach aufgebaut und bestehen nur aus Hut, Stiel und

Teile der splitternden Lamellen bleiben gern an der Huthaut kleben

Lamellen. Wir finden keine Gesamthülle, Teilhülle oder Reste davon. Die Gesamtheit dieser Merkmale lässt uns die Sprödblättler sicher erkennen.

### Schauen wir uns zunächst die Täublinge an.

Ein buntes Völkchen haben wir da vor uns. Es gibt kaum eine Farbe, die uns von der Hutoberseite nicht entgegenleuchten kann. Aber auch ganz schlichte Weiß- und Grautöne sind möglich. Auch wenn wir die Gattung der Täublinge jetzt leicht erkennen können, zur einzelnen Art dringen wir nicht so einfach vor. Die gute Nachricht: Das ist auch nicht unbedingt nötig. Die sogenannte Täublingsregel besagt, alle mild schmeckenden Täublinge sind essbar und alle scharf, bitter oder irgendwie unangenehm schmeckenden sind es nicht. Bei den nicht milden Arten gibt es ungenießbare und Magen-Darm-giftige Arten. Ob wir bei einer milden Kostprobe einen leckeren Speisepilz vor uns haben, der das Sammeln lohnt, ist damit aber noch nicht sicher. In diesem Buch beschränken wir uns daher auf essbare Täublinge, die gleichzeitig tolle Speisepilze sind und die sich mit etwas Erfahrung auch bald ohne Kostprobe erkennen lassen. Aber Pilze roh verkosten? Ist das nicht gefährlich? Nicht, wenn wir dabei richtig vorgehen. Der wichtigste Grundsatz: Die Kostprobe niemals hinunterzuschlucken. Man nimmt ein kleines Stück, am besten aus dem Hut, kaut im vorderen Mundbereich etwas darauf herum und schiebt es an der Zungenspitze entlang. Bei einigen Arten stellt sich schnell ein scharfer Geschmack und ein pelziges Gefühl ein, wobei die Zunge eine Weile wie betäubt sein kann. Daher auch der treffende Name Täublinge. Manchmal kann es auch einige Zeit dauern, bis sich der typische Geschmack einstellt. Die Kostprobe also ruhig etwas länger im Mund lassen und dann wieder ausspucken. Natürlich sollte man eine Kostprobe erst dann vornehmen, wenn man sich sicher ist, einen Täubling vor sich zu haben. Anfängern rate ich dringend davon ab, in anderen Gruppen, insbesondere bei Lamellenpilzen, Kostproben vorzunehmen. Höchstens bei Röhrlingen sollte man das versuchen, um bei Unsicherheit den Gallenröhrling oder andere bittere Röhrlinge zu erkennen.

Milchsaft tritt bei Verletzung der Lamellen aus

### Wie sieht es mit der Kostprobe bei Milchlingen aus?

Bei Milchlingen ist die Täublingsregel nur bedingt anzuwenden. Die Kostprobe gehört hier ebenfalls zur Bestimmung dazu. Der Einsteiger ist aber gut beraten, nur Milchlinge zu sammeln, die orangerote Milch absondern. Damit ist man auf der sicheren Seite, denn alle Milchlinge, die rote Milch besitzen sind essbar. Die Arten dieser Gruppe werden als Reizker bezeichnet. Die zwei häufigsten Reizkerarten sind wunderbare und leicht erkennbare Speisepilze und werden deshalb in diesem Buch vorgestellt.

# DER FRAUENTÄUBLING

## EIN WAHRER HARLEKIN

Ein Pilz, der sich offenbar nicht entscheiden kann, welche Farbe ihm am besten steht. Mal kommt er ganz in Grün daher, mal in Violett oder Rosa, ein anderes Mal in einer bunten Mischung dieser Farben. Was für eine beeindruckende Wandlungsfähigkeit.

## WANN UND WO FINDEN

Der Frauentäubling (Russula cyanoxantha) lässt sich vom **Frühsommer bis zum Herbst** finden. Gerade wenn sich im Sommer die Röhrlinge noch rarmachen, ist die beste Zeit für den Frauentäubling. Dazu ist er auch noch recht häufig zu finden. Ein Glück für den Pilzsammler. Als **Symbiosepilz** ist er nicht so wählerisch, was den Baumpartner betrifft. Man findet ihn in **Laubwäldern, Nadelwäldern und Parkanlagen**. Meine besten Stellen habe ich **in Parks unter Buchen** gefunden, dort ist er manchmal die dominierende Art.

Buchenwälder sind oft Täublingsparadiese

## BESCHREIBUNG

Dieser kräftig gewachsene Täubling ist leicht kenntlich, auch wenn die veränderlichen Hutfarben das zunächst nicht vermuten lassen. Das erklärt sich durch das Vorhandensein sehr weicher Lamellen, was für Täublinge gar nicht typisch ist. Aber keine Regel ohne Ausnahme.

## STECKBRIEF

### HUT

Durchmesser bis zu 15 Zentimeter, am Anfang kugelig und später ausgebreitet, farblich sehr variabel, von Violett über Rosa bis Grün, radialfaserige Zeichnung, Huthaut feucht schmierig, bis etwa ein Drittel abziehbar, die Mitte ist oft vertieft

### STIEL

sehr stämmig, zylindrisch, weißlich, manchmal lila überhaucht, Oberfläche leicht runzelig

### LAMELLEN

weich, brechen beim Darüberstreichen nicht. Nach längerem Hin-und-her-Schieben lassen sich die Lamellen ineinanderschmieren, Sporenpulver weiß.

### FLEISCH

brüchig, weißlich, bei Verletzung nicht verfärbend, unter der Huthaut etwas violett, im Alter im Stiel wattig

## GERUCH

unbedeutend

## GESCHMACK

mild, nussig

Grüne Exemplare des Frauentäublings

## VERWECHSLUNGSPARTNER

Wenn man darauf achtet, **einen Täubling sicher erkannt zu haben** und die **weichen bis schmierigen Lamellen** erkennt, ist eine **Verwechslung nicht möglich**. Andere grüne Täublinge können ähnlich sein, haben aber nicht so weiche Lamellen.

Vorsicht: Auf den ersten Blick ist eine Verwechslung mit dem **Grünen Knollenblätterpilz** ☹ möglich. Zumindest die **Hutoberseite hat eine gewisse Ähnlichkeit** mit grünen Exemplaren des Frauentäublings. Die **Volva an der Stielbasis des Grünen Knollenblätterpilzes** ist allerdings **ein eindeutiges Merkmal**. Pilze deshalb immer vollständig entnehmen. Auch lässt sich die **Huthaut beim Grünen Knollenblätterpilz bis zur Mitte abziehen, beim Frauentäubling nur etwa bis zu einem Drittel des Hutes**. In der Praxis ist eine solche Verwechslung aber durchaus schon vorgekommen.

Grüner Knollenblätterpilz

## VERWERTUNG IN DER KÜCHE

Täublinge haben die angenehme Eigenschaft, beim Zubereiten schön bissfest zu bleiben. Sie sind prima für viele Arten der Zubereitung geeignet. Allerdings sollte man sie für sich genießen, da ihr feines, nussiges Aroma in einer Mischpilzpfanne schnell untergeht.

---

**_Kulinarischer Tipp:_**

*Frauentäublinge putzen, klein schneiden und in einer tiefen Pfanne mit etwas Wasser bei geschlossenem Deckel langsam dünsten. Den Deckel abnehmen und das Wasser reduzieren. Die Täublinge nicht anbraten. Etwas Butter dazu und salzen. Fertig.*

*Es ist überraschend, wie lecker die Täublinge bei dieser einfachen Zubereitung schmecken. Kartoffelbrei passt wunderbar dazu, ebenso rustikales Brot.*

# DER GRÜNGEFELDERTE TÄUBLING

## KÖNIG DER TÄUBLINGE

Was für eine Schönheit ist er doch mit seiner markanten Hutzeichnung. Einzigartig und unverwechselbar kommt er daher. Schon wenn man ihn von Weitem erspäht, schlägt das Herz höher. Der Traum jedes Täublingssammlers.

## WANN UND WO FINDEN

Der Grüngefelderte Täubling (Russula virescens) lässt sich, wie viele Täublinge, vom **Frühsommer bis zum Herbst** finden. Er geht vor allem mit **Laubbäumen** eine **Symbiose** ein, seltener mit **Nadelbäumen**. Unter **Eichen**, **Buchen und Linden** ist er am meisten anzutreffen, aber bei Weitem nicht so häufig wie z. B. der Frauentäubling. Daher ist es immer etwas Besonderes, wenn man ihn findet.

## BESCHREIBUNG

Der Grüngefelderte Täubling kann ein richtiger Brocken werden, stattlich und schwer. Dabei sieht er auch noch äußerst attraktiv aus. Er ist nie madig und mit seinem nussigen, fast süßlichen Geschmack der, aus meiner Sicht, beste essbare Täubling.

## STECKBRIEF

### HUT

Durchmesser bis zu 15, seltener bis zu 20 Zentimeter, am Anfang kugelig und später ausgebreitet und in der Mitte niedergedrückt. Die grüne Huthaut reißt fedrig auf und gibt dem Pilz sein charakteristisches Aussehen, die Grundfarbe ist heller als die Felder, die Farbe variiert in verschiedenen Grüntönen bis zu Gelbtönen, Huthaut bis ca. zur Hälfte abziehbar.

Kräftig grüne Exemplare, die Hutfarbe variiert

## STIEL

zylindrisch, weiß, im Alter und auf Druck bräunend, an der Stielspitze oft weiß bepudert

## LAMELLEN

splitternd beim Darüberstreichen, weißlich bis cremefarben, auch braunfleckig, Sporenpulver weiß bis hellgelblich

## FLEISCH

spröde, aber fest, weißlich und nicht verfärbend

## GERUCH

neutral

## GESCHMACK

mild, nussig bis süßlich

Grüngefelderter Täubling: Die Hutzeichnung ist unverwechselbar

### VERWECHSLUNGSPARTNER

Durch seine **auffallende Hutzeichnung** in Kombination mit den **spröden Lamellen** ist die Art **unverwechselbar**. Wenn die Merkmale nicht deutlich ausgeprägt sind und es an Erfahrung fehlt, kann die Bestimmung jedoch schwierig werden. Auch beim Grüngefelderten Täubling hüte man sich vor Verwechslungen mit dem **Grünen Knollenblätterpilz** ☹.

## VERWERTUNG IN DER KÜCHE

Auch roh essbar. Abgebrüht und fein gehobelt in Salaten sehr lecker. Auch für sonstige Zubereitungen super geeignet.

# DER FLEISCHROTE SPEISETÄUBLING

## IM KNAPPEN ROSA DRESS

Fast so häufig und ebenso lecker wie der Frauentäubling ist der Fleischrote Speisetäubling nur etwas zierlicher in seinem Auftreten und nicht so bunt wie sein Verwandter.

## WANN UND WO FINDEN

Der Fleischrote Speisetäubling (Russula vesca) lässt sich vom **Frühsommer bis zum Spätherbst** finden. Er bevorzugt **lehmige, saure Böden** im **Laubwald** oder **Nadelwald**. Er wächst gern bei **Buche**, **Eiche** und **Fichte**. Insgesamt ist diese Art häufig anzutreffen.

## BESCHREIBUNG

Wenn man den Speisetäubling im Vergleich zum Frauentäubling betrachtet, fällt die zierlichere Erscheinung auf. Die Hutfarben sind auch nicht so bunt und beschränken sich auf diverse Rottöne. Die Huthaut ist etwas zurückgezogen und lässt die Lamellen wie kleine Zähne am Hutrand hervorschauen.

## STECKBRIEF

### HUT

Durchmesser bis zu 10 maximal 15 Zentimeter, am Anfang kugelig und später niedergedrückt. Klein geschnitten variiert die Farbe von Fleischrosa über Fleischrot bis Fleischbräunlich, seltener grünlich. Die Huthaut ist trocken matt und feucht, etwas schmierig und reicht nicht ganz bis zum Hutrand.

### STIEL

weiß, im Alter braunfleckig, oft an der Basis zugespitzt

## LAMELLEN

schmal, dicht stehend, weißlich bis cremefarben, besonders an den Schneiden bräunend, wenig splitternd, Sporenpulver weiß

## FLEISCH

fest, weißlich, bei Verletzung nicht verfärbend

## GERUCH

angenehm neutral

## GESCHMACK

mild, nussig

Typisch verkürzte Huthaut

## VERWECHSLUNGSPARTNER

**Andere rote Täublinge** kommen hier infrage, wenn man die **kurze Huthaut** nicht beachtet oder diese **nicht so deutlich ausgeprägt** ist. Unter den **roten Täublingen gibt es weitere essbare, aber auch ungenießbare und giftige Arten**. Über die **Täublingsprobe** kann man diese aber sicher ausschließen.

Giftiger Kirschroter Speitäubling

## VERWERTUNG IN DER KÜCHE

Ebenso wie der Frauentäubling verwendbar.

# DER ORANGEROTE GRAUSTIELTÄUBLING

## DER LECKERE PILZ AUS DEM NADELWALD

Streift man durch saure Kiefernwälder, leuchten uns diese Täublinge schon von Weitem an. Einfach wunderbar, wie sie ihre schönen orangen Hüte aus dem Moos strecken.

## WANN UND WO FINDEN

Der Orangerote Graustieltäubling (Russula decolorans) erscheint von **Juli bis Oktober**. Er kommt in **Nadelwäldern und in Hochmooren** vor, im Laubwald ist er nicht zu finden. Dabei bevorzugt er **saure Kiefernwälder** mit Heidekraut und Moosbewuchs. Im Fichtenwald ist er selten anzutreffen. Ich finde ihn am häufigsten in **Kiefernwäldern auf Sandboden**.

## BESCHREIBUNG

Wir haben einen kräftigen Täubling vor uns, der durch seine schönen orangen Hutfarben auffällt.

## STECKBRIEF

### HUT

Durchmesser bis zu 13 Zentimeter, am Anfang kugelig und später abgeflacht, orange bis orangerot, ziegelrot, im Alter kurze Riefung am Hutrand

### STIEL

weiß, längsrunzelig, bei Verletzung erst rötend, im Alter grauend

### LAMELLEN

stark splitternd, jung gelblich weiß, später buttergelb, dünn, gedrängt stehend, Sporenpulver hellocker

## FLEISCH

fest, weißlich, bei Verletzung erst rötend, dann grauend

## GERUCH

unbedeutend

## GESCHMACK

mild bis leicht schärflich

Junger Fruchtkörper mit kugelig geschlossenem Hut

## VERWECHSLUNGSPARTNER

Durch das **grauende Fleisch** und die **orangen Hutfarben** ist dieser Täubling gut gekennzeichnet und **nahezu unverwechselbar**. Kräftiger gefärbte Exemplare können mit dem **Apfeltäubling** ☺ verwechselt werden, der an den gleichen Standorten vorkommt. Der **Apfeltäubling** hat einen **oft rötlich überhauchten Stiel** und **rote bis orangerote Hutfarben**. Er schmeckt ebenfalls mild und **ist essbar**. Eine Verwechslung ist also kein Problem. **Scharf schmeckende rote Täublinge** kann ich **durch eine Kostprobe** im Zweifelsfalle **abgrenzen**.

Apfeltäubling

## VERWERTUNG IN DER KÜCHE

Unbedingt für sich zubereiten, nicht in der Mischpilzpfanne. So genießt man am besten den besonderen Geschmack dieser Art. Angenehm nussig, mit einer leicht herben Note.

# DER EDELREIZKER

## SCHMACKHAFTER BEGLEITER DER KIEFER

Der Edelreizker ist der beliebteste Speisepilz unter den Milchlingen mit roter Milch, den Reizkern. Er wird gern und viel gesammelt und liefert uns ein köstliches, ganz besonderes Geschmackserlebnis.

## WANN UND WO FINDEN

Der Edelreizker (Lactarius deliciosus) lässt sich vom **Sommer bis zum Spätherbst** finden. **Verregnete Sommer** sind ideal und bringen ab August oft reiche Ernte. Aber auch bis zum Wintereinbruch lassen sich die Edelreizker noch finden. Als **Symbiosepilz der Kiefer** kommt er ausschließlich im **Kiefernwald** vor.

Pilzrevier Kiefernwald

## BESCHREIBUNG

Die oft großen und stämmigen Pilze fallen im Kiefernwald durch ihre schönen orangen Farben auf. Die Hutzeichnung ist so markant, dass sie sofort im Gedächtnis bleibt. Entnimmt man die Pilze und verletzt sie, tritt ein orangeroter Milchsaft aus.

## STECKBRIEF

### HUT

Durchmesser bis zu 20 Zentimeter. Der Hutrand ist oft wellig verbogen und lange nach innen eingerollt, im Alter trichterförmig, feucht etwas klebrig und trocken weißlich bereift auf orangerotem Grund befindet sich ein Muster aus dunkleren, wie aufgetupft wirkenden, konzentrisch angeordneten Flecken.

### STIEL

kurz und stämmig, etwa die gleiche Farbe wie der Hut, dunkle Grübchen auf hellerem Grund, innen erst wattig und später hohl

### LAMELLEN

hellorange bis orangeocker, splitternd und Milchsaft absondernd, Sporenpulver hell ockergelb

### FLEISCH

fest, lässt sich nur schwer brechen, orangerötlich, gibt bei Verletzung eine orangerote Milch ab, die erst später verblasst und sich leicht grünlich verfärbt

### GERUCH

angenehm fruchtig

### GESCHMACK

mild

### VERWECHSLUNGSPARTNER

Wenn man auf den Standort **unter Kiefern** und die **orangerote Milch** achtet, ist eine **Verwechslung höchstens mit** anderen **ebenfalls essbaren Reizkern** ☺ unter Kiefern möglich. Infrage kommen der Spangrüne und der Wechselblaue Kiefernreizker, die aber etwas seltener sind als der Edelreizker. Der ähnliche Lachsreizker kommt unter Weißtannen vor und ist ebenfalls essbar.

Der **Birkenmilchling** ☹, früher Birkenreizker genannt, hat **von oben oft eine starke Ähnlichkeit** mit dem Edelreizker. Dreht man den Pilz jedoch um, wird der Irrtum schnell klar. Der **Hutrand** des Birkenmilchlings ist **zottig behaart**, die **Lamellen sind weißlich,** und die **Milch ist weiß**. Zudem **schmeckt er scharf**. Er gilt als Magen-Darm-giftig. Zwar kommt er nur unter Birken vor, aber diese finden sich ja auch mal im Kiefernwald.

Der zottige Hutrand des Birkenmilchlings ist gut zu erkennen

## VERWERTUNG IN DER KÜCHE

Reizker sind ideale Bratpilze. Die kleineren Hüte im Ganzen lassen, die größeren halbieren oder vierteln. Etwas Öl in die Pfanne geben. Die Pilze braten und dabei mehrmals wenden. Alternativ kann man die Edelreizker vorher auch panieren. Die Stiele können in Scheiben geschnitten mitgebraten werden.

---

**Achtung:**

*Der rote Farbstoff wandert durch den Körper und wird so wieder ausgeschieden. Keine Panik also, wenn der Urin rot gefärbt ist, das ist völlig normal.*

## EDELREIZKER-KARTOFFELPFANNE

### ZUTATEN (für 4 Personen)

500 g Edelreizker-Pilze
1 kg Kartoffeln
1 Zwiebel
2 Knoblauchzehen
3 EL Olivenöl
1 TL Paprikapulver
Salz und Pfeffer nach Geschmack
Petersilie und Frühlingszwiebel zum Garnieren

### ZUBEREITUNG

Die Kartoffeln schälen und in kleine Würfel schneiden. Die Zwiebel und den Knoblauch schälen und fein hacken. Die Pilze vorsichtig putzen, und die Hüte am besten ganz verarbeiten, höchstens halbieren. In einer großen Pfanne das Olivenöl erhitzen, und die Zwiebeln glasig anbraten. Knoblauch hinzugeben. Die Kartoffelwürfel hinzufügen und etwa 10 Minuten anbraten. Füge Paprikapulver, Salz und Pfeffer zu den Kartoffeln hinzu. Die Pilze separat in einer Pfanne mit Öl ca. 5–10 Minuten braten. Die Pilze vor dem Servieren zu den Kartoffeln geben, die Pfanne vom Herd nehmen und mit Petersilie und Frühlingszwiebeln garnieren.

# DER FICHTENREIZKER

## ÜBERALL WO FICHTEN STEHEN

Auch der Fichtenwald hält einen leckeren und häufigen Reizker für uns bereit. Es lohnt sich auf jeden Fall, diese Art kennenzulernen und mit ihr den Speiseplan um einen interessanten Geschmack zu erweitern.

## WANN UND WO FINDEN

Der Fichtenreizker (Lactarius deterrimus) lässt sich vom **Sommer bis zum Spätherbst** finden. Typischerweise erscheint er ab **August bis zum Wintereinbruch**. Er ist anspruchslos und kommt überall vor, wo die **Fichte** wächst, mit der er eine Symbiose bildet. **In mittelalten Fichtenforsten** tritt er oft als Massenpilz auf.

## BESCHREIBUNG

Der Fichtenreizker wirkt wie der kleine Bruder des Edelreizkers, schmächtiger und schlanker als sein Verwandter und auch nicht so fest im Fleisch.

## STECKBRIEF

### HUT

Durchmesser bis zu 12 Zentimeter, anfangs gewölbt, später in der Mitte niedergedrückt, im Alter trichterförmig, orangerot bis orangebräunlich, am Rand etwas gezont, bald mit grünlichen Anteilen oder komplett grünend

### STIEL

schlank, schnell innen hohl, ähnliche Farbe wie der Hut, keine Grübchen

## LAMELLEN

blassorange bis orangeocker, splitternd und Milchsaft absondernd, fleckig werdend, Sporenpulver hell ocker

## FLEISCH

fest, brüchig, orangerötlich, gibt bei Verletzung eine orangerote Milch ab die sich nach ca. 15 Minuten weinrot umfärbt

## GERUCH

herb obstartig

## GESCHMACK

zunächst mild, dann bitter, schärflich, harzig, sehr unangenehm

## VERWECHSLUNGSPARTNER

Der **Fichtenreizker** ist der **einzige Milchling mit roter Milch unter Fichten**. Das macht ihn **unverwechselbar**. Wenn doch mal Kiefern eingestreut sind, besteht die Verwechslungsmöglichkeit mit **anderen Reizkern** ☺, die an Kiefern gebunden sind. Das ist aber nicht schlimm, da **all diese Arten essbar** und prima als Speisepilze geeignet sind. Unter Weißtannen kommt auch noch der **ebenfalls essbare Lachsreizker** als Verwechslungsmöglichkeit infrage.

Lachsreizker

## VERWERTUNG IN DER KÜCHE

Auch der Fichtenreizker ist gebraten eine Delikatesse. Allerdings etwas herber im Geschmack als der Edelreizker, aber dadurch auch einzigartig. Hier scheiden sich die Geister, welcher der beiden der wertvollere ist. Man muss einfach beide mal probiert haben.

## REIZKER IN ÖL

### ZUTATEN (für 4 Gläser, je ca. 300 ml)

700 g Reizker
2 Zwiebeln
Salz
1 l Pflanzenöl

### ZUBEREITUNG

Am besten kleinere bis mittlere Reizker verwenden, damit sie nicht so sehr zerschnitten werden müssen. Die kleinen können auch im Ganzen verarbeitet werden. Die Pilze trocken gründlich putzen. In einem Topf Wasser zum Kochen bringen. Geviertelte Zwiebeln und Salz ins Wasser geben. Die Reizker dazugeben und ca. 15 Minuten bei kleiner Hitze köcheln lassen. Es können nach Belieben noch weitere Gewürze dazugegeben werden, aber das überdeckt dann etwas den einzigartigen Reizkergeschmack. Alles abkühlen lassen und abseihen. Die Pilze mit den Zwiebeln in Schraubgläser füllen, aber nicht bis zum Rand. Alles mit Speiseöl auffüllen und die Luftblasen nach Möglichkeit entfernen. Dazu die Gläser immer mal wieder aufstoßen. Bis zum Rand Öl nachfüllen und die Gläser verschließen. Die Gläser im Kühlschrank aufbewahren. Nach etwa einer Woche sind die Reizker gut durchgezogen und können verspeist werden. Sie passen wunderbar als Beilage zu Brot oder zu Pellkartoffeln. Auch das Öl nimmt einen wunderbaren Geschmack an.

# DER FLOCKENSTIELIGE HEXENRÖHRLING

## EINE ZAUBERHAFTE ERSCHEINUNG

Dieser samtige braune Hut, auf dem stämmigen roten Stiel, einfach wunderschön. Wie von Zauberhand geschaffen und doch ein Produkt der Natur. So begegnet dem Pilzsammler der Flockenstielige Hexenröhrling.

## WANN UND WO FINDEN

Der Flockenstielige Hexenröhrling (Neoboletus luridiformis) ist **ab dem Frühjahr** zu finden. Er ist einer der ersten Röhrlinge im Jahr und taucht bei günstiger Witterung schon **ab April** auf. **Bis in den späten Herbst** begleitet uns dann diese Pilzart. **Nadelwälder**, **Laubwälder** und **Mischwälder** auf **saurem Boden** sind sein Zuhause. Auch in **Parkanlagen** fühlt er sich richtig wohl.

Naturnahe Parkanlagen sind Lebensraum zahlreicher Pilzarten

## BESCHREIBUNG

Wie der Steinpilz ist auch der Flockenstielige Hexenröhrling ein Dickröhrling. Er ist ebenso stattlich und kräftig gebaut. Die völlig anderen Farben fallen aber sofort auf. Eine rote Hutunterseite und der rote Stiel scheinen den Pilzsammler warnen zu wollen. Trotzdem haben wir einen wunderbaren Speisepilz vor uns, der es lohnt gesammelt zu werden.

## STECKBRIEF

### HUT

Durchmesser bis zu 25 Zentimeter, am Anfang halbkugelig, polsterförmig und später abflachend, meist schön dunkelbraun, aber auch etwas heller, bisweilen mir einem leichten Oliveton, trocken fein samtig, wildlederartig, feucht höchstens leicht schleimig

### STIEL

stämmig, oft keulig, feine rötliche Flocken auf gelbem Grund, keine Netzzeichnung

### RÖHREN

gelb, Poren rot bis orange gefärbt, auf Druck stark blauend, Sporenpulver olivbraun

## FLEISCH

fest, dottergelb. Bei Verletzung färbt es sich schnell kräftig blau, nach einiger Zeit verblasst das Blau wieder, selten madig.

Blauendes Fleisch

## GERUCH

angenehm pilzig

## GESCHMACK

mild

## VERWECHSLUNGSPARTNER

Der **Netzstielige Hexenröhrling** ☺ hat einen **olivbraunen Hut,** eine **Netzzeichnung auf dem Stiel** und **ist ebenfalls essbar**. Weitere **Röhrlinge mit roten Röhren** sind recht selten. **können aber eine Ähnlichkeit aufweisen**. Wichtig ist es, den **Satansröhrling** ☹ zu kennen. Er hat ebenfalls **eine rote Fruchtschicht**, aber einen helleren **gräulichen Hut** und einen bauchigen **Stiel mit Netzzeichnung**.

Netzstieliger Hexenröhrling

## VERWERTUNG IN DER KÜCHE

Er ist ein bei Kennern sehr gefragter, festfleischiger und selten madiger Speisepilz, der in der Küche vielseitig verwendet werden kann. Roh ist er giftig.

## GEMÜSE-PILZ-PFANNE

### ZUTATEN (für 4 Personen)

600 g Pilze
600 g Gemüse nach Wahl, z. B. Tomaten, Paprika, Zucchini und Brokkoli
4 EL Olivenöl
ca. 200 ml Gemüsebrühe
400 g vorgekochte Pasta
Salz, Pfeffer
Kräuter nach Belieben, z. B. Thymian und Petersilie

### ZUBEREITUNG

Die geputzten und klein geschnittenen Pilze ca. 15 Minuten in Öl schmoren. Das ebenfalls zerkleinerte Gemüse nach Wahl hinzugeben und bissfest weiterschmoren. Es passen hervorragend Tomaten, Paprika, Möhren, Zucchini, Brokkoli usw. dazu. Das Ganze mit Brühe ablöschen. Nach Belieben mit Kräutern und Gewürzen abschmecken. Vorgekochte Pasta untermengen und servieren. Alternativ kann man auch Kartoffeln oder Reis verwenden.

# DER SEMMELSTOPPELPILZ

## ÜBERRASCHEND STACHELIG

Haben wir da etwa Pfifferlinge gefunden? Auf den ersten Blick scheint es so. Schauen wir unter den Hut, entdecken wir eine stachelige Struktur. Es muss ein Semmelstoppelpilz sein.

## WANN UND WO FINDEN

Der Semmelstoppelpilz (Hydnum repandum) erscheint von **August bis November**. Als Mykorrhizapilz kommt er bei verschiedenen **Laub- oder Nadelbäumen** vor. Man findet ihn gern **unter Buchen** oder in **Buchen-Tannen-Mischwäldern**.

## BESCHREIBUNG

Der beliebte, weil unverwechselbare Semmelstoppelpilz hat von oben durchaus Ähnlichkeit mit dem Pfifferling. Die Fruchtschicht ist aber in Form von Stacheln oder Stoppeln ausgebildet. Er steht gern in Gruppen mehrerer Fruchtkörper dicht gedrängt zusammen. Alte Fruchtkörper können recht lange aushalten und vergehen nur langsam.

## STECKBRIEF

### HUT

Durchmesser bis zu 10 Zentimeter, unregelmäßig polsterförmig, Hutrand jung eingerollt, semmelgelb bis orangegelb

### STIEL

heller als der Hut, oft seitlich sitzend

Kurze Stachel eines jungen Exemplars

## STACHELN

gelblich, im Alter bis ca. 1 Zentimeter lang, Sporenpulver weiß

## FLEISCH

fest, wird bald mürbe, bricht ähnlich wie bei Täublingen

## GERUCH

unbedeutend

## GESCHMACK

mild, etwas schärflich, alt bitterlich

## VERWECHSLUNGSPARTNER

**Wir unterscheiden** mehrere **weißliche, gelbliche bis orangerote Stoppelpilze** ☺. All diese Arten **sind essbar**. Wenn uns also ein Pilz begegnet, der am Boden wächst, Stacheln an der Hutunterseite aufweist, nicht korkiges, mild schmeckendes Fleisch hat und in das Farbspektrum passt, ist er essbar. **Giftige Verwechslungsmöglichkeiten gibt es hier nicht**.

Rotgelber Semmelstoppelpilz

## VERWERTUNG IN DER KÜCHE

Geschmack und Konsistenz erinnern etwas an den Pfifferling. Der Semmelstoppelpilz ist ebenso verwendbar und wird gern in einer Sahnesoße verarbeitet.

# DIE KRAUSE GLUCKE

## BADESCHWAMM IM WALD?

Wer hat denn da seinen Badeschwamm im Wald entsorgt? So könnte man denken, wenn man die Krause Glucke das erste Mal sieht. So ein Fund ist immer etwas Besonderes, hat man doch einen der leckersten Speisepilze gefunden.

## WANN UND WO FINDEN

Die Krause Glucke (Sparassis crispa) lässt sich **vom Sommer bis zum Spätherbst** finden. Als **Wurzelparasit** befällt sie **Nadelbäume, meist die Kiefer**. Später kann sie als Zersetzer weiter am toten Baum leben. Wir suchen also am besten im **Kiefernwald im Wurzelbereich** oder an **Stümpfen der Kiefer**.

## BESCHREIBUNG

Der ockergelbe Fruchtkörper der Krausen Glucke erinnert stark an einen Badeschwamm. Sie kann sehr groß und auch bis zu mehreren Kilo schwer werden. In ihrer verästelten und verwundenen Struktur sammeln sich Nadeln, Waldboden und allerlei Getier, was das Reinigen nicht gerade leicht macht.

## STECKBRIEF

### FRUCHTKÖRPER

Durchmesser bis zu 30 Zentimeter, auch mal darüber. Blumenkohlartiger Aufbau mit vielen Verästelungen, die in krausen, blattartigen Strukturen enden, hellgelblich, ockergelb bis bräunlich, Sporenpulver weiß

### STIEL

strunkartiger, weißlicher Stielteil, der sich immer weiter verzweigt

## FLEISCH

weiß bis gelblich, elastisch, brüchig

## GERUCH

kräftig aromatisch

## GESCHMACK

mild, nussig

## VERWECHSLUNGSPARTNER

Am ähnlichsten ist die verwandte **Breitblättrige Glucke** ☺. Sie ist **nicht so stark kraus**, sondern hat eine deutliche **blattartige Struktur**. Auffallend ist der **Waschküchengeruch** der Breitblättrigen Glucke, die **ebenfalls**

Breitblättrige Glucke

**essbar** ist. Eine gewisse Ähnlichkeit können **verschiedene Korallenpilze** haben, die aber **keine krause Struktur** aufweisen, sondern korallenartig verästelt sind. Bei den Korallen gibt es **einige giftige Arten**.

## VERWERTUNG IN DER KÜCHE

Dieser kräftig aromatische Pilz ist vielseitig verwendbar. Gern wird die Krause Glucke in Scheiben geschnitten und paniert gebraten. Auch als Pilzsuppe ideal. Außerdem lässt sie sich wunderbar trocknen.

## GLUCKEN SUPPE

### ZUTATEN (für 4 Personen)

500 g Krause Glucke
1 l Hühnerbrühe
Salz, Pfeffer

### ZUBEREITUNG

Die Krause Glucke gründlich waschen. Das erfordert etwas Mühe und Geduld, da sich in der Struktur gern Schmutz und kleines Getier ansammelt. Die Glucke klein schneiden oder zupfen. Den zähen Strunk nicht verwenden. Eine Hühnerbrühe kochen und die Gluckenteile für ca. 15 Minuten mitkochen. Einen Teil der Pilze wieder entnehmen und die Suppe pürieren. Danach die entnommenen Pilzstückchen wieder dazugeben, und ein paar Minuten weiter köcheln lassen. Mit Salz und Pfeffer abschmecken und servieren.

# DER ECHTE PFIFFERLING

## GOLDSCHATZ AUS DEM WALD

Der Pfifferling ist wohl, gleich nach dem Steinpilz, einer der bekanntesten Speisepilze. Seine zahlreichen regionalen Namen zeugen davon. Aufgrund seiner langen Haltbarkeit ist er seit jeher auch ein beliebter Marktpilz.

## WANN UND WO FINDEN

Der Gemeine Pfifferling (Cantharellus cibarius) erscheint oft schon im **Juni** und wächst **bis in den Spätherbst**. Er bildet mit **verschiedenen Nadel- und Laubbäumen** eine **Symbiose**. Er bevorzugt die **Fichte** als Baumpartner, ist aber z. B. auch unter **Kiefern**, **Buchen und Eichen** zu finden.

## BESCHREIBUNG

Der kleine bis mittelgroße Pilz fällt durch seine blassgelben bis dottergelben Farben auf. Oft erscheint er in Gruppen und in großer Zahl. Die Leisten laufen weit am trichterförmigen Hut hinab.

## STECKBRIEF

### HUT

Durchmesser bis zu 10 Zentimeter, blassgelb, dottergelb, jung gewölbt, später trichterförmig, Hutrand unregelmäßig wellig

### STIEL

wie der Hut gefärbt, nach unten verjüngend, oben in den Hut übergehend

## LEISTEN

weit am Stiel hinablaufend, gegabelt, aderig verbunden, Sporenpulver hellgelb

## FLEISCH

weißlich bis hellgelb, fest, im Stiel zäher

## GERUCH

obstartig, pilzig

## GESCHMACK

aromatisch, pfeffrig

Pfifferlinge im Nadelwald

## VERWECHSLUNGSPARTNER

Mit **anderen Pfifferlingsarten** ☺ und weiteren Leistlingen kann der Echte Pfifferling verwechselt werden. Da **alle Leistlinge essbar** sind, stellt das kein Problem dar. Eine Verwechslung mit dem **Falschen Pfifferling** 😐 ist meist unproblematisch, da dieser **nur in größeren Mengen Magen-Darm-Probleme** verursachen kann. Sicherheitshalber sollte man ihn jedoch kennen und meiden. Er hat **keine Leisten, sondern Lamellen**, die sich leicht vom Hutfleisch lösen lassen. Er ist meist **kräftig orange** gefärbt und **schmeckt nicht pfeffrig**.

Falscher Pfifferling

Mit dem **giftigen Ölbaumtrichterling** ☹ ist eine **wärmeliebende Art** bei uns eingewandert, die eine **gewisse Ähnlichkeit** mit dem Pfifferling aufweist. Er **wächst an Holz und hat Lamellen**, keine Leisten. Zum Glück ist er bisher selten zu finden.

Ölbaumtrichterling

## VERWERTUNG IN DER KÜCHE

Sehr vielseitig verwendbar. Einfach in Butter gedünstet aufs Brot oder zu Kartoffelbrei sehr lecker.

## PFIFFERLINGE IN SAHNESOSSE

### ZUTATEN (für 4 Personen)

500 g Pfifferlinge
1 Zwiebel
50 g Butter
1 El Mehl
100 ml Weißwein
200 ml Sahne oder Creme fraîche
Salz

### ZUBEREITUNG

Pfifferlinge gründlich reinigen und klein schneiden. In einer Pfanne klein gewürfelte Zwiebeln in Butter anbraten. Die Pfifferlinge dazugeben und einige Minuten mitbraten. Salzen, Mehl unterheben und leicht anrösten. Mit Weißwein und Sahne ablöschen, und bis zur gewünschten Konsistenz einkochen lassen. Passt super zu Nudeln, Knödeln oder Fleisch.

# DER FLASCHENSTÄUBLING

## MIT STACHELN UND WARZEN

Dass diese ulkigen, weißen und stacheligen Kullern mit Stiel essbar sind, ist für Einsteiger meist sehr überraschend. Dazu schmecken sie auch noch sehr gut und sind leicht bestimmbar. Was will man mehr?

## WANN UND WO FINDEN

Der Flaschenstäubling (Lycoperdon perlatum) lässt sich von **Juni bis November** finden. Er ist **in Laub- und Nadelwäldern** häufig anzutreffen und weit verbreitet. Als Zersetzer finden wir ihn meist **am Boden, seltener an Totholz**, oft **in Gruppen wachsend**.

## BESCHREIBUNG

Der Flaschenstäubling ist einer der häufigsten Stäublinge und Boviste. Sein umgedreht flaschenförmiger Fruchtkörper und die abwischbaren Stacheln lassen uns diese Art leicht erkennen.

## STECKBRIEF

### FRUCHTKÖRPER

bis ca. 10 Zentimeter hoch, umgedreht flaschen- oder birnenförmig, in rundliches Kopfteil und geradem Stielteil deutlich gegliedert. Die Oberfläche ist mit Warzen und kegeligen Stacheln bedeckt, die zur Basis immer feiner werden und sich leicht ablösen lassen. Nach dem Ablösen verbleibt ein netzartiges Muster. Junge Fruchtkörper sind weiß und färben sich später gelblich bis graubraun. Bei Sporenreife bildet sich am Scheitel eine Öffnung, über welche die Sporen entlassen und vom Wind verbreitet werden, Sporenpulver olivbraun.

## FLEISCH

weiß und fest, später gelblich, alt olivbraun, alt wattig werdend

## GERUCH

angenehm pilzig

## GESCHMACK

mild

## VERWECHSLUNGSPARTNER

Es gibt **einige weitere Stäublinge**, die dem Flaschenstäubling ähnlich sehen und **ebenfalls essbar** sind, aber mitunter nicht so schmackhaft und daher nicht empfehlenswert. Der **Beutelstäubling** ☺ ist größer und hat eine körnige Oberfläche. Er ist ein ebenso empfehlenswerter Speisepilz. Birnenstäubling, Igelstäubling und Stinkender Stäubling sind kleiner und haben nicht ein so deutliches Stielteil. Sie sind zwar essbar, aber nicht zu empfehlen.

Auf jeden Fall muss man den **giftigen Kartoffelbovist** ☹ kennen, wenn man Stäublinge und Boviste für Speisezwecke sammelt. Dieser ist **außen gelblich** und kann **jung innen weiß** sein. **Später** färbt er sich **innen anthrazit**.

Beutelstäubling

Kartoffelbovist

Eine Verwechslung mit **ganz jungen Knollenblätterpilzen** ☹ muss ebenfalls ausgeschlossen werden. **Wenn deren Gesamthülle vollständig geschlossen ist**, besteht eine **Ähnlichkeit mit weißen Stäublingen und Bovisten**. Bei Knollenblätterpilzen ist im **Schnittbild** allerdings immer die **Anlage der Lamellen** zu beobachten.

**Stäublingsregel:**

*Alle weißen Boviste und Stäublinge sind essbar, wenn sie im Fleisch fest und innen noch reinweiß sind und angenehm riechen.*

## VERWERTUNG IN DER KÜCHE

Nur junge, innen reinweiße Exemplare verwenden. Die äußere, feste Haut entfernen. Dann die Pilze in Scheiben schneiden, von beiden Seiten goldgelb braten und etwas salzen. Sehr lecker! So kann mit allen Bovisten und Stäublingen verfahren werden. Auch in Würfel geschnitten in einer Gemüsepfanne eine sehr feine Sache.

# DER SCHOPFTINTLING

## ZART UND VERGÄNGLICH

Kaum ist er da, verschwindet er auch bald wieder. Wer seinen Korb mit diesem ungewöhnlichen Speisepilz füllen möchte, muss zur richtigen Zeit am richtigen Ort sein.

## WANN UND WO FINDEN

Der Schopftintling (Coprinus comatus) erscheint manchmal schon **im April** und wächst dann **bis in den Herbst** hinein. Er bildet seine Fruchtkörper **auf Wiesen, grasigen Stellen im Wald, Parkanlagen** und ähnlichen Standorten aus. Häufig ist er **auf frisch angelegten Rasenflächen** und anderen neu aufgeschütteten Flächen zu finden. Er lebt als Zersetzer und bevorzugt **nährstoffreiche Böden**.

Auf neu angelegten Rasenflächen erscheinen oft die Schopftintlinge

## BESCHREIBUNG

Die erst eiförmigen und später walzenförmigen, weißen Fruchtkörper sind unverwechselbar. Sie machen eine Wandlung durch und zerfließen zu einer tintenähnlichen schwarzen Masse. Oft stehen die Schopftintlinge in Gruppen beieinander.

## STECKBRIEF

### HUT

bis zu 15 Zentimeter hoch, erst eiförmig, dann walzenförmig, später glockig und vom Rand her zerfließend, dabei rollt er sich nach außen auf, weiß mit weißen Schuppen, Scheitel glatt und beigebräunlich

### STIEL

schlank, erst weiß und dann wie der ganze Pilz erst rosa, später schwarz zerfließend, hält aber länger als der Hut, mit beweglichem Ring

### LAMELLEN

extrem dicht stehend, am Stiel frei, erst weiß dann rosa, später schwarz zerfließend, Sporenpulver schwarz

### FLEISCH

zart, weiß, dann rosa, später schwarz zerfließend

## GERUCH

angenehm pilzig

## GESCHMACK

mild, etwas süßlich

## VERWECHSLUNGSPARTNER

Eigentlich ist der **Schopftintling unverwechselbar**. Bisweilen wird er mit dem **Faltentintling** 😐 verwechselt. Dieser ist prinzipiell **essbar**, wirkt aber **in Verbindung mit Alkohol giftig**. Er hat eine **graue feinschuppige Hutoberfläche**.

Grauer Faltentintling

Der **Spechttinling** 😐 hat auch eine gewisse Ähnlichkeit, ist allerdings durch **weiße Schuppen auf dunklem Grund** gekennzeichnet. Er gilt als **ungenießbar**.

Spechttintling

## VERWERTUNG IN DER KÜCHE

Der Schopftintling ist ein Speisepilz mit sehr feinem Geschmack. Allerdings muss er rasch verarbeitet werden, da er sich schnell auflöst. Der Geschmack wird durch Anbraten in der Pfanne intensiver. Die Pilze am besten in Butter braten, bis sie leicht goldbraun sind.

## AUFLAUF MIT SCHOPFTINTLINGEN

### ZUTATEN (für 4 Personen)

500 g Schopftintlinge
300 g Kartoffeln
50 g Butter
100 ml Gemüsebrühe
200 ml Sahne
200 g geriebener Käse

### ZUBEREITUNG

Die Hüte vom Schopftintling halbieren und in Butter braten. In einer gefetteten Auflaufform mit Scheiben von vorgekochten Kartoffeln abwechselnd aufrecht einschichten. Sahne und etwas Gemüsebrühe vermischen und über die Kartoffeln und Pilze geben. Geriebenen Käse darüberstreuen und im Backofen bei 180 grad Ober- und Unterhitze fertig backen, bis der Käse goldbraun ist.

# DIE HERBSTTROMPETE

## DÜSTERES FÜLLHORN

Nur schwer sind die dunklen Fruchtkörper im Buchenlaub zu erkennen. Aber wer erst einmal eine Herbsttrompete erspäht hat, entdeckt da meist noch eine und dann viele weitere. Welche Freude!

## WANN UND WO FINDEN

Die Herbsttrompete (Craterellus cornucopioides) wächst vor allem **im späten Herbst, Oktober und November** sind ihre Hauptwachstumszeiten. Aber auch ab dem späten Sommer ist sie manchmal zu finden. Als **Symbiosepilz** erscheint sie vor allem **unter Buchen** und **bevorzugt kalkreichen Boden**.

## BESCHREIBUNG

Diese leicht kenntliche Art fällt durch ihre düsteren, schwärzlichen Farben und durch die Fruchtkörperform, die an ein Füllhorn erinnert, sofort auf. Arten, die ihr sehr ähnlich sind, gibt es nicht.

## STECKBRIEF

### HUT

graubraun, rußgrau, schwarzgrau, geht in den Stiel allmählich über, trichterförmig mit nach außen gerolltem Hutrand, Oberfläche fein schuppig bis filzig

### STIEL

heller als der Hut, grau bis graubräunlich, in den Hut übergehend, hohl

## LEISTEN

kaum wahrnehmbar, mehr eine längsrunzelige Oberfläche, heller als die Hutoberseite, Sporenpulver weiß

## FLEISCH

dünn, zäh-elastisch, gräulich, bräunlich

## GERUCH

angenehm pilzig-fruchtig

## GESCHMACK

mild

Getrocknete Herbsttrompeten

## VERWECHSLUNGSPARTNER

Höchstens verwechselbar **mit dem ebenfalls essbaren Grauen Leistling** ☺, der aber deutliche Leisten an der Hutunterseite besitzt. Es gibt **keinen ähnlichen Giftpilz**.

Grauer Leistling

## VERWERTUNG IN DER KÜCHE

Die Herbsttrompete hat einen sehr intensiven Geschmack und eignet sich für viele Zubereitungsarten. Hervorragend auch getrocknet, hier steigert sich das tolle Aroma nochmals. Die Pilze beim Putzen immer der Länge nach durchschneiden, da sich im hohlen Stiel neben Schmutz allerlei Getier verbergen kann.

# DER TROMPETEN-PFIFFERLING

## EIN ZARTER PILZ MIT LEISTEN

Zahlreich und in dichten Gruppen steht der zarte Bruder des Gemeinen Pfifferlings im Wald. Ebenso gern gesucht und gefunden wandert er in unser Körbchen.

## WANN UND WO FINDEN

Der Trompetenpfifferling (Craterellus tubaeformis) erscheint vor allem **im Herbst**, oft auch **bis in den Winter** hinein, kann aber auch schon im Sommer gefunden werden. Als Symbiosepilz bevorzugt er **saure, feuchte Fichtenwälder**, kommt aber **auch in anderen Nadelwäldern** und **gelegentlich in Laubwäldern** vor.

## BESCHREIBUNG

Dieser im Vergleich zum Echten Pfifferling dünnfleischige Pilz erscheint oft in großen Gruppen, meist im Fichtenwald. Nicht selten bedeckt er dabei flächig den Waldboden und lässt uns das Sammelkörbchen schnell füllen. Von oben eher unscheinbar gefärbt, zeigt er uns, wenn wir ihn umdrehen, seine Leisten unter dem Hut. Der oft vom Hut bis in den Stiel hohle Fruchtkörper kennzeichnet den Trompetenpfifferling sehr gut, weshalb er auch Durchbohrter Leistling genannt wird.

## STECKBRIEF

### HUT

Durchmesser bis zu 8 Zentimeter, tütenförmig, trichterförmig, genabelt, vom Hut bis in den Stiel oft ganz durchbohrt, Hutrand gern unregelmäßig wellig, Farbe sehr variabel, gelbbraun, olivgrau, gelbgrau

## STIEL

gelblich, gelbbraun, hohl durchbohrt, unregelmäßig rundlich, auch wie plattgedrückt

## LEISTEN

graugelblich, am Stiel herablaufend, gegabelt, queradrig am Grund verbunden, Sporenpulver weiß

## FLEISCH

gelblich, dünnfleischig

## GERUCH

schwach fruchtig

## GESCHMACK

mild

## VERWECHSLUNGSPARTNER

Am häufigsten wird der Trompetenpfifferling **mit anderen Leistlingen** ☺ verwechselt. Hier ist der Starkriechende Leistling zu nennen, der eine faltig runzelige Fruchtschicht aufweist, die weniger deutlich als Leisten ausgebildet ist, und der stark fruchtig riecht. Das ist aber nicht problematisch, da **alle Leistlinge essbar** sind. Hüten muss man sich vor einer Verwechslung mit dem **Gallertkäppchen** ☹. Zumindest jungen Exemplaren des Trompetenpfifferlings sieht es recht ähnlich und **wächst zudem oft gemeinsam mit ihm an den gleichen Stand-**

**orten**. Das **Fleisch** des Gallertkäppchens **ist allerdings gummiartig** knorpelig und es hat **keine Leisten**, sondern eine **körnige Oberfläche** als Fruchtschicht.

Links: Grüngelbes Gallertkäppchen, rechts: Trompetenpfifferling

## VERWERTUNG IN DER KÜCHE

Der Trompetenpfifferling ist ein sehr wohlschmeckender Speisepilz, der sich ebenso vielseitig in der Küche verwenden lässt wie seine Verwandten. Besonders lecker ist er in Butter gebraten zu Nudeln.

# DER NELKENSCHWINDLING

## EIN KREIS IN DER WIESE

Was ist das denn für ein saftig grüner Ring in der Wiese? Wieso sieht das Gras so dunkel aus? Verursacher ist häufig dieser kleine, unscheinbare Pilz, der sich aber als sehr feiner Speisepilz entpuppt.

## WANN UND WO FINDEN

Der Nelkenschwindling (Marasmius oreades) ist ein **typischer Frühlings- und Sommerpilz**, bildet aber auch bis in den Herbst hinein seine Fruchtkörper. **In feuchten Frühjahren ab ca. Mai** ist er oft in großen Mengen zu finden. Er wächst als Zersetzer **auf ungedüngten Wiesen, in Parks, an grasigen Stellen an Waldrändern** und ähnlichen Standorten. Nach Regenfällen lohnt es sich, passende Stellen abzusuchen und sich diese bei Erfolg zu merken. Denn häufig erscheint der Nelkenschwindling dort immer wieder.

Hier könnte es Nelkenschwindlinge geben

## BESCHREIBUNG

Wenn wir auf einer Wiese unterwegs sind, fällt uns dieser kleine und zierliche Pilz durch seine blassbeigebraunen Farben, den schlanken Stiel und das Wachstum in Gruppen, Reihen oder Hexenringen auf. Der Geruch nach Bittermandel ist besonders deutlich, wenn man den Pilz zerdrückt. Schwindlinge haben die Eigenschaft, bei Trockenheit zu schrumpfen und zu verkümmern, aber bei Feuchtigkeit wieder aufzuleben und ihre ursprüngliche Gestalt anzunehmen. Ein ganz magischer Prozess, aber typisch für diese Gattung.

Teil eines Hexenringes

## STECKBRIEF

### HUT

Durchmesser bis zu 6 Zentimeter, am Anfang gewölbt und später flach ausgebreitet, oft mit einem stumpfen Buckel, lederbräunlich, beigebräunlich, unterschiedlich hell und dunkel getönt je nach Feuchtigkeit (hygrophan), Rand etwas gerieft

### STIEL

hellbräunlich, beigebräunlich, an der Basis dunkelbraun, schlank, zäh-elastisch, lässt sich in sich verdrehen, ohne zu brechen

### LAMELLEN

blasser als der Hut, dicklich, voneinander entfernt stehend, mit Zwischenlamellen, queradrig am Grund verbunden, Sporenpulver weiß

### FLEISCH

Faserig-zäh, weißlich gelb

### GERUCH

nach Bittermandel, enthält Blausäure in geringen Mengen, die sich beim Zubereiten verflüchtigt

### GESCHMACK

mild, würzig pilzig

## VERWECHSLUNGSPARTNER

Auf Wiesen wachsen allerlei ähnlich kleine Arten, die zum Teil giftig sind. Vor allem **Trichterlinge und Risspilze** ☹ können zu gefährlichen Vergiftungen führen. Man muss beim Nelkenschwindling unbedingt auf die **beigebraunen Farben**, die **dicklichen, voneinander entfernt stehenden Lamellen**, den **schlanken**, **elastischen Stiel** und den **Geruch nach Bittermandeln** achten.

Auch Düngerlinge sind häufig auf Wiesen zu finden

## VERWERTUNG IN DER KÜCHE

Vielseitig verwendbar, ideal für Suppen. Man bereitet dabei nur die Hüte zu, da der Stiel zäh ist. Der Nelkenschwindling lässt sich auch wunderbar trocknen. Auf diese Weise kann man sogar die Stiele verwenden, die dann zermahlen ein prima Pilzpulver ergeben. Getrocknet ist er ein fantastischer Würzpilz und verleiht Suppen und Soßen ein tolles Aroma.

## RÜHREI MIT NELKENSCHWINDLINGEN

### ZUTATEN (FÜR 4 PERSONEN)

300 g Nelkenschwindlinge
1 Zwiebel
50 g Butter
8 Eier
Salz
Kräuter

### ZUBEREITUNG

Ein schnelles und feines Gericht. Die Hüte im Ganzen, oder bei größeren Exemplaren geteilt, in eine Pfanne geben und mit Butter langsam bei kleiner Hitze und geschlossenem Deckel dünsten, nicht braten. Wenn die Pilze gar sind, nach Geschmack fein geschnittene Zwiebel hinzugeben und mitgaren. Dann verquirltes Ei dazugeben, unterheben und bis zur gewünschten Konsistenz weitergaren. Dabei immer wieder verrühren und einschlagen. Salzen und nach Geschmack mit Kräutern bestreuen. Mit Brot servieren.

# DER MAIPILZ

## KÖSTLICHKEIT IM FRÜHLING

Neben den Morcheln ist der Maipilz der Klassiker unter den Frühjahrspilzen. Allerdings erscheint er schon im April und nicht erst im Mai, wie sein Name vielleicht vermuten lässt.

## WANN UND WO FINDEN

Der Maipilz (Calocybe gambosa) erscheint von **April bis Juni**, ist also ein typischer **Frühlings- und Frühsommerpilz**. Oft bildet er seine Fruchtkörper in zwei Schüben aus. Es lohnt sich also, bekannte Stellen erneut zu besuchen. Als Zersetzer ist er an keine Baumpartner gebunden und **bevorzugt sonnige, grasige Stellen** verschiedener Wälder. Auch **in Parkanlagen und Gärten** ist er gern zu finden.

## BESCHREIBUNG

Der kleine bis mittelgroße Maipilz wächst häufig in Gruppen, Reihen oder Hexenringen. Die kompakten, festfleischigen Pilze verströmen einen intensiven Geruch, der an frische Gurken oder feuchtes Mehl erinnert. Der ganze Fruchtkörper ist meist cremeweiß und daher gut im Gras oder am Waldboden zu entdecken. Da diese Art lange standorttreu ist, lohnt es sich jedes Jahr an den gleichen Stellen nach ihr Ausschau zu halten.

## STECKBRIEF

### HUT

Durchmesser bis zu 15 Zentimeter, seltener darüber, jung halbkugelig, später ausgebreitet, Hutrand jung eingerollt, oft unregelmäßig wellig verbogen, weißlich aber auch gelblich, beigebräunlich, Oberfläche matt

Dunklere Hutfarben sind möglich

### STIEL

kräftig, weißlich bis gelblich, zylindrisch, an der Basis oft keulig, kein Ring

### LAMELLEN

weißlich bis gelblich, schmal, dicht stehend, ausgebuchtet angewachsen, Sporenpulver weiß

### FLEISCH

fest, weißlich, bei Verletzung nicht verfärbend. Das Hutfleisch zeigt sich im Schnittbild deutlich breiter als die Lamellen.

## GERUCH

mehlig, gurkig

## GESCHMACK

mild, mehlig, gurkig

## VERWECHSLUNGSPARTNER

Durch die frühe Erscheinungszeit und den markanten Geruch ist der Maipilz sehr gut gekennzeichnet und eigentlich unverwechselbar. Auf jeden Fall muss zudem auf die weißlichen Lamellen geachtet werden, die auch so bleiben, da das Sporenpulver ebenfalls weiß ist. Ähnliche, zum Teil **giftige Rötlinge** ☹ **im Frühling haben rosabräunliches Sporenpulver**, welches die Lamel-

Ziegelroter Risspilz

len langsam rosa färbt. **Giftige weiße Trichterlinge** ☹ sind viel **dünnfleischiger** und haben **herablaufende Lamellen**. Der gefährlichste Verwechslungspartner ist der potenziell **tödlich giftige Ziegelrote Risspilz** ☹. Diese Art **wächst zur gleichen Zeit wie der Maipilz**. Vor allem junge Exemplare können dem Maipilz recht ähnlich sehen. Der **Ziegelrote Risspilz** ist **jung weißlich**, bekommt aber **bald eine gelbbraune, ockerbraune und ziegelrote Färbung**. Der **Hut** ist **jung kegelig** und **reißt später vom Rand radial auf** (Risspilze). Das **Hutfleisch** ist **im Verhältnis zu den Lamellen viel schmaler,** als es beim Maipilz der Fall ist. Der Ziegelrote Risspilz **riecht spermatisch bis obstartig**.

## VERWERTUNG IN DER KÜCHE

Das besondere Aroma des Maipilzes behagt nicht jedem. Wer aber auf ungewöhnliche Geschmackserlebnisse steht, wird den Maipilz lieben. Einfach in Scheiben geschnitten und in Butter gebraten sehr lecker.

## MAIPILZ IN SAURER SAHNESOSSE

### ZUTATEN (für 4 Personen)

500 g Maipilze
1 Zwiebel
Öl
200 ml Wasser
1 El Mehl
200 ml saure Sahne
1 Spritzer Zitronensaft

### ZUBEREITUNG

Die klein geschnittenen Maipilze mit fein gewürfelter Zwiebel in der Pfanne mit Öl langsam dünsten. Mit Pfeffer und Salz würzen. Mit in Wasser verrührtem Mehl andicken. Dann die saure Sahne hinzugeben, und je nach Belieben mit Zitronensaft abschmecken. Passt super zu Knödeln, Reis oder Kartoffelbrei.

# DER GEMEINE RIESENSCHIRMLING

## IMPOSANTER SONNENSCHIRM

Immer wieder beeindruckend, wenn Gruppen dieses Pilzes auftauchen, sei es im Wald oder auf einer freien Wiese. Das hat schon etwas Majestätisches, auch wenn das ein wenig schwülstig klingt.

## WANN UND WO FINDEN

Der Gemeine Riesenschirmling (Macrolepiota procera) lässt sich vom **Frühsommer bis zum Spätherbst** finden. Er kommt als Zersetzer gern **an nährstoffreichen Standorten** vor. Wir finden ihn **in Wäldern, in Parks und auf Wiesen**.

## BESCHREIBUNG

Der Gemeine Riesenschirmpilz ist die häufigste Art innerhalb der Gattung der Riesenschirmlinge. Er fällt durch seine enorme Größe auf. Exemplare mit noch kugelig geschlossenen Hüten erinnern in ihrer Form an Paukenschlägel. Selten finden wir einzelne Fruchtkörper. Meist steht der Gemeine Riesenschirmling in Gruppen oder Hexenringen beieinander.

## STECKBRIEF

### HUT

Durchmesser bis zu 40 Zentimeter, am Anfang kugelig (Paukenschlegel) und später flach ausgebreitet, in der Mitte meist mit stumpfem Buckel. Die bräunliche Huthaut reißt beim Wachstum auf und hinterlässt ein Muster aus schollenartigen Schuppen auf weißlichem Grund. In der Hutmitte bleibt die Huthaut geschlossen und glatt.

Junger Fruchtkörper, der Stiel beginnt an der Oberfläche aufzureißen

## STIEL

hohl, bis 40 Zentimeter lang, an der Basis knollig verdickt, jung an der Basis tellerartig. Beim Streckungswachstum wird der Teller abgebaut. Dunkle Stielrinde, die beim Wachstum des Stiels aufreißt und eine Natterung auf hellem Grund ergibt. Dicker, wattiger, verschiebbarer Ring.

## LAMELLEN

erst weiß, dann cremefarben, gut ablösbar, frei vom Stiel, Sporenpulver weiß

## FLEISCH

im Hut weich bis etwas zäh, im Stiel faserig bis holzig, weißlich, verfärbt sich nicht bei Verletzung

## GERUCH

angenehm nussig

## GESCHMACK

mild, nussig

## VERWECHSLUNGSPARTNER

Wenn man auf die **imposante Größe**, den **verschiebbaren Ring** und den **genatterten Stiel** achtet, ist eine Verwechslung nur mit **anderen Arten aus der Gattung der Riesenschirmlinge** ☺ möglich. Diese sind **alle essbar** und daher ist eine Verwechslung unproblematisch. **Ähnlich** sind die **Safranschirmlinge**, die **keinen genatterten Stiel** besitzen und im **Fleisch deutlich röten**. In dieser Gruppe gibt es, neben **essbaren auch bedenkliche und giftige Arten**. Wer sichergehen will, sammelt nur Riesenschirmlinge.

Safranschirmling

**Schirmlinge** sind eine ganz andere Gattung und **beinhalten sehr gefährliche Giftpilze**. Das sind in der Regel **kleine bis mittelgroße Pilze**, die **niemals einen verschiebbaren Ring** haben.

## VERWERTUNG IN DER KÜCHE

Für Speisezwecke werden vorrangig nur die Hüte verwendet, da die Stiele holzig sind. Allerdings kann man die Stiele trocknen und ein Pilzpulver daraus herstellen. Junge, noch kugelig geschlossene Hüte kann man nach Belieben füllen und in einer Auflaufform backen. Der Fantasie sind da keine Grenzen gesetzt.

## RIESENSCHIRMLINGS-SCHNITZEL

### ZUTATEN (für 4 Personen)

4 große Hüte vom Parasol
3–4 Eier
Paniermehl
300 ml Öl zum Ausbacken
Salz, Pfeffer

### ZUBEREITUNG

Für die klassische Zubereitung der ganz aufgeschirmten Hüte des Riesenschirmlings, die trocken gereinigten Hüte zunächst in verrührtem und gewürztem Ei und anschließend in Paniermehl wenden. Anschließend in einer Pfanne in Öl ausbacken und nachwürzen. Taugt als Komplettmahlzeit. Auch auf Kartoffelbrei sehr lecker. Wer keine Panierung mag, kann die Riesenschirmlinge auch direkt in der Pfanne braten.

# DER PERLPILZ

## RÖTEND UND ZART

Er ist ein guter und leicht erkennbarer Speisepilz, auch wenn sich in seiner unmittelbaren Verwandtschaft so einige tödlich giftige Vertreter befinden.

## WANN UND WO FINDEN

Der Perlpilz (Amanita rubescens) wächst schon **ab Juni** und ist dann **bis in den Herbst** zu finden. Er ist neben den Täublingen einer der ersten Blätterpilze im Sommer, die das Sammeln für Speisezwecke lohnen. Überall ist er **häufig und weit verbreitet**. Wir finden ihn in **Laub- und Nadelwäldern**, gern unter **Fichten und Buchen,** mit denen er eine Mykorrhiza eingeht.

## BESCHREIBUNG

Der Perlpilz ist äußerst variabel in seiner Erscheinung, abhängig unter anderem vom Standort und der Witterung. Das macht das Erkennen für Einsteiger nicht immer einfach. Kleine und zierliche Exemplare sind genauso anzutreffen wie große und kräftige. Typisch sind die fleischrosa bis fleischbräunlichen Hutfarben und die schorfartigen Hüllenreste auf dem Hut.

## STECKBRIEF

### HUT

Durchmesser bis zu 18 Zentimeter, am Anfang fast kugelig und später aufschirmend, farblich sehr variabel, fleischrosa, fleischbräunlich, gelbbräunlich, Hutrand ungerieft, höchstens im Alter gerieft, mit schorfartigen rötlich grauen bis grauweißen Velumflocken besetzt, Huthaut leicht und vom Rand hin tortenstückartig abziehbar

## STIEL

weißlich bis rosabräunlich, nach oben verjüngend, Basis knollig verdickt, Knolle allmählich in den Stiel übergehend. Nach dem Aufschirmen bleibt die Teilhülle am Stiel als geriefte, weiße Manschette zurück, leicht vom Hutfleisch trennbar.

## LAMELLEN

meist frei bis angeheftet, weiß, später auch rötlich fleckend. Über den Lamellen befindet sich bei jungen Fruchtkörpern eine Teilhülle, die später am Stiel als Manschette zurückbleibt, Sporenpulver weiß.

Typische rötliche Verfärbung in einem stark vermadeten Exemplar

## FLEISCH

zart, weiß, unter der Huthaut fleischrosa, an Verletzungen wie Madenfraßgängen oder Schneckenfraßstellen nach einiger Zeit rötend, aber nicht sofort

## GERUCH

unbedeutend

## GESCHMACK

süsslich, später etwas kratzend

## VERWECHSLUNGSPARTNER

Den Perlpilz nicht sammeln, wenn nicht alle Merkmale eindeutig ausgeprägt sind, **da wir uns hier in einer Gattung befinden, in der es sehr gefährliche Giftpilze gibt**! Die **rosaroten bis rosabräunlichen Verfärbungen** des Fleisches des Perlpilzes sind in der Gattung der **Wulstlinge/Knollenblätterpilze (Amanita) einmalig**. Das qualifiziert ihn als Speisepilz auch für Einsteiger. **Das Röten muss sich irgendwo zeigen, sonst Finger weg!** Der **Graue Wulstling** 😐 ist mit dem Perlpilz nahezu identisch, bis auf das **Fehlen der rötlichen Verfärbungen** des Fleisches. Er gilt als **essbar**, ist aber **nicht empfehlenswert** aufgrund des rettichartigen Geschmacks und der leichten Verwechslungsmöglichkeit mit dem Pantherpilz.

Weitere Verwechslungen sind innerhalb der Gattung möglich, z. B. mit dem **Braunen Fliegenpilz** ☹ oder dem recht seltenen **Rauen Wulstling** ☹**,** die **beide giftig** sind.

Den genannten Arten **fehlen** aber wiederum die **rötlichen Fleischverfärbungen**.

Der potenziell tödlich **giftige Pantherpilz** ☹ gilt als der gefährliche Verwechslungspartner des Perlpilzes, den man unbedingt kennen muss. Das **wichtigste Merkmal ist die scharf abgesetzte Knolle** des Pantherpilzes, die **sich von der allmählich in den Stiel übergehenden Knolle des Perlpilzes unterscheidet**. Es zeigt sich an diesem Beispiel wieder, wie wichtig es ist, Pilze komplett zu entnehmen. Hinzu kommt das **nicht rötende Fleisch des Pantherpilzes** als Unterscheidungsmerkmal zum rötenden Fleisch des Perlpilzes. Weitere Merkmale des Pantherpilzes, wie die **weißen Hüllreste**, der geriefte Hutrand oder die ungeriefte Manschette, sind nicht immer deutlich ausgeprägt und somit keine sicheren Unterscheidungsmerkmale zum Perlpilz.

Brauner Fliegenpilz

## VERWERTUNG IN DER KÜCHE

Perlpilze sind, wie viele unserer Speisepilze, roh giftig und müssen gut durchgegart werden. Die Huthaut beim Putzen am besten abziehen. Sie schmecken besonders gut, wenn sie nach dem Dünsten noch goldbraun angebraten werden. Der Perlpilz bekommt dadurch einen sehr würzigen Geschmack.

# DER GROSSE GELBFUSS

## JETZT WIRD ES SCHLEIMIG

Der Große Gelbfuß wird auch treffend Kuhmaul genannt. Schaut man sich den schleimigen, violett-braunen Hut an, kann man das gut nachvollziehen.

## WANN UND WO FINDEN

Der Große Gelbfuß (Gomphidius glutinosus) erscheint vom **Sommer, etwa ab Juli, bis zum Herbst**. Gern wächst er **in Lagen ab 300 Meter**. In regenreichen Jahren ist er oft in großen Mengen zu finden. Er erscheint nur **in Nadelwäldern** und **bevorzugt sauren Boden**. Er geht vor allem mit der **Fichte** eine Symbiose ein.

## BESCHREIBUNG

Wenn wir im sauren Fichtenwald unterwegs sind, wird uns früher oder später der Große Gelbfuß über den Weg laufen. Sein schleimiger, violettbrauner Hut ist so markant, dass wir uns dieses Merkmal schnell einprägen. Wenn wir ihn entnehmen, werden wir bei jungen Exemplaren eine dicke Schleimschicht über den Lamellen beobachten. Die kräftig gelbe Stielbasis fällt uns ebenfalls sofort auf.

## STECKBRIEF

### HUT

Durchmesser bis zu 15 Zentimeter, am Anfang halbkugelig und später ausgebreitet und in der Mitte vertieft, Hutrand lange eingerollt, Huthaut glatt, mit einer Schleimschicht überzogen und leicht abziehbar, violett, violettbraun, im Alter mit schwärzlichen Flecken

## STIEL

weißlich, an der Basis gelb, schleimig, mit Ringzone

## LAMELLEN

leicht ablösbar, jung weißlich, später durch die Sporen grau bis graubraun werdend, dick, wachsartig, am Stiel stark herablaufend, jung von einer Schleimschicht überzogen, Sporenpulver schwarzbraun

## FLEISCH

schön zart, weiß und in der Stielbasis kräftig gelb, nicht verfärbend

## GERUCH

unbedeutend

## GESCHMACK

mild, säuerlich

## VERWECHSLUNGSPARTNER

Die **Schleimschicht über den Lamellen** ist ein wichtiges Merkmal dieser Art. In Kombination mit den **Hutfarben** und der **gelben Basis** sollte eine **Verwechslung unmöglich** sein. Vorsicht vor Verwechslungen mit Arten aus der Gattung der **Haarschleierlinge** ☹. **Einige haben** ebenfalls einen **schleimigen Hut**, aber **niemals eine Schleimschicht über den Lamellen**.
Wenn Fichten und Kiefern beieinanderstehen, kann man den **Butterröhrling** ☺ und den Großen Gelbfuß gleichzeitig finden. Von oben sehen sich diese beiden Arten sehr ähnlich. Der **Butterpilz hat aber Röhren** und der **Gelbfuß Lamellen**. **Beide** Arten sind **essbar**. Manchmal wird das Kuhmaul mit **anderen Gelbfüßen** ☺ verwechselt wie z.B. dem Gefleckten Gelbfuß, der aber unter Lärchen vorkommt. **Alle** Arten der Gattung **Gelbfüße sind essbar**.

Fleckender Gelbfuß

## VERWERTUNG IN DER KÜCHE

Ein sehr zarter und wohlschmeckender Speisepilz, der vielseitig verwendbar ist. Die schleimige Huthaut sollte schon beim Sammeln abgezogen werden. Ältere Exemplare werden sehr weich und sollten in der Küche nicht verwendet werden. Man erkennt sie an den dunklen Lamellen und den Flecken auf dem Hut.

# DER VIOLETTE RÖTELRITTERLING

## FARBENPRACHT IM SPÄTHERBST

Wenn im späten Herbst die Tage kürzer werden, der Regen plätschert und Nebelschwaden durch die Landschaft ziehen, ist die Zeit für den Violetten Rötelritterling gekommen.

## WANN UND WO FINDEN

Der Violette Rötelritterling (Lepista nuda) ist ein **typischer Herbstpilz** und wächst **ab September bis in den Winter** hinein. Er ist als Streuzersetzer **in Laub und Nadelwäldern** zu Hause. Er wächst gern **in Gruppen, Reihen und Hexenringen**, oft in Gesellschaft der Nebelkappe.

## BESCHREIBUNG

Die schönen violetten bis violettbraunen Farben kennzeichnen diesen meist mittelgroßen Pilz sehr gut. Sein spätes Erscheinen im Jahr und der typische Geruch sind weitere wichtige Merkmale. Lernen wir ihn kennen, bereichert er unseren Speiseplan mit einem interessanten Geschmack.

## STECKBRIEF

### HUT

Durchmesser bis zu 20 Zentimeter, am Anfang halbkugelig und später ausgebreitet, violett, im Alter zunehmend bräunlich werdend, gern auch verblassend, Hutrand lange eingerollt

### STIEL

kräftig, oft keulig an der Basis, blass violett mit fein flockig-faseriger Oberfläche, kein Ring oder Ringzone

## LAMELLEN

leicht vom Hutfleisch durch seitliches Verschieben ablösbar, ausgebuchtet angewachsen, lila, graulila, dicht stehend, niemals bräunlich, Sporenpulver blassrosa

## FLEISCH

zart, weich, helllila bis kräftiger lila

## GERUCH

parfümiert, fruchtig, wie Multivitaminsaft

## GESCHMACK

mild, nussig, pilzig

Violettes Fleisch im Schnittbild

## VERWECHSLUNGSPARTNER

Verwechslungen mit **anderen Arten** aus der Gattung der **Rötelritterlinge** ☺ sind unproblematisch, da diese **alle essbar** sind. Zu vermeiden sind Verwechslungen mit **violett gefärbten Schleierlingen**. In dieser Gruppe gibt es **essbare, ungenießbare und giftige Arten**. Schleierlinge sind durch das **rostbraune Sporenpulver** gut gekennzeichnet. Sie besitzen eine **spinnwebartige Teilhülle,** die zumindest bei jungen Exemplaren gut zu beobachten ist. Später reißt sie auf und bleibt mehr oder weniger deutlich als **Ringzone** am Stiel oder am **Hutrand als Rest** zurück. Das **Sporenpulver färbt**, zumindest bei älteren Exemplaren, die **Lamellen und** auch die **Hüllenreste braun**. Bei Rötelritterlingen ha-

Dunkelvioletter Schleierling

ben wir niemals diese Verfärbungen, da sie blassrosa Sporenpulver haben.

## VERWERTUNG IN DER KÜCHE

Roh ist der Violette Rötelritterling giftig, da er blutzersetzende Stoffe enthält. Also immer gut durchgaren. Er ist ein guter und ergiebiger Speisepilz mit einem besonderen Geschmack, der allerdings nicht jedem zusagt.

## PILZ-WALNUSS-PESTO

### ZUTATEN (für ca. 3 Gläser, je ca. 250 ml)

- ca. 500 g Rötelritterlinge
- 1 Paprika
- 1 Zwiebel
- 5–6 Walnüsse
- Etwas Tomatenmark
- Olivenöl
- 5–6 Scheiben in Öl eingelegte getrocknete Tomaten

### ZUBEREITUNG

Pilze, Paprika und die Zwiebeln in kleine Stücke schneiden und in Öl ca. 20 Minuten unter Rühren kräftig anbraten. Abkühlen lassen und in ein hohes Gefäß geben. Die getrockneten Tomaten klein schneiden, und mit den Walnüssen in die Pilzmasse geben. Salzen, Öl dazugeben und mit dem Stabmixer passieren. Man kann hier je nach Geschmack Olivenöl oder anderes Pflanzenöl verwenden. Die Masse in Gläser füllen und mit Öl bedecken. Im Kühlschrank ist das Pesto mehrere Wochen haltbar. Sehr lecker zu Pasta, als Dip oder Brotaufstrich.

# DER SCHWEFELPORLING

## KNALLGELBES HÜHNCHEN

Das ist mal ein Pilz, den man unmöglich übersehen kann. Das Gelb am Baum leuchtet schon von Weitem und lädt uns ein, ihn näher zu betrachten.

## WANN UND WO FINDEN

Der Schwefelporling (Laetiporus sulphureus) bildet seine einjährigen Fruchtkörper schon **im Frühling ab etwa Mai**. Er lässt sich aber auch **das ganze Jahr** über finden. Als Parasit befällt er vor allem **Laubbäume, seltener auch Nadelbäume**. Oft finden wir ihn **an Obstbäumen in Gärten** oder **an Bäumen die Alleen säumen**. Er kann als Zersetzer nach dem Absterben des Baumes weiterleben.

## BESCHREIBUNG

Auffällig leuchten gelbe Fruchtkörper an stehenden oder liegenden Bäumen. Meist sind viele fächerförmige Hüte dicht übereinander als Konsole angeordnet. Die Fruchtkörper sind jung sehr weich und werden später brüchig und bleichen aus.

## STECKBRIEF

### FRUCHTKÖRPER

leuchtend schwefelgelb bis kräftig orange, im Alter weißlich ausbleichend, jung knollig aus dem Substrat hervorbrechend, später fächerartig abflachend, meist viele Hüte übereinander in großen Konsolen wachsend, häufig gezont, Oberseite samtig, Unterseite mit Poren

### STIEL

nicht vorhanden, direkt aus dem Substrat wachsend

### POREN

nicht ablösbar, schön gelb, im Alter weiß ausbleichend, oft mit Guttationstropfen, Sporenpulver weiß

### FLEISCH

jung saftig und weich, später spröde und hart, gelb und später weißlich ausbleichend

### GERUCH

pilzig, säuerlich

## GESCHMACK

säuerlich, an Eiche auch bitter

## VERWECHSLUNGSPARTNER

Wer Porlinge für Speisezwecke sammelt, muss den **giftigen Zimtfarbenen Weichporling** ☹ kennen. Junge Fruchtkörper sind ebenfalls weich, haben aber eine ganz andere, **zimtbraune Farbe**. Verwechslungen mit anderen gelblichen Porlingen sind möglich. Der **Riesenporling** ist **nicht so leuchtend gelb** und hat **weißlich gelbe Poren,** die sich auf Druck **schwarz verfärben**. Junge Exemplare gelten ebenfalls als **essbar**.

Zimtfarbener Weichporling

## VERWERTUNG IN DER KÜCHE

Der Schwefelporling ist eine echte Fleischalternative. Er eignet sich aufgrund seiner Konsistenz und des Geschmacks als idealer Ersatz für Hünchenfleisch. Im englischsprachigen Raum wird er daher gern »Chicken of the Woods« genannt. Der Pilz sollte nicht zu alt sein, weil er dann zu trocken und geschmacklos ist. Er lässt sich tatsächlich überall verwenden, wo man Hühnerfleisch einsetzen würde. Wichtig: **nicht** sammeln, wenn er an giftigen Bäumen vorkommt wie Eibe, Robinie oder Goldregen. Er kann aus dem Substrat die Giftstoffe aufnehmen. Auf der sicheren Seite ist man, wenn man den Schwefelporlinge von Obstbäumen oder Weiden sammelt. Es ist ratsam, die Pilze vor der weiteren Verarbeitung abzukochen, um sie bekömmlicher zu machen.

## SCHWEFELPORLING-NUGGETS

### ZUTATEN (für 4 Personen)

500 g Schwefelporling
3–4 Eier
Paniermehl
300 ml Öl zum Ausbacken
Salz, Pfeffer

## ZUBEREITUNG

Den abgekochten Schwefelporling in mundgerechte Streifen schneiden. Eier aufschlagen und würzen. Die Stücke in Ei und dann in Paniermehl wälzen. In einer Pfanne Öl erhitzen und die Stücke darin langsam ausbacken. Mit frischem Salat und verschiedenen Dips servieren.

# DER BÜSCHELRASLING

## ER KOMMT SELTEN ALLEIN

Er ist einer den weniger bekannten Speisepilze, und das ganz zu Unrecht, ist er doch sehr schmackhaft und leicht zu erkennen.

## WANN UND WO FINDEN

Der Büschelrasling (Lyophillum decastes) erscheint vor allem **im Herbst ab etwa September** und wächst dann **bis zum Wintereinbruch**. Er kommt als bodenbewohnender Zersetzer **in Laub- und Nadelwäldern** oder auch **auf Wiesen** vor. Gern finden wir ihn **an Wegrändern im Kiefernwald**. In manchen Jahren erscheint er massenhaft.

## BESCHREIBUNG

Meist kommt er in zahlreichen Exemplaren vor, die dicht gedrängt aus einer gemeinsamen Basis wachsen. Büschel von 20 bis 30 Einzelfruchtkörpern sind keine Seltenheit. Aber auch 2 bis 3 Fruchtkörper zusammenwachsend oder einzelne Exemplare sind möglich. Farblich ist er eher zurückhaltend, gräuliche und graubraune Hutfarben dominieren. Oft finden sich weitere Pilzbüschel in der Nähe eines ersten Fundes.

## STECKBRIEF

### HUT

Durchmesser bis zu 15 Zentimeter, am Anfang gewölbt und später ausgebreitet, graubraun, braun, grau, Hutrand wellig eingerollt, alt wellig-flatterig werdend, glatt, auch leicht radialfaserig

## STIEL

weißlich, fest, zäh, meist mehrere an der Basis zusammengewachsen

## LAMELLEN

weißlich, ausgebuchtet am Stiel angewachsen, Sporenpulver weiß

## FLEISCH

fest bis knorpelig, auch im Alter fest bleibend, weißlich, bei Verletzung nicht verfärbend

## GERUCH

angenehm pilzig, mehlartig

## GESCHMACK

mild, angenehm

## VERWECHSLUNGSPARTNER

Der Büschelrasling kann leicht mit anderen, farblich ähnlichen Raslingen wie dem **Gepanzerten Rasling** ☺ oder dem **Frostrasling** ☺ verwechselt werden, die aber **ebenfalls essbar** sind. Verschiedene, zum Teil giftige **Rötlinge** ☹ können eine gewisse Ähnlichkeit aufweisen, unterscheiden sich aber durch das **rosabräunliche Sporenpulver** und die spätestens **im Alter rosa gefärbten Lamellen**. Auch die mittlerweile als giftig eingestufte **Nebelkappe** ☹ kann zumindest in **jungem Stadium** möglicherweise **zu Verwechslungen führen**.

## VERWERTUNG IN DER KÜCHE

Es werden nur die Hüte verwendet, da die Stiele zäh sind. Einfach nur in Butter gebraten, ist der Büschelrasling sehr lecker. Geschmacklich und von der Konsistenz einer der besten Speisepilze. Auch sauer eingelegt ist er hervorragend.

# DAS HEXENEI DER STINKMORCHEL

## ELEGANTER STINKER

Meist riecht man diesen Pilz, bevor man ihn sieht – und denkt bei so einem üblen Geruch nicht unbedingt an einen Speisepilz.

## WANN UND WO FINDEN

Die Stinkmorchel (Phallus impudicus) lässt sich **vom Frühsommer bis zum Spätherbst** finden. Auch **in trockenen Sommern** kann man sie immer mal wieder antreffen. Sie wächst als **Zersetzer auf humusreichen Böden oder bei morschem Holz**. Sie ist überall häufig und **in vielen Waldtypen** zu finden.

## BESCHREIBUNG

Die schlanken weißen Fruchtkörper mit der grünen länglichen Kappe strecken sich aus einem eiförmigen Gebilde. Genau diese als Hexenei bezeichnete Knolle ist für den Speisepilzsammler interessant. Man muss also den richtigen Zeitpunkt erwischen, um das Hexenei zu sammeln. Kommt man zu spät, erwartet einen eine zwar elegante, aber penetrant stinkende Überraschung.

## STECKBRIEF

### HUT

etwa 4 Zentimeter hoch, von der olivgrünen bis schwarzgrünen Sporenmasse bedeckt, an der Spitze mit weißlicher Scheibe. Die schleimige Masse lockt mit ihrem aasartigen Geruch Fliegen an, die sie in kurzer Zeit aufnehmen und so die Sporen verbreiten, zurück bleibt eine wabenartige Struktur, die an die der Morcheln erinnert, woher sich auch der Name Stinkmorchel ableitet.

So werden die Sporen verbreitet

## STIEL

weiß, oben und unten verjüngt, innen hohl, feine löchrige Struktur

## HEXENEI

Anfangsstadium der Stinkmorchel, rundlich, eiförmig, bis 6 Zentimeter hoch, an der Unterseite mit derbem Mycelstrang. Im Schnittbild sieht man die Anlage des Fruchtkörpers, die von einer inneren Haut, einer Gallertschicht und einer äußeren Haut umschlossen ist.

## FLEISCH

weißlich, jung fest, später zerbrechlich

Das Hexenei zeigt im Schnittbild die Anlage des Fruchtkörpers

## GERUCH

jung neutral, später schnell aasartig

## GESCHMACK

mild, nussig, rettichartig

## VERWECHSLUNGSPARTNER

Es gibt **weitere Rutenpilze und Pilzblumen** 😐, die aus Hexeneiern schlüpfen. Diese sind aber seltener und haben im Inneren des Hexeneies eine etwas andere Struktur. Sie werden alle als **ungenießbar** eingestuft.

Der Tintenfischpilz wächst ebenfalls aus einem Hexenei

## VERWERTUNG IN DER KÜCHE

Die Stinkmorchel gilt als ungenießbar. Nur das Hexenei wird für Speisezwecke verwendet. Das Hexenei von der äußeren und inneren Hülle inklusive der Gallerte befreien. Dann in dünne Scheiben schneiden, in Butter braten und salzen. Eine feine Delikatesse, die aber nicht jedem mundet. Aus meiner Sicht ist es auf jeden Fall einen Versuch wert.

# EXKURS: LECKERE PILZE IM WINTER

## ÜBERRASCHUNG BEI FROSTIGEN TEMPERATUREN

Diese Arten lassen sich sogar in gefrorenem Zustand sammeln und problemlos zubereiten.

Leckere Pilze im Winter, bei frostigen Temperaturen, frisch aus dem Wald – ist so etwas möglich? Dass diese Frage ganz klar mit Ja beantwortet werden kann, erstaunt Anfänger immer wieder. Auch so mancher langjähriger Pilzsammler ist überrascht, wenn er erfährt, dass sich auch an Weihnachten eine feine Mahlzeit aus frisch gesammelten Pilzen zubereiten lässt. Klar ist die Auswahl in den Wintermonaten nicht so groß, aber dafür gibt es besonders schmackhafte Arten zu finden und die Verwechslungsgefahr mit gefährlichen Giftpilzen ist gering.

Die meisten Pilzarten werden zwar matschig und verderben, wenn sie einfrieren und wieder tauen. Aber die echten Winterpilze haben einen Trick auf Lager, um dem Frost zu trotzen. Sie enthalten ein natürliches Frostschutzmittel. Das verhindert das Platzen der Zellen, wenn die Fruchtkörper einfrieren. Das Wachstum pausiert bei Frost, und bei Tauwetter geht es munter weiter. Diese Arten lassen sich daher sogar in gefrorenem Zustand sammeln und problemlos zubereiten.

## AUSTERNSEITLING (PLEUROTUS OSTREATUS)

Die Zuchtform des Austernseitlings gibt es bekanntermaßen auch im Supermarkt zu kaufen. Lohnt sich das Sammeln in der Natur trotzdem? Auf jeden Fall, denn die wilden Verwandten sind viel leckerer. Die Austernseitlinge draußen sind etwa ab **Oktober bis in den März** zu finden. Sie bevorzugen **Laubholz als Substrat. Buchen, Pappeln und Weiden** sind ideal. Sie können lebende Bäume befallen, wachsen aber auch an Totholz.

## STECKBRIEF

Die Fruchtkörper sind muschelförmig und meist dachziegelartig angeordnet.

### HUT

bis 20 Zentimeter, Hutfarben variieren stark von Silbergrau über Blaugrau bis Braungrau, Rand jung eingerollt, glatt, kahl

### STIEL

meist kurz und dick, seitlich am Hut sitzend, Basis filzig

### LAMELLEN

weißlich bis gelblich, am Stiel etwas herablaufend, Sporenpulverfarbe weiß bis grau

### FLEISCH

weißlich, fest und im Stiel etwas zäh

### GERUCH

würzig

### GESCHMACK

mild

### VERWECHSLUNGSPARTNER

Zur gleichen Zeit wächst der **Gelbstielige Muschelseitling** 😐. Er stand einige Zeit im Verdacht, giftig zu sein, was sich aber nicht bestätigt hat. **Als Speisepilz empfiehlt er sich aber nicht, da er etwas bitter schmecken kann**. Er gilt deshalb als **ungenießbar**. Neben den **gelblich/grünlichen Hutfarben** sind vor allem die klare **Abgrenzung zwischen Lamellen und Stiel** wichtige Unterscheidungsmerkmale zum Austernseitling. Andere weiße Seitlinge kommen in der Regel nicht im Winter vor. Verwechslungen sind in der Übergangszeit zum Winter möglich. Da sich unter den weißen Seitlingen mit dem **Ohrförmigen Seitling** ☹ auch eine **giftige** Art befindet, sollten Einsteiger **keine weißen Seitlinge für Speisezwecke sammeln**.

Gelbstieliger Muschelseitling

## SAMTFUSSRÜBLING (FLAMMULINA VELUTIPES)

An den gleichen Standorten, ja sogar am selben Substrat, kann mit dem Samtfußrübling ein weiterer leckerer Speisepilz **im Winter** gefunden werden. Auch diese Art **bevorzugt Laubholz**. Die leuchtend goldbraunen Hüte sind kaum zu übersehen.

## STECKBRIEF

Oft drängen sich die einzelnen Fruchtkörper in dichten Büscheln aneinander.

### HUT

Durchmesser bis 10, manchmal 15 Zentimeter, goldbraun, honiggelb, zum Rand meist heller, klebrig

### STIEL

zähfaserig, weißfilzig, zur Basis dunkelbraun filzig-samtig, zur Stielspitze heller, alt hohl, kein Ring

### LAMELLEN

weißlich bis gelblich, ausgebuchtet angewachsen

### FLEISCH

weißlich, gelblich

### GERUCH

pilzig neutral

### GESCHMACK

pilzig süßlich

### VERWECHSLUNGSPARTNER

Vorsicht beim Sammeln: **In milden Wintern oder frostfreien Phasen** taucht immer wieder der **Gifthäubling** ☹ auf. Eine Verwechslung könnte tödliche Folgen haben, da diese Art die gleichen Giftstoffe enthält wie der Grüne Knollenblätterpilz. Also immer genau auf die Merkmale achten. Der Gifthäubling hat einen **weißlich überfaserten Stiel** und einen **vergänglichen Ring**. Er wächst **meist einzeln oder gesellig**, kann aber auch **büschelig** auftreten.

Gifthäubling, tödlich giftig

Liebe*r Leser*in,

wir hoffen sehr, dir hat das Buch gefallen, und würden uns freuen, wenn du eine Rezension bei deinem liebsten Online-Händler schreibst.

Hast du Fragen, Wünsche oder Anregungen?
Dann schreibe gern an: yuna@penguinrandomhouse.de.

Viele Grüße YUNA

## IMPRESSUM

Alle in diesem Buch veröffentlichten Aussagen und Ratschläge wurden vom Autor und vom Verlag sorgfältig erwogen und geprüft. Eine Garantie kann jedoch nicht übernommen werden, ebenso ist die Haftung des Autors bzw. des Verlags und seiner Beauftragten für Personen-, Sach- und Vermögensschäden ausgeschlossen.

Für die Inhalte der in dieser Publikation enthaltenen Links auf die Webseiten Dritter übernehmen wir keine Haftung, da wir uns diese nicht zu eigen machen, sondern lediglich auf deren Stand zum Zeitpunkt der Erstveröffentlichung verweisen.

Wir haben uns bemüht, alle Rechteinhaber ausfindig zu machen, verlagsüblich zu nennen und zu honorieren. Sollte uns dies im Einzelfall aufgrund der schlechten Quellenlage leider nicht möglich gewesen sein, werden wir begründete Ansprüche selbstverständlich erfüllen.

1. Auflage
Originalausgabe

**Covergestaltung:** Jürgen Kiermeier, unter Verwendung eines Motivs von © AdobeStock (M. Schuppich)
**Redaktion:** Joscha Faralisch
**Layout/Satz:** Fiona Albert, Jürgen Kiermeier, YUNA
**Bildnachweis:** Bernd Meißner, © AdobeStock (Adrian, aga7ta, Alexander, alexugalek, Aloisia, Alonbou, apcefoto, AVTG, Axel Jahnke azurita, Barbora Batokova, Bernadette, bukhta79, carmen-rieb, Colin, dabjola, dieter76, DLux, dmilovanovic, dneprstock, domnitsky, DoraZett, evbrbe, fazeful, Fischer Food Design, fotocof, FotoHelin, galam, gebut, Gerhard, giansacca, goldbany, hans_chr, Harald Biebel, helmutvogler, Henri Koskinen, Henrik Larsson, Igor Kramar, illustrez-vous, Ionescu Bogdan, ir1ska, Iuliia, Ivan, Jaroslav Machacek, Joachim, Jolanda, Jon Benedictus, Kerstin, Kitty, lebrac, LeManilo, LFRabanedo, Liudmila, ll911, M. Schuppich, maggiw, Magnus, Media4Sale, Michael Rogner, Mindaugas, msl33, New Africa, Norbert G. Bildwerk, Oleg Zhukov, Olesia, Olga Miltsova, Pavel Parmenov, PIXATERRA, RealPeopleStudio, ReNi, Rhön-bergfoto, Ricant Images, Richard Oechsner, robroy, rotraut, satori, scaleworker, schulzfoto, Sergey Chayko, Sharidan, sigitas1975, Siur, sonne_fleckl, Tarabalu, teressa, Timo, Timo Wiemers/Wirestock Creators, Toenne, tomasztc, tvk888, TwilightArtPictures, Viktoriia, Viktorishy weinkoetz, weinkoetz, Yantra, Yaruniv-Studio, zlatna)

**Druck und Bindung:** PBtisk, a.s., PŘÍBRAM
Printed in the Czech Republic

FSC www.fsc.org
MIX
Papier | Fördert gute Waldnutzung
FSC® C004378

Penguin Random House Verlagsgruppe FSC® N001967

ISBN 978-3-517-30339-0

## DAS GANZE JAHR KÖSTLICHKEITEN AUS DER NATUR

Rotfußröhrling, Orangeroter Graustieltäubling oder Schwefelporling sind zu unrecht in nur wenig Rezeptbüchern zu finden. Die Speisepilze stehen ihren bekannteren Verwandten geschmacklich in nichts nach und sind erstaunlich leicht zu finden.

Der geprüfte Pilzsachverständige Bernd Meißner hilft dir in seinem **praktischen Pilzführer,** die faszinierende Welt dieser unbekannten Leckereien zu entdecken. **Lerne, wie man 30 heimische Speisepilze erkennt,** wo sie zu finden sind und wie du sie von giftigen Verwechslungspartnern unterscheidest. Detaillierte Beschreibungen und beeindruckende Fotos lassen dich verborgene Schätze finden – **so werden Waldspaziergänge und Wanderungen zum kulinarischen Erlebnis!**

*Hier kannst du Pilze messen*

DEUTSCHE GESELLSCHAFT FÜR MYKOLOGIE E.V.
geprüft DGfM

ISBN 978-3-517-30339-0
9 783517 303390
16,00 € (D)
16,50 € (A)

AJAHN BRAHM

# Jeder Lotos hat ein schönes Herz

Eine praktische Anleitung
zur Meditation

Aus dem Englischen übersetzt
von Jochen Lehner

WILHELM HEYNE VERLAG
MÜNCHEN

Die Originalausgabe erschien 2011 unter dem Titel
*The Art of Disappearing: Buddhas Path to Lasting Joy*
bei Wisdom Publications, Somerville, USA.

Die Hardcover-Ausgabe erschien 2012 unter dem Titel
*Meditation. Kraft und Klarheit für den Geist* im Lotos Verlag, München,
in der Penguin Random House Verlagsgruppe GmbH.



MIX
Papier | Fördert
gute Waldnutzung
FSC® C014496

Penguin Random House Verlagsgruppe FSC® N001967

5. Auflage
Taschenbucherstausgabe 01/2016

Redaktion: Martina Darga
Umschlaggestaltung: Guter Punkt,München
Umschlagmotiv: © stereohype / istock
Satz: Schaber Datentechnik, Wels
Druck und Bindung: GGP Media GmbH, Pößneck
Printed in Germany
ISBN 978-3-453-70291-2

www.heyne.de

# INHALT


| | | |
|---|---|---|
| | Vorwort | 7 |
| 1 | Das große Ganze | 9 |
| 2 | Gegenwart | 31 |
| 3 | Der Weg in die Achtsamkeit | 47 |
| 4 | Heilmittel für den Geist | 65 |
| 5 | Die Kraft der Weisheit | 87 |
| 6 | Aus Frieden folgt Einsicht | 109 |
| 7 | Glück | 129 |
| 8 | Wahre Weisheit erkennen | 143 |
| 9 | Die Seligkeit des Verschwindens | 157 |
| 10 | Lasst dies das letzte Mal sein | 179 |
| 11 | Die Samadhi-Pyramide | 197 |
| | Abkürzungen für die zitierten buddhistischen Werke | 213 |
| | Glossar | 215 |
| | Über den Autor | 223 |

# Vorwort

WER EIN JEMAND SEIN MÖCHTE, liest dieses Buch besser nicht. Es wird ihn zu einem Niemand machen, zu Nicht-Ich.

Ich habe dieses Buch nicht geschrieben. Es handelt sich um transkribierte und redigierte Vorträge, und die schlimmen Witze wurden alle gestrichen. Sie sind sowieso nicht von mir erzählt worden. Das haben die fünf *Khandhas* gemacht, die sich erdreisten zu behaupten, sie seien ich. Ich habe das perfekte Alibi: Mein Ich war nicht am Tatort.

Dieses Buch sagt Ihnen nicht, was Sie tun müssen, um Erleuchtung zu finden. Es ist kein Buch der Anleitungen wie *Im stillen Meer des Glücks* – noch so ein Buch von diesen lästigen fünf *Khandhas*, die sich als Ajahn Brahm ausgeben. Anleitungen befolgen – dergleichen macht Sie nur immer mehr zu einer Person. Dieses Buch erzählt Ihnen dagegen, wie es *trotz* Ihrer Bemühungen zu einem Verschwinden kommen kann. Und dann ist es auch nicht bloß das Äußere, was da verschwindet. Alles Innere – alles, wofür Sie sich halten – verschwindet ebenfalls. Und das macht so viel Spaß, wirklich, es ist die reine Wonne.

In Wahrheit geht es bei der buddhistischen Praxis um das Loslassen von *allem*, nicht um das Anschaffen von noch mehr, beispielsweise von Errungenschaften, die man seinen Freunden vorzeigen kann. Wenn wir etwas lassen, wirklich loslassen, verschwindet es. Es geht uns verloren. Alle, die mit Erfolg meditieren, sind in diesem Sinne Verlierer. Sie verlieren ihr Haften an den Dingen. Erleuchtete verlieren alles. Sie sind die *Großen Verlierer*. Wenn Sie dieses Buch lesen und auch nur ein bisschen verstehen, könnte es passieren, dass Ihnen aufgeht, was Freiheit ist, und womöglich büßen Sie dann Ihr Haupthaar ein ...

Dankbar bin ich einigen anderen Niemanden für ihre freundliche Mithilfe, insbesondere Ron Storey für die Transkription der Vorträge, Ajahn Brahmali für die redaktionelle Bearbeitung und schließlich all den Leere-Wesen im Verlag Wisdom Publications, die das Buch veröffentlichten.

Mögen sie alle verloren gehen.

Eigentlich nicht Ajahn Brahm
Perth, Juli 2011

# 1 Das große Ganze

EINERLEI, WO IHR WOHNT, in einem Kloster, mitten in der Stadt oder an einer stillen, von Bäumen gesäumten Straße, von Zeit zu Zeit wird es in eurem Leben Schwierigkeiten geben. So ist das Leben nun einmal. Sollte es also mit eurer Gesundheit nicht zum Besten stehen, gebt nicht der Versuchung nach, zu eurem Arzt zu sagen: »Herr Doktor, irgendetwas stimmt nicht mit mir, ich bin krank«; sagt lieber: »Es ist alles, wie es sein soll – ich fühle mich heute krank.« Es liegt in der Natur des menschlichen Körpers, dass er hin und wieder krank wird. Es liegt auch in der Natur der Klärgrube, dass sie ausgerechnet dann ausgepumpt werden muss, wenn es besonders ungelegen kommt, und es liegt in der Natur des Wasserkochers, dass er irgendwann einfach durchschmort. Das Leben ist seiner Natur nach so. Wir geben uns zwar alle Mühe, das Leben für uns selbst und andere möglichst glatt laufen zu lassen, aber wir können nie sicher sein, dass es gelingt.

Wenn Ihr also mit Schmerzen und Schwierigkeiten zu kämpfen habt, denkt immer daran, was *Leid* in der Tiefe eigentlich bedeutet: etwas von der Welt zu verlangen, was sie nicht bieten kann. Wir erwarten Unmögliches von ihr. Wir möchten das perfekte Heim und den perfekten Job, und alles, was wir so mühsam aufbauen und einrichten, soll zur rechten Zeit und am rechten Ort perfekt laufen. Damit ersuchen wir natürlich um etwas, das nicht gewährt werden kann. Wir wollen hier und jetzt tiefe Meditation und Erleuchtung. Aber so geht es in dieser Welt einfach nicht zu. Machen wir uns also klar: Wenn wir etwas verlangen, was die Welt nicht liefern kann, ersuchen wir eigentlich um Leiden.

Ob ihr also arbeitet oder meditiert, stellt euch einfach darauf ein, dass ab und zu etwas nicht wie gewünscht laufen wird. Fordert nicht von der Welt, was sie nicht geben kann, seht nur sehr genau hin! Es ist nicht eure Aufgabe, dieser Welt Beine zu machen oder sie so hinzubiegen, wie ihr sie gern hättet. Verstehen, annehmen und loslassen, das ist eigentlich eure Aufgabe. Je mehr ihr gegen euren Körper, euren Geist, eure Familie und die Welt ankämpft, desto mehr »Kollateralschaden« verursacht ihr und desto mehr Schmerz handelt ihr euch ein.

Manchmal gelingt es uns, einen Schritt von unserem alltäglichen Leben zurückzutreten, und dann sehen wir das große Ganze. Wir sehen: Es trifft nicht zu, dass mit diesem Kloster, mit uns selbst, mit dem Leben etwas nicht stimmt. Und wir sehen klar: Es liegt in der Natur dieser Welt, dass nicht alles nach unseren Wünschen läuft – und das ist es, was der Buddha als die erste Edle Wahrheit des Leidens formulierte. Wir arbeiten und streben mit vollem Einsatz, wir ringen darum, dieses Leben – unser Zuhause, unseren Körper, unser Bewusstsein – genau richtig hinzubekommen, und dann geht es doch wieder daneben.

## Leid und das Wissen darum: der Antrieb zur Praxis

Zu echter buddhistischer Praxis gehört die Betrachtung des Leidens, *Dukkha* auf Pali. Wir versuchen der Leiden nicht Herr zu werden, sondern bemühen uns einfach, sie zu verstehen, indem wir uns ihre Ursachen vergegenwärtigen. Das ist ein ganz wichtiger Punkt unserer Praxis, denn bei den meisten Menschen, die Leid erfahren, ist es ja so, dass sie entweder davor zu flüchten oder etwas daran zu ändern versuchen. Sie verdammen die »Maschinerie« wegen ihres Versagens, obwohl jeder weiß, dass die Maschinerie irgendwann versagt. Etwas läuft nicht, wie es sollte, und wir leiden. Ändern wir doch lieber unsere Haltung, stellen wir das Kämpfen ein. Sobald wir nicht mehr gegen die Welt ankämpfen und uns die Natur des Leidens klarmachen, wird sich etwas anderes regen. Und dieses andere heißt *Nibbida.*

Diese Regung, *Nibbida*, rührt daher, dass wir die Natur des Körpers, des Geistes und der Welt erkannt haben. Ihr versteht, um was es im Buddhismus geht, um was es geht, wenn ihr ein Kloster oder einen Haushalt aufbaut und dort miteinander lebt. Ihr wisst, dass es da Unbefriedigendes geben wird, Probleme. Ihr seid klug genug, nicht mehr vor diesen Problemen wegzulaufen oder sie unterbinden zu wollen. Ihr wisst, dass Probleme im Wesen des *Samsara* liegen. Das war eine der großen Erkenntnisse des Buddha, und sie gab ihm ein, seine erste Lehrrede zu halten, das Dhammacakkappavattana-Sutta (SN 56,11).

Wenn ihr erkennt, dass Leid in den Stoff eingewebt ist, aus dem *Samsara* besteht, ändern sich eure Reaktionen. Es ist wie bei einem fauligen Apfel, von dem ihr die Faulstellen wegzuschneiden versucht, um den Rest zu essen. Wer weise ist, der sieht, dass der Apfel durch und durch faul ist und man nur noch mit *Nibbida* reagieren kann – man weist ihn zurück, man ekelt sich vor ihm, man wendet sich von ihm ab oder wirft ihn einfach weg. Ihr seht, dass ihr diesen Apfel nicht braucht, und wendet euch von ihm ab. Es kommt also darauf an, das Leid in der Welt zu verstehen – und zu sehen, wie absolut Leid ist, das Unbefriedigende. Ihr werdet seiner niemals Herr werden, es steht nicht in eurer Macht, eine Lösung zu finden und die Dinge auf die Reihe zu bekommen.

Wenn wir das betrachtet haben und es verstehen, haben wir einen echten Anreiz, den buddhistischen Weg zu gehen. Für den Buddha, so erzählen die Suttas, genügte es zu sehen, dass die Menschen alt und krank werden und sterben. Das gab ihm den Impuls, nach der Befreiung von allem Leiden zu streben (MN 26). Er wusste, dass es auch ihm bestimmt war, alt und krank zu werden und zu sterben, dass er über all das nicht hinausgewachsen war. Das trieb ihn an, nach der Beendigung des Leidens zu suchen.

Diese Probleme sind unser aller Erbe; genau das erwartet uns in der Zukunft. Dies ist euch gewiss: Ihr werdet alt und krank werden und sterben. Daran ist nichts zu ändern. So sehen die Tatsachen des Lebens und eures menschlichen

Körpers und aller anderen Dinge aus. Alles wird alt, verfällt und stirbt, alles funktioniert irgendwann nicht mehr, alles geht kaputt. Der werdende Buddha wusste bereits, dass er dieses Leid mit all seiner spirituellen Stärke und seinem angesammelten Verdienst nicht verhindern konnte. Etwas anderes war hier notwendig: es ganz zu verstehen.

## Sich lösen

Die erste Edle Wahrheit vom Leiden, so heißt es im Dhammacakkappavattana-Sutta, muss gründlich verstanden werden (SN 56,11). Ihr versucht also nicht, die Leiden zu überwinden oder etwas daran zu ändern oder alles besser zu machen oder ihnen irgendwie zu entkommen – sondern ihr versteht sie. Schwierige Zeiten sind eine wunderbare Gelegenheit, sich hinzusetzen und dem Leid nicht auszuweichen; es völlig zu verstehen, statt immer wieder den leichteren Weg der Flucht zu wählen.

Die meisten Menschen verfügen über ihre ganz eigenen Fluchtmechanismen, wenn irgendetwas leidvoll oder problematisch wird: Man gibt sich Tagträumen hin, sieht sich Filme an, surft im Internet, liest, plaudert, trinkt Tee oder Kaffee oder macht Spaziergänge. Wovon entfernen wir uns eigentlich mit all dem? Weshalb überlassen wir uns Fantasien? Wir haben uns angewöhnt, so zu reagieren, wenn irgendetwas nicht gut genug ist, unbefriedigend ist. Nun, wenn ihr im Leben, sei es Klosterleben oder weltliches Leben, etwas erreichen wollt, wenn ihr weise und frei werden wollt, dann rät euch der Buddha, ein tieferes Verständnis des Leidens zu erstreben.

Als Erstes wird euch dabei auffallen, dass wir alle Leid erfahren. In den Therigatha (Thi 213–23) finden wir die berühmte Geschichte von Kisagotami. Kisagotamis Sohn war gestorben, und der Buddha erreichte, dass sie sich von ihrem Kummer und Schmerz löste. Er machte ihr eindringlich klar, dass andere Menschen ebenfalls sterben und der Tod ihres Sohns nichts Einzigartiges war, sondern ein Ereignis in einer endlosen Folge gleichartiger Ereignisse. Der Buddha wollte, dass Kisagotami dieses Leid namens Tod verstand. Der Tod ist natürlich, er liegt im Wesen der Dinge. Er ist überall, nichts und niemand entgeht ihm. Der Buddha bot ihr also keine Lösung des Problems an, nämlich die Wiedererweckung des Sohns, sondern machte ihr die Allgegenwärtigkeit des Sterbens klar.

Wenn wir verstanden haben, nehmen wir die Dinge nicht einfach hin – denn das ist ebenfalls keine taugliche Reaktion. Der Gedanke »Lass gut sein, so liegen die Dinge nun mal, meinetwegen« ist auch nicht der Weisheit letzter Schluss. Wenn wir wirklich verstanden haben, was Leid ist, was uns bevorsteht, wie es im Leben wirklich zugeht, gibt es nur eine natürliche Reaktion, und die besteht weder in Flucht noch im Akzeptieren von allem, was kommt, sondern in *Nibbida*.

*Nibbida* bedeutet, dass man sich von etwas löst oder freimacht. Wir wenden uns von diesem Ding namens Leben ab. Wenn ihr etwas zu ändern versucht, verwickelt ihr euch nur weiter ins Leben, und die Dinge anzunehmen bedeutet ebenfalls, dass ihr bei ihnen bleibt. Loslösung ist die Antwort. Sich zu lösen bedeutet, dass ihr die Dinge sich selbst überlasst und euch nicht mehr mit ihnen befasst oder um sie sorgt. Ihr sitzt da und lasst euch nicht mehr auf das ein, was ihr erlebt. Und da ihr euch nicht mehr auf eure Erfahrung einlasst, tretet ihr vom Leben zurück. Es ist fast eine Art Ablehnung, ein Zurückweisen, das die Dinge zum Verschwinden bringt.

Ihr könnt in den Suttas lesen, wie der Buddha manchmal aus Barmherzigkeit jemanden zurechtwies (MN 122). Es kommen ja Leute, die einfach nur Gespräche führen wollen, weil sie nichts Besseres zu tun haben. Ich sitze auch nicht gern Stunde für Stunde da, um Fragen zu beantworten, schon gar nicht während eines Retreats. Und sowieso bekommt ihr echte Aufschlüsse über den Dhamma nicht durch Fragen. Antworten bekommt ihr, wenn ihr still sitzt und euer Denken anhaltet, nicht durch immer noch mehr Gedanken. Wenn mir Fragen gestellt werden, versuche ich die Antworten immer möglichst kurz zu fassen. Ich möchte erreichen, dass sich die Leute vom bloßen Plaudern lösen.

So macht ihr euch auch frei von den Dingen der Welt. Welchen Sinn hat es, sich auf all das einzulassen? Seht euch die Dinge an und macht euch klar, dass sie nur Leid mit sich bringen, sie machen euch müde oder wühlen euch auf. Durch *Nibbida* verlieren alle diese Sinnesobjekte an Bedeutung.

## »Nicht meine Sache«

Wenn ihr das Leben betrachtet, kann euch nicht entgehen, dass es nicht zu beherrschen ist. Und was ihr sowieso nicht in der Hand habt, ist auch nicht eure Sache. Das ist ein wirklich netter kleiner Ausspruch, den ich zur Meditation verwende und den ich nur wärmstens empfehlen kann. Egal, was euch im Kloster oder außerhalb begegnet, sagt einfach: »Nicht meine Sache.« Wirklich, was auch immer los sein mag – mit der Wasserversorgung, mit den Leuten, die kommen und gehen, mit dem Essen, mit dem Wetter –, ihr sagt dazu nur: »Das ist nicht meine Sache.« Ihr habt mit dem, was irgendein anderer tut oder sagt, nichts zu schaffen. Es ist deren Angelegenheit, ihr *Kamma*, es hat mit euch nichts zu tun.

Wenn ihr auf die Worte anderer empfindlich reagiert und euch kränken oder schikanieren lasst, dann denkt an den Rat, den der Buddha seinem Sohn Rahula gab: Seid wie die Erde (MN 62). Menschen verrichten ihre Notdurft auf die Erde oder erbrechen sich auf sie oder verbrennen sie. Unrat jeder Art wird auf die Erde geworfen, aber die Erde beklagt sich nie, sie nimmt alles, was kommt. Es gibt auch Schönes, was die Menschen auf der Erde tun. Sie legen Gärten an oder noch besser Klöster. Die Erde lässt das alles einfach geschehen, sie reagiert nicht.

Seid also wie die Erde. Dann können die Leute sagen und tun, was sie wollen, ihr rührt euch nicht. Sie können euch loben oder Vorwürfe machen, es ist ihre Sache. Ihr braucht den guten oder bösen Worten anderer keine Macht über euch zu geben. Bleibt in der Haltung »Nicht meine Sache«, und nichts wird euch mehr aufregen.

Mit körperlichen Schmerzen und Krankheiten ist es genauso. Erinnert euch beim Meditieren daran, dass sie nicht eure Sache sind. Sie sind Sache des Körpers – soll sich der Körper um sie kümmern. Diese Art des Denkens unterstützt den Körper übrigens sehr in seinen Bemühungen, gesund zu bleiben. Seltsamerweise ist es ja oft so, dass es dem Körper umso schlechter geht, je mehr Sorgen man sich um ihn macht. Wenn ihr euch vom Körper löst und stillsitzt, ihn einfach verschwinden lasst, fällt es ihm leichter, sich zu heilen. Was wir in den Griff zu bekommen und in Ordnung zu bringen versuchen, wird oft nur schlimmer, und so ist es mit dem Körper auch. Lasst ihn los, entspannt euch, dann wird es dem Körper so leicht, dass er sich selber heilt. Lasst also einfach los, überlasst ihn sich selbst.

Ich bin im Laufe der Jahre vielen Mönchen begegnet, die körperliche Gebrechen durch die Kraft ihrer Meditation zum Verschwinden brachten. Zum ersten Mal habe ich das bei Ajahn Tate gesehen. Als ich 1974 nach Thailand kam, lag er unheilbar krebskrank im Krankenhaus. Sie ließen ihm die bestmögliche Behandlung angedeihen, aber nichts half, sodass er schließlich zum Sterben nach Hause geschickt wurde. Gestorben ist er fünfundzwanzig Jahre später. So etwas passiert, wenn Mönche zum Sterben nach Hause geschickt werden. Sie gehen nach Hause und erfreuen sich eines langen Lebens. Was geschieht da? *Nibbida* stellt sich ein, man löst sich von den Dingen, der Geist wendet sich ab. Er hat einfach genug davon, er sieht sie sich nicht einmal mehr an, und dann zeigt sich, dass sie verblassen und schwinden.

Von diesem Ablauf – *Nibbida* führt zu *Viraga*, dem Verblassen der Dinge – lest ihr in den Suttas. Wenn ihr etwas als »nicht meine Sache« betrachtet, schwindet es aus eurer Welt. Das Bewusstsein lässt sich nicht mehr darauf ein, es sieht, hört, fühlt und erkennt diese Sache nicht mehr. Hier der Ablauf: Worauf ihr euch einlasst, das setzt sich im Bewusstsein fest; es findet da einen Halt oder Ansatz, und von da aus lässt es die Sache wachsen. Ihr baut ein Gedankengebäude. Mir als einem, der meditiert, ist völlig klar, dass wir unsere Welt selbst erschaffen. Aber wenn ihr euch löst, habt ihr da nichts mehr zu schaffen, und da ihr nicht interessiert seid, schwindet die ganze Sache nach und nach aus eurem Bewusstsein. Wer *Nibbida* hat, kehrt buchstäblich die Schöpfung seiner Welt um.

## Die Lösung

Wie oft habt ihr schon »das Problem« zu lösen versucht? Ihr könnt es den ganzen Rest eures Lebens und viele weitere Leben lang versuchen. Macht euch lieber klar, dass diese Welt einfach das Spiel der Sinne ist. Diese Welt ist die fünf *Khandhas*, die einfach tun, was sie eben tun, das hat nichts mit euch zu tun. Menschen sind einfach Menschen und die Welt ist einfach die Welt, nichts weiter.

In unserem Kloster sehen wir manchmal Kakadus in ganzen Schwärmen. Sie machen einen ziemlichen Krach. Manche von uns sagen, sie mögen das Gezeter nicht, aber die

Kakadus machen diesen Krach einfach, ob es euch gefällt oder nicht. Da ist es doch sicher besser, sich davon zu lösen. Ich habe mich früher gefragt: »Weshalb stören mich Geräusche bei der Meditation?« Das mögen die Vögel draußen sein oder jemand, der hustet oder in der Haupthalle die Tür zuknallt – weshalb höre ich das? Weshalb kann ich es nicht wie bei den Augen machen und die Ohren mit »Lidern« verschließen? Ich habe mich dann mit Lauten befasst und untersucht, was da vor sich geht, und da wurde klar, dass ich Geräusche nur höre, weil ich sozusagen zu ihnen hingehe. Ich habe mich aktiv auf die Welt der Geräusche eingelassen. Nur deshalb konnten sie stören. Ajahn Chah sagte gern, dass nicht die Geräusche uns stören, sondern wir die Geräusche! Das fand ich sehr tief; es hat mir viel gegeben. Von dort aus habe ich das Wesen der Geräusche verstanden und auch erkannt, weshalb sie stören.

Wenn jemand euch als Schwein oder Idiot oder sonst wie bezeichnet, braucht ihr nicht hinzuhören. Wir hören es, weil wir uns dafür interessieren, wir lassen uns auf die Welt der Geräusche ein und haften an ihr. Haben wir jedoch erkannt, dass Geräusche einfach ihrer Natur folgend auftreten, setzt *Nibbidu* ein. Es gibt angenehme Laute, verrückte Laute und die Laute der Vögel. Manche Vogelstimmen klingen süß, andere sind misstönend, denken wir an Krähen. Die Krähen können nichts dafür, so sind sie nun einmal. Im Kloster ist das ähnlich. Manche *Anagarikas* sind wie Krähen, andere wie Nachtigallen, manche sprechen schön, andere nicht. Ihre Natur ist so, das ist alles. Mit uns hat das nichts zu tun, und deshalb sollten wir uns davon lösen.

Wenn wir uns durch *Nibbida* von den Dingen lösen, schwinden sie. Leid schwindet, wenn seine Ursachen verblassen. Die Welt der Sinne fängt an zu verblassen, wenn wir nicht mehr so darauf aus sind, etwas zu ändern. Wenn wir uns mit *Nibbida* von etwas abwenden, stößt es uns ab und wir weisen es zurück. *Nibbida* kommt daher, dass wir die Welt sehen, wie sie tatsächlich ist. Wir gehen jetzt in eine andere Richtung als die übrige Welt.

## Die Botschafter der Wahrheit

Wir können dieses Sichlösen von der Welt auch als einen Rückzug in den Geist, in unsere stille Mitte, betrachten. Manchmal spürt ihr, wie euch die Welt eures Zuhauses, die Welt eurer Freunde, sogar die Welt des Buddhismus aus eurer Mitte entfernt. Ihr spürt den Zug. Euer Leben lang habt ihr euch so aus eurer Mitte herausziehen lassen, und was habt ihr davon?

Wenn Leute das Kloster verlassen, geht es meist um das andere Geschlecht. Wird es sie glücklich machen? Vor vielen Jahren veröffentlichte die Zeitschrift *Punch* einen Artikel mit dem Titel »Rat für alle Heiratswilligen«. Der Artikel bestand aus zwei nahezu leeren Seiten. Es stand nichts weiter da als »Lasst es«. Da hatte wohl jemand die Leiden der Ehe erkannt. Glaubt ja nicht, dass es bei euch anders sein würde, dass ihr den Leiden der Ehe entgehen könntet, weil ihr klüger oder weiser seid als andere. Zu denken, dass ich besser bin und den Schwierigkeiten entgehen kann, mit denen alle anderen kämpfen – das ist die Überheblichkeit des Ego.

Ich habe in meiner Jugend auch viel fantasiert. Aber ich habe gelernt, wie ich verhindern kann, dass Fantasien Besitz von mir ergreifen – einfach dadurch, dass ich alles bis zu seinem logischen Schluss verfolgte. Ich dachte bei allem immer: »Und dann was? Was danach?« Ich hörte damit erst auf, wenn ich das Gesamtbild hatte. Und bei allem, was ich fantasierte – mich verlieben, heiraten und von da an glücklich und zufrieden sein –, hat mein »Und dann was?« immer schnell mit der Vorfreude aufgeräumt, denn man muss diese Frage nur oft genug stellen, dann kommt irgendwann ... nichts mehr, nichts Buntes, Helles, Freudiges, Glückliches, nur das, was alle erleben. Wenn der lustige Teil vorbei ist und sich verzieht, bist du wieder da, wo du angefangen hast. *Und* du hast rein gar nichts verstanden. Du siehst nur zu, dass du irgendwie zurechtkommst und ein bisschen Lust und Glück erwischst. Im Grunde schlitterst du nur auf das Alter zu, auf den Punkt, an dem du alles verlierst, was dir lieb ist. Wozu soll das gut sein? Schlau ist, wer dem Pfad des *Nibbida* folgt. Du hat schon reichlich gelitten, verfügst also über genügend Datenmaterial für Schlussfolgerungen. Denk in allen schwierigen Phasen an diese Leiden und bau dein *Nibbida* auf.

Während einer Meditationsklausur gibt es auch Phasen der Langeweile. Wenn die Beine wehtun und ihr einfach dasitzt und nichts mit euch anzufangen wisst, keine Lust habt zu meditieren oder zu gehen oder zu lesen, und euch schier zu Tode langweilt, dann geht doch einmal der Langeweile auf den Grund. Was das Erforschen des Leidens angeht, gibt es während eines Retreats keinen Augenblick, den ihr nicht dafür nutzen könntet, aus dem ihr nicht im Sinne eurer eigenen Entwicklung und Schulung alles herausholen könntet. Schulung des Geistes läuft nicht auf Beherrschung der Dinge hinaus, sondern auf Verstehen. Betrachtet also Schwierigkeiten und Enttäuschungen als *Devadutas*, als Kuriere der Wahrheit, die euch über den Dhamma unterrichten wollen. Ajahn Chah hat solche Dinge immer als »Kruba Ajahns« bezeichnet, als Lehrer höherer Ordnung. Kruba Ajahns dieser Art leben nicht etwa irgendwo in Thailand in einem tollen Kloster. Die wahren Lehrer sind in eurer Hütte, wenn ihr morgens aufwacht und so müde seid, dass ihr am liebsten nicht aufstehen würdet. Sie sind zur Stelle, wenn ihr endlos gesessen habt und nichts dabei herauskommt. Diese wahren Lehrer sind da, wenn ihr euch während einer Meditationsklausur fragt, wie viele Tage es noch sind. Wenn jemand euch etwas Falsches in die Essschale füllt oder ihr gerade in die tiefe Meditation kommt und ausgerechnet dann eine Krähe krächzt oder irgendetwas anderes euch so richtig nervt – das ist immer ein Kruba Ajahn. Diese Dinge wollen betrachtet, belauscht, durchdrungen und verstanden werden.

## Der Leere entgegen

Wenn ihr die Wahrheit vom Leiden verstanden habt, seht ihr die Welt als einen Müllhaufen an. Und weil es alles Müll ist, löst ihr euch davon. Wovon ihr euch löst, das verblasst und schwindet – *Viraga*. Das geschieht ganz natürlich, ihr müsst nichts zum Verschwinden bringen. Es ist keine Entscheidung, kein vom Denken herbeigeführter Willensakt: »Oh, ich will diese Leute, diese Krähen, diese Ameisen auf dem Weg, dieses Frieren los sein!« Da ist dann überhaupt nichts mehr loszuwerden. Es ist nicht mehr eure Angelegenheit. Wenn wir von Vereinfachung unseres Lebens und von Verzicht auf Besitz sprechen, ist eigentlich das gemeint. Ihr verzichtet nicht nur auf äußere Dinge, sondern auch auf eure »geistigen Habseligkeiten« – die alten Gewohnheiten, das Nachtragen, das Hängen an allem, was euch lieb geworden ist. Ihr weist alles von euch, was euch doch nur zermürbt, was euch einengt und begrenzt.

Die meisten Menschen sind Gefangene ihrer Vergangenheit. Sie sind so mit ihrer Vergangenheit identifiziert, dass sie sie für das halten, was sie sind, für ihr Ich oder *Atta*. Und da sie so identifiziert sind, sehen sie die Vergangenheit als ihre »Sache« an, sie klammern sich daran fest und leiden entsprechend. Aber das muss nicht so sein, man kann von der Vergangenheit auch lassen. Die Tür dieser Gefängniszelle steht immer offen, ihr könnt jederzeit einfach rausgehen. Glaubt nicht, dass die Vergangenheit erst »aufgearbeitet« werden müsste, das reden euch nur eure Schuldgefühle ein. Ihr könnt das alles ganz und gar loslassen, sich selbst überlassen; wenn ihr den Mumm dazu habt, könnt ihr das alles verschwinden lassen.

Wendet also *Dukkha-Sanna* an, die »Wahrnehmung des Leidens«, und fragt euch, was das Festhalten an der Vergangenheit einbringt. Seht es als das, was es ist, nämlich Leid; dann löst euch von der Vergangenheit und lasst sie verblassen. Ihr denkt dann nicht einmal mehr an eure Vergangenheit. Sobald ihr verstanden habt, dass diese Dinge einfach nur leidvoll sind, stellen sich Verzicht und Ablehnung als direkte Folge ein, und je tiefer ihr versteht, desto mehr verblassen die Dinge. Irgendwann gehören sie einfach nicht mehr zu eurem »Repertoire«. Ihr seht euch die Welt da draußen an, und sie schwindet. Ihr sitzt in eurer Hütte, und die ganze Welt verschwindet. Darum geht es bei der Meditation, und jetzt wisst ihr es. Meditation ist die Kunst, die Dinge verblassen und schwinden zu lassen, sie verflüchtigen sich. Sie ist eine Bewegung in Richtung Leere.

Etwas ganz Wichtiges, das verschwinden muss, wenn die Meditation Fuß fassen soll, ist das Denken. Dazu muss das Denken aber erst einmal verstanden sein. Macht es zum Gegenstand eurer Betrachtung und seht zu, was es wirklich ist. Wohin bringt euch das Denken? Ihr werdet feststellen, dass das Denken eigentlich nicht eure Angelegenheit ist. Habt ihr euer Denken ganz verstanden, werdet ihr es nicht mehr kontrollieren wollen, sondern nehmt die *Nibbida*-Haltung ein. Oder mit einem Bild aus den Suttas (zum Beispiel MN 20): Betrachtet das Denken als einen Hundekadaver, den ihr eurem Geist gleichsam um den Hals legt. Wenn ihr das so sehen könnt, werden ihr euch fragen, weshalb ihr euch so etwas antut. Die automatische Reaktion kann dann nur darin bestehen, dass ihr das Denken abwerft, wie ihr einen fauligen, schmutzigen und stinkenden Hundekadaver abwerfen würdet. Dazu kommt es, wenn ihr wirklich verstanden habt und wisst, dass diese Dinge »nicht eure Sache« sind. Ihr weist sie zurück oder besser: Zurückweisung geschieht. Ihr schlagt eine andere Richtung ein, nicht mehr in die Welt, sondern jetzt in den Geist.

## Es geschieht wie von selbst

*Nibbida* hält die *Asavas* an, die »Ausströmungen« des Geistes. Ihr kennt das alle: Ihr sitzt da und meditiert und tut nichts, und dann strömen plötzlich Gedanken aus – was ihr nach dem Retreat tun werdet, was für Aufgaben euch erwarten, wie die Antwort auf eine Frage lauten mag, die euch beschäftigt. Der Geist fließt von seiner Mitte weg, und diese Bewegung nennen wir *Asava*. Warum fließt der Geist nach außen? Weil er sich für die Welt interessiert. Er sieht das Leid der Welt noch nicht klar genug, er versteht noch nicht. Wenn ihr die Welt da draußen nicht versteht, glaubt ihr, sie sei eure Sache. Vielleicht versprecht ihr euch von der Welt, dass sie Spaß macht, dass eure Studien zu etwas führen werden, dass es erstrebenswert ist, die Dinge der Welt sinnvoll zu arrangieren. Wenn ihr euch jedoch löst, verblasst das alles und die *Asavas*, die Ausströmungen, hören auf. Dieses Gefühl, die Welt sei wichtig, verschwindet, weil ihr begriffen habt, dass sie euch nichts angeht. Hat sich die Außenwelt einmal verabschiedet, verschwinden auch Vergangenheit, Zukunft und das Denken, und dann kommt eure Meditation richtig in Schwung.

In der Loslösung von der Außenwelt geschieht Meditation ganz einfach. Ihr *macht* das Meditieren nicht, das ist ganz wichtig. Ich höre es gar nicht gern, wenn irgendwo gelehrt wird, man müsse Willenskraft aufbieten, um den Atem zu verfolgen. Bietet lieber Weisheitskraft auf. Weisheit offenbart euch, dass die Welt leidvoll ist, und dann löst ihr euch davon, *Nibbida* geschieht. Es geht gar nicht anders, es geschieht von selbst. Einsicht in das Leiden der Welt und Loslösung – die beiden sind die Basis, zu der ihr immer wieder zurückkommt. Je weiter ihr euch löst, desto leichter wird die Meditation. »Leichter« heißt einfach, dass Meditation schlichtweg geschieht.

Ihr löst euch von der Welt, ihr wendet euch nach innen, und so seid ihr im gegenwärtigen Augenblick. Vielleicht verfolgt ihr den Atem, aber mit tiefem Verständnis löst ihr euch sogar davon. Ihr kontrolliert den Atem nicht, ihr versucht nichts zu ändern. Der Atem strömt von selbst ein und aus, ihr wisst, dass er nicht eure Sache ist. *Nibbida* erfasst auch den Atem und er verblasst. Der Buddha beschrieb das Atemgewahrsein als einen Teil der Körperbetrachtung (MN 118). Wenn ihr also seht, dass der Atem nichts mit euch zu tun hat, wenn ihr euch von ihm löst, schwinden eigentlich die letzten Reste von Körper- und Sinnesbewusstsein. Von da an ist der Weg in die Tiefe frei. Der Körper und die fünf Sinne sind endlich weg und entsprechend tief und wunderbar wird eure Meditation.

Löst euch von den Leiden der Welt, macht euch überhaupt nicht mehr an der Welt zu schaffen, versucht nicht einmal zu bleiben, überlasst alles einfach sich selbst, und ihr werdet das haben, was ihr von Anfang an wolltet: Frieden und Glück. Warum legen sich die Leute auf ihrer Suche nach Glück mit der Welt an? Und ihr – glaubt ihr noch, dass ihr auf diese Art glücklich werden könnt? Da findet ihr nur

Überdruss und Abstumpfung und oft genug Depression. Nur der Weg des *Nibbida* führt zu wahrem Glück. Da seid ihr still und in Frieden, weil einfach so viel verschwunden ist.

Und erst dann wisst ihr, dass das alles von Anfang an nichts als Leid war. Die fünf Sinne sind Leid, die Welt ist Leid. Sprechen und Denken sind Leid. Klöster sind Leid, Regen ist Leid, Studieren ist Leid, alles, was ihr tut, ist Leid. Essen ist Leid. Alles. Wenn ihr euch löst und nach innen wendet, dahin, wo für Mara kein Platz ist, findet ihr Freiheit von Leiden, herrliche Freiheit. Und das ist der Zugang zu den tiefen meditativen Zuständen, die wir *Jhanas* nennen. Ihr erarbeitet euch *Jhana* nicht, sondern ihr löst euch von der Welt. Löst euch vom Denken, von der Welt, vom Körper, und *Jhana* geschieht ganz einfach. Das ist wieder so eine automatische Reaktion, zu der es kommt, wenn ihr erfasst habt, dass alle diese Dinge nicht eure Sache sind.

## Stille

Ich habe mich schon immer bemüht, diesen Körper gesund und fit zu halten. Ich wasche ihn, versorge ihn, lasse ihn ruhen und sich erholen. Aber wenn ich meditiere, sage ich: »Nicht meine Sache.« Ich sitze einfach da und löse mich von allem. Ich bin der Abt, aber wenn ich meditiere, löse ich mich vom Kloster und von allem anderen. In meiner Höhle gibt es nichts, was zu tun wäre. Ich bin nicht mein Körper, nicht meine Vergangenheit oder Zukunft. Ich sitze einfach da und lasse alles verblassen, verschwinden.

Ich löse mich und erlebe *Nibbida* und daraus wird *Viraga. Viraga* wiederum führt zu *Upasama* – Stille, Ruhe, Frieden. Wahrer Frieden, in dem die Außenwelt verschwindet und man absolut still wird, ist herrlich. Der Geist regt sich nicht und kann nicht am Körper oder an Vergangenheit und Zukunft andocken. Er ist regungslos im Raum und regungslos in der Zeit, und in dieser Stille kann alles verblassen und verschwinden. Die Dinge existieren nur, wenn irgendetwas an Bewegung da ist. Die Sinne können die Dinge nur erkennen, wenn sie sich bewegen, sie brauchen Vergleich und Kontrast, um etwas wahrzunehmen. Wo sich nichts regt, lässt die Einförmigkeit alles verblassen: Die Außenwelt schwindet, das Kloster schwindet, Geräusche schwinden, Erinnerungen schwinden, Vergangenheit, Zukunft und das Denken schwinden, der Körper verschwindet.

Wenn der Körper verschwindet und ihr tiefe innere Stille erlebt, ist das ein *Jhana*-Zustand. Im *Jhana* seid ihr von der Außenwelt abgekoppelt, die fünf Sinne sind stumm. Manche sagen, man sei dann der Welt der fünf Sinne »entrückt«. Es ist aber mehr als das. Ihr habt euch so ganz und gar von der Welt gelöst, dass diese Welt endet. Dann wisst ihr, was »verschwinden« bedeutet: Es ist nichts mehr da. Jetzt wisst ihr was Entsagung oder Verzicht wirklich ist. Ihr erteilt der Welt eine Absage, und darin ist so viel Frieden, es ist wunderbar. Ich gebrauche zwar das Wort »Absage«, aber eigentlich passiert gar nichts. Die Loslösung geschieht durch das Verstehen der Welt, *Nibbida* ist die natürliche Folge des Verstehens. Die Dinge schwinden, der Geist hat Stille und Frieden.

Wer diese Stille einmal geschmeckt hat, verfällt ihr. Und so soll es auch sein. Es ist gut so, denn die Sucht des Geistes nach Stille treibt euch tiefer und weiter in Richtung *Nibbana*. Das Haften an der Meditation kann nach den Worten des Buddha nur zu den Stufen der Erleuchtung führen (DN 29). Um das Haften am Loslassen braucht ihr euch keine Sorgen zu machen. Es ist die Lust, die Freude, der Weg der Mönche und Nonnen, ihre Freiheit. Es ist die Sucht, die immer mehr Schwinden und Loslassen erzeugt. *Nibbida* nimmt zu und führt euch von der Welt weg.

Das ist es eigentlich, was den klösterlichen Buddhismus der *Bhikkhus* und *Bhikkhunis* ausmacht. Und jetzt wisst ihr, weshalb wir diesen Weg gehen. Ihr wisst, was es mit diesen erstaunlichen Menschen auf sich hat, die diesen Weg gehen und sich von der Welt lösen und sie verschwinden lassen. Sie sind Stunde für Stunde mit sich allein und nichts fehlt ihnen und schließlich schwindet sogar ihr eigenes Ich. Sie gehen immer weiter und immer tiefer in sich, nicht weil sie sich dort gezielt und aktiv hinbewegen, sondern weil sie sehen, dass die Dinge dieser leidvollen Welt nicht ihre Sache sind. Sie lösen sich, alles wird blasser und blasser und blasser.

## Verstehen

Zum Meditieren müsst ihr euch nicht auf den Atem konzentrieren oder euch bewusst von Vergangenheit und Zukunft lösen oder das Denken still machen. Betrachtet einfach das Leiden, versteht es hier und jetzt in allem und durch alles, was ihr gerade erlebt. In diesem Verstehen werdet ihr feststellen, dass die Welt verschwindet. Die Welt, bisher euer Spielplatz, wird immer mehr an Bedeutung verlieren, es zieht euch nicht mehr auf diesen Spielplatz. Der Spielplatz der Sinne – Vergangenheit und Zukunft, Sex und Träume – verblasst und schwindet. Aber ihr führt dieses Schwinden nicht selbst herbei, sondern es geschieht von selbst, wenn der Geist das Leiden verstanden hat, es ist die natürliche Folge. Alles schwindet und Meditation tritt an die Stelle. Meditation wird nicht *gemacht*, sie geschieht einfach. Es ist ein Weg, eine Route, und es gibt Wegmarken und Wegweiser an dieser Straße des Aufhörens, auf der Reise in die Leere. Das geschieht, wenn ihr euch löst, wenn ihr loslasst.

Das Leiden, sagte der Buddha, muss ganz verstanden werden. Wenn euch Schwierigkeiten und Enttäuschungen begegnen, wenn ihr körperliche oder seelische Schmerzen leidet, dann lehnt sie bitte nicht ab, sondern bemüht euch um Verständnis. Überlasst das nicht einfach sich selbst. Betrachtet es und versteht es so gründlich, dass es verblasst – und ihr begreift, dass es nicht eure Sache ist. Wenn es verblasst, löst sich eure Verstrickung in die Außenwelt, und im gleichen Maße lasst ihr euch auf die Innenwelt ein. Ihr schlagt die Gegenrichtung ein – nicht nach außen in die Welt, sondern nach innen in den eigenen Geist. Schließlich lasst ihr auch vom Geist ab und erlebt das vollkommene Aufhören, *Nibbana*, und danach seid ihr neue *Arahants*. Das wäre eine ganz wunderbare Sache.

# Gegenwart 2

BEI EINEM LANGEN RETREAT müsst ihr sehr behutsam vorgehen. Entspannt euch, seht zu, dass ihr ohne Mühe hineinfindet. Und wenn die Meditation dann ihren Lauf nimmt, kommt ihr nach und nach in eine wunderbar gleichförmige Routine. Ihr lernt es zu genießen, dass ihr den größten Teil des Tages für euch selbst habt.

Es sind geradezu ideale Umstände, es gibt praktisch keine äußeren Hindernisse, und so werdet ihr feststellen, dass euer eigener Geist das größte Hindernis darstellt. Wenn man so viel Zeit für sich hat, können Langeweile, Unruhe, Schläfrigkeit und Frust aufkommen. Wichtig ist unter allen Umständen, dass man diese Zeit der Meditation widmet. Ohne das Alleinsein und die Zeit, in der ihr dem eigenen Geist ausgeliefert seid, würdet ihr nicht darauf kommen, dass diese Hindernisse überhaupt existieren.

## Fürsorgliche Aufmerksamkeit

Achtsamkeit auf den Körper ist hier eine nützliche Meditationstechnik, zumal wenn ihr mit vielem beschäftigt seid. Wenn man einmal aufgestört ist, fällt es oft schwer, wieder zur Ruhe zu kommen. Anstatt dann gleich wieder zu Jetzt-Gewahrsein, Stille, dem Atem, *Metta* oder der Meditation zurückzukehren, bei der ihr gerade wart, setzt euch lieber hin, um auf die Empfindungen und Gefühle im Körper zu achten. Die Ausrichtung der Aufmerksamkeit auf Körperempfindungen kann erleichternd wirken. Das ist auch sehr hilfreich, wenn ihr müde oder krank seid – und gar nicht schwer.

Und wenn diese Übung ganz besonders wirksam sein soll, dann lasst es *fürsorgliche* Aufmerksamkeit sein. Fürsorgliche Aufmerksamkeit ist mehr als bloßes Achtgeben, nämlich ein mildes, mitfühlendes Betrachten. Ihr bemerkt die Empfindungen also nicht nur, sondern geht sanft und freundlich mit ihnen um. Sanfte Freundlichkeit in Verbindung mit Achtsamkeit erleichtert euch den Zugang zu eurem Meditationsobjekt und lässt gelassene Ruhe entstehen. Wenn ihr zum Beispiel Knieschmerzen oder irgendwelche Verspannungen im Körper habt, dann erweitert eure Achtsamkeit um ein bisschen Mitgefühl mit euch selbst, und ihr werdet sehen, dass ihr das Körpergewahrsein dann leichter halten könnt.

Mir hilft dieser Ansatz beispielsweise bei der Meditation im Gehen. Bei dieser Meditation wird mir nach einiger Zeit heiß, und wenn ich mich hinsetze, kommt es vor, dass der Körper müde ist und sich ein bisschen zerschlagen anfühlt. Die Körperempfindungen stehen dann ganz im Vordergrund, sie sind laut, es macht keine Mühe, sich auf sie zu konzentrieren. Da habt ihr ein gutes Meditationsobjekt für den Einstieg; der Geist kann sich daran festhalten und schweift nicht so leicht ab. Es wirkt auch beruhigend auf den Körper, besonders in der Übergangsphase zwischen der aktiven Meditation im Gehen und der inaktiven Meditation im Sitzen. Es unterstützt die Sammlung sehr schön, und so könnt ihr in der Achtsamkeit bleiben.

Aber auch der Schmerz oder die Zerschlagenheit selbst werden sich leichter legen, wenn ihr in der fürsorglichen, mitfühlenden Aufmerksamkeit verweilt. Ich habe es jedenfalls selbst so erlebt, dass Schmerzen oder Unpässlichkeiten des Körpers leichter werden, wenn ich mich ihnen mit fürsorglicher Aufmerksamkeit zuwende. Sie sprechen offenbar nicht nur auf die Zuwendung selbst an, sondern vor allem auf die Freundlichkeit des betrachtenden Blicks. Denkt zum Beispiel an die Rezitationen der Mönche für Kranke. Wenn ihr euch auf diese Menschen ausrichtet und ihnen *Metta* oder Herzensgüte entgegenbringt, scheint das eine positive Wirkung zu haben. Stellt euch vor, was diese *Metta* für euch selbst bewirken kann. Ihr seid euch ja selbst viel näher als jedem anderen, und deshalb kann diese fürsorgliche Aufmerksamkeit, auf den eigenen Körper gerichtet, ungemein viel bewirken. Das kann man in tiefer Meditation, wenn der Geist von besonderer Kraft ist, manchmal direkt verfolgen. Ihr könnt dann einen Schmerz in Freundlichkeit »baden«, und er verschwindet – weil der Geist so stark ist. Lasst eure Aufmerksamkeit einfach fürsorglich und mitfühlend auf der Stelle ruhen, und ihr werdet fast sofort die Wirkung spüren.

Achtsamkeit, mit *Metta* und Mitgefühl verbunden, ist von erstaunlicher Kraft. Setzt also bei allen Retreats, wenn ihr Krankheitsgefühle oder Schmerzen habt – und das nimmt mit den Jahren zu –, die fürsorgliche Aufmerksamkeit ein. Wenn ihr später die Betrachtung des Atems übt, wird euch diese Praxis sehr zustattenkommen.

Wenn ihr euch den Körperempfindungen, die jeweils gerade vorhanden sind, fürsorglich zuwendet, übt ihr eigentlich das »Jetzt-Gewahrsein in der Stille«, wie ich es gern nenne. Ihr beobachtet die Empfindungen des Körpers, und dabei geschieht das stille Gewahrsein des gegenwärtigen Augenblicks ganz von selbst. Über die Empfindungen als solche, angenehm oder schmerzhaft, muss eigentlich nichts gesagt werden. Sie eignen sich deshalb so gut als Meditationsobjekte, die das Denken ruhigstellen, weil sie eben nichts mit Begriffen, mit Sprache, zu tun haben und nicht zu Gesprächen einladen. Ihr nehmt Kontakt zu Empfindungen auf, nicht zu Gedanken, und damit schafft ihr eine Brücke zwischen der Außenwelt und dem stillen Jetzt-Gewahrsein und dann dem Atemgewahrsein.

## Von Kopf bis Fuß

Körperbetrachtung von Kopf bis Fuß ist nach meiner Erfahrung ein gutes Mittel für Leute, die nur schwer zur Ruhe kommen. Ich habe diese Meditation erst kürzlich bei einem Retreat vorgestellt, und die Leute waren begeistert. Es waren hauptsächlich Geschäftsleute in leitenden Positionen, die sehr viel zu tun haben. Sie waren so überdreht, dass für sie eine Übung am besten war, bei der sie etwas tun konnten. Sie sollten einfach alle Körperempfindungen von Kopf bis Fuß oder von Fuß bis Kopf verzeichnen, und das machte sie wirklich ruhiger. Es war eine aktive Meditation, aber ganz auf den Augenblick ausgerichtet. Dabei kann man nicht viel denken, und am Ende des Durchgangs waren sie ganz gut zur Ruhe gekommen – überraschenderweise. Diejenigen, die schon wussten, wie es von da aus weitergeht, konnten wirklich etwas daraus machen, und ich hatte die Freude zu sehen, dass manche erstmals ganz schön in die Meditation hineinkamen.

Es macht den Lehrer immer froh, wenn ein Schüler zum ersten Mal erfasst, was Meditation eigentlich ist. Ich höre es wirklich gern, wenn jemand sagt: »Es war so leicht, und ich konnte mich so gut sammeln. Ich habe nicht einmal mehr etwas gehört. Ich war ganz und gar in mir selbst, und das war schön.« Es kommt vor, dass ich so etwas von Leuten höre, bei denen ich es am wenigsten erwartet hätte. Es ist dann wie ein Wunder – und manchmal geht es von dieser Körpermeditation aus.

Nach dem, was ich an Ergebnissen gesehen habe, möchte ich euch diese Art von Übung ans Herz legen. Sitzt also nicht einfach untätig da, bis ihr einschlaft. Es hat keinen Sinn, euch lediglich Jetzt-Gewahrsein vorzunehmen und dann Gedanken über dies und das ihren Lauf zu lassen. Versucht es mit der Körpermeditation. Dabei geht es nicht darum, die Natur des Körpers zu erfassen – eine solche Körperbetrachtung ist nicht besonders nützlich, solange man noch nicht in der tiefen Meditation ist. Nein, achtet einfach auf die Empfindungen im Körper. Gönnt euch diese Erweiterung eures Meditationsrepertoires, die euch während eines langen Klausurtags zustattenkommen wird.

Wenn ihr verschiedene Meditationsformen beherrscht, langweilt ihr euch nicht so leicht – was erfahrungsgemäß gerade am Beginn eines Retreats vorkommen kann. Mit Techniken wie dieser Körpermeditation kommt ihr besser in das stille Jetzt-Gewahrsein hinein, und dann bekommt die Meditation wirklich Biss und es entsteht eine natürliche Neigung zum gegenwärtigen Augenblick und zur Stille. Je mehr ihr zu etwas neigt, desto eher werdet ihr euch weiter darin trainieren und umso natürlicher wird es dadurch. Genau das meinen wir, wenn wir von Schulung oder Training des Geistes sprechen. So funktioniert es. Es ist wie Tennistraining. Der Trainer schlägt den Ball so lange auf die gleiche Stelle, bis die Vorhand endlich sitzt. Das muss unzählige Male wiederholt werden, und durch immer weitere Wiederholungen wird die Aktion schließlich zur Gewohnheit. So muss auch das stille Jetzt-Gewahrsein sehr oft aufgebaut werden, bis es zur Gewohnheit wird.

## Freude gehört dazu

Wenn ihr ins stille Jetzt-Gewahrsein kommt, wird Meditation eine reine Wonne. Es muss Spaß machen, und diese Freude, dieses Glück, sichert das Interesse an der Sache und gehört zu den ganz wichtigen Meditationserfahrungen. Das hält uns auf dem Kissen und verhindert Langeweile, Unruhe und Gedanken wie: »Oje, noch zweieinhalb Monate übrig von diesem Retreat, wie soll ich das durchstehen?« So etwas passiert nämlich, wenn die Meditation euch kein Glück schenkt. Aber wenn die Freude dann einsetzt, lautet der Gedanke ganz anders: »Oh, herrlich, noch zweieinhalb Monate, wunderbar!«

Freude in der Meditation kommt nicht von Willenanstrengung, man kann sie nicht erzwingen, und sie hat auch nichts mit Vorsätzen oder Erwartungen zu tun. Freude entsteht aus Stille. In der fürsorglichen Aufmerksamkeit auf den Körper entwickelt ihr die Fähigkeit, wirklich mitzubekommen, was ihr tut. Und weil ihr fürsorglich vorgeht, wendet ihr keine Gewalt an. Da kann dann Freude aufkommen.

Mit dieser fürsorglichen Haltung verhindert ihr auch all die Unzufriedenheit, die uns bei der Meditationspraxis so behindern kann. Manchmal werden wir so durch und durch negativ, dass wir denken: »Ich kann das nicht. Es ist hoffnungslos. Die Lehre ist hoffnungslos, die Religion ist hoffnungslos, das Leben ist hoffnungslos.« All dem kann man mit einer fürsorglichen Haltung vorbeugen. Sie macht den Geist offen und mild, und das ist wirklich schön. Sobald ihr merkt, dass ihr die Empfindungen des Körpers mit negativen Gedanken belegt, könnt ihr solche Gedanken mit fürsorglicher Aufmerksamkeit streicheln oder massieren. Das verringert die Gefahr, solche Gedanken zu riesigen Problemen aufzubauschen.

Natürlich ist Aufmerksamkeit ebenso wichtig wie Fürsorglichkeit. Aufmerksamkeit hat die Aufsicht: Ihr verfolgt, was ihr tut, und ihr versteht, wie der Geist agiert. Ohne Achtsamkeit – wenn ihr nur fantasiert oder sogar einschlaft – wisst ihr nicht, was vor sich geht, und vergeudet nur eure Zeit. Eine halbe Stunde gesammelte Meditation, während der ihr wirklich aufpasst, ist besser als stundenlanges dumpfes oder zerfahrenes Sitzen. Wenn ihr euch anhand der Beobachtung der Körperempfindungen wach und bewusst halten könnt, bringt ihr dieses besondere Vermögen des Geistes ins Spiel: Achtsamkeit. Und wenn ihr dann so weit seid, die Phase des Achtgebens auf Körperempfindungen hinter euch zu lassen, ist die Achtsamkeit schon stark und zugespitzt, sie steht euch zur Verfügung für das, was jetzt anschließt, nämlich die Ausrichtung auf den gegenwärtigen Augenblick oder die Stille.

Achtsamkeit beobachtet den Atem. Wenn die Aufmerksamkeit abwandern will, merkt ihr es und könnt sie zurückholen. Das bezeichne ich als die »Türhüterfunktion« der Achtsamkeit. Der Türhüter achtet auf mögliche Feinde. Er lässt nur das ein, was eingeladen ist. In den Suttas finden wir das Gleichnis vom Torwächter (zum Beispiel AN 7,67): Der Torwächter der Stadt hat genaue Anweisungen, wen er als Freund einlassen darf und wer als Feind abgewiesen werden muss. Wenn der Torwächter nur halbwegs wach ist, nützen natürlich die besten Anweisungen nichts. Und wenn er hellwach ist, aber das Kommen und Gehen der zwielichtigen

Gestalten lediglich genau beobachtet, ist das auch nicht viel wert. Er muss also sowohl wach sein als auch seine Anweisungen genau vor Augen haben. Und so auch die Achtsamkeit: Sie muss sehr genau mitbekommen, was vor sich geht, und sie muss jederzeit wissen, wohin sie ihr Augenmerk zu lenken hat. Es ist, als würdet ihr von jemandem beschattet, der alles genau verfolgt. Wenn die Achtsamkeit merkt, dass ihr nicht gut aufpasst oder sogar abdriftet, kann sie eingreifen und euch darauf aufmerksam machen. Das bezeichnen wir als die Eigenschaft oder Kraft *(Indriya)* der Achtsamkeit *(Sati)*, und die gilt es aufzubauen.

Es kann beim Meditieren vorkommen, dass ihr einschlaft, vor allem dann, wenn ihr zu viel gegessen habt oder zu viel zu tun hattet. Außerdem hat der Körper auch seine Zyklen – viel Energie, wenig Energie. Manchmal ist man einfach müde, nichts weiter. Wenn noch nicht Schlafenszeit ist, dann bleibt einfach sitzen und schließt Frieden mit der Müdigkeit. Mag sein, dass ihr nicht übermäßig achtsam seid, aber kämpft wenigstens nicht gegen die Müdigkeit an. Wenn ihr einfach dasitzt, ohne zu kämpfen, vergeudet ihr wenigstens keine Energie an Sachen, die es nicht wert sind. Ihr macht vielmehr das Herz auf, ihr geht freundlich mit eurer Müdigkeit um, und dann stehen die Chancen gut, dass sie vergeht.

Müdigkeit besteht vielleicht zum Teil einfach aus Trägheit. Es gibt aber einen wichtigen Unterschied zwischen bloßer Trägheit und echter Müdigkeit. In dumpfer Trägheit baut ihre keine Achtsamkeit auf, sondern drückt euch nur. Aber wer ein bisschen Weisheit besitzt, der weiß, dass das kein wirklich befriedigender Ausweg ist – dumpfe Trägheit fühlt sich nicht gerade gut an. Tut euch das nicht an, baut lieber Achtsamkeit auf, zum Beispiel durch die beschriebene Körperbetrachtung. Mit mehr Achtsamkeit fühlt ihr euch einfach besser, und dann wendet ihr euch diesem Augenblick zu, der Stille, dem Atem, kurzum, ihr könnt meditieren. Wenn ihr meditieren könnt, gewinnt ihr Selbstvertrauen und fühlt euch gut. Gerade wenn man mit dem Meditieren anfängt, ist es wichtig zu wissen: Ja, ich *kann* meditieren, ich *kann* es. Und wenn ihr sicher seid, dass ihr es könnt, bekommt ihr Auftrieb und Antrieb und werdet bereit, weiter in die Tiefe zu gehen.

Der schlimmste und schwierigste Teil einer Meditation kann der Anfang sein, also die Phase vor dem vollen und beglückenden Atemgewahrsein, bevor das einsetzt, was ich gern den »schönen Atem« nenne. Dieser erste Teil kann einem langweilig und uninteressant erscheinen. Manchmal ist das Schwerarbeit, frustrierende Arbeit. Aber wenn ihr zum schönen Atem kommt, dem Dreh- und Angelpunkt einer Meditation, seid ihr in voller Fahrt. Setzt euch also für den Anfang das Ziel, dieses Stadium zu erreichen – und traut es euch zu! Wenn ihr das erreicht habt, ist der Lehrer nicht mehr gar so wichtig. Von jetzt an braucht ihr ihn nur noch für eine genaue Anleitung zur weiteren Vertiefung eurer Meditation. Ihr lernt von da an schnell, einfach weil ihr gern meditiert und interessiert seid. Ihr findet es faszinierend, wie Meditation wirkt, sie wird wie ein Hobby, von dem man nicht genug bekommen kann. Sie macht Spaß.

Achtsamkeit ist nicht nur bei der Meditation wichtig, sondern sollte den ganzen Tag geübt werden. Versucht zum Beispiel beim Essen achtsam zu verfolgen, was ihr tut. Dabei muss nichts geredet oder gedacht werden. Am besten, man konzentriert sich immer nur auf einen Löffel voll. Wenn ihr einen Happen im Mund habt, nehmt nicht schon den nächsten auf den Löffel, wie es die meisten tun, sondern bleibt ganz bei dem, was ihr gerade kaut. Nehmt auf die Toilette kein Buch mit, sondern bleibt ganz bei dem, was ihr da zu tun habt: ausscheiden. Wenn ihr das übt und bei allen gewöhnlichen Dingen des Tages achtsam bleibt, habt ihr es bei der eigentlichen Meditation viel leichter, achtsam beim Körper und schließlich beim Atem zu sein. Durch diese Praxis baut ihr etwas auf, was die Meditation leichter Fuß fassen lässt. Langsam, langsam trainiert ihr die »Muskeln« des Geistes, etwa Freundlichkeit und Bewusstheit. Das Meditieren wird einfacher, ihr setzt euch nur hin, und der Geist kommt zur Ruhe.

## Probleme abkühlen lassen

Ein ruhiger Geist ist etwas Schönes, eine wunderbare Sache. Wenn der Geist voller Gedanken ist und herumstreunt, beißt er sich früher oder später an etwas Negativem fest. Im Denken positiv zu bleiben ist wirklich schwierig; das Denken hat einfach diesen Hang, etwas zu bemängeln und ins Negative abzugleiten. Ihr wisst ja selbst, wie sich längere Gespräche entwickeln. Anfangs spricht man vielleicht über höhere Dinge, aber irgendwann kommt die Wendung ins Negative. Beim Denken ist es das Gleiche, achtet also gut darauf.

Je stiller ihr werdet, desto glücklicher seid ihr. Setzt also alles daran, die Dinge zu beruhigen. Vergesst euer Mitgefühl nicht, auch Mitgefühl wirkt beruhigend. Freundlichkeit und Mitgefühl glätten alles Aufgewühlte: Probleme legen sich, Kränkungen verlieren ihren Schmerz. Freundlichkeit beruhigt, weil sie etwas von *Samatha* hat, vom Stillwerden und Befrieden der Dinge. Ganz besonders beruhigt sie den Körper; wenn man den Körperempfindungen fürsorgliche Aufmerksamkeit schenkt, kehrt Ruhe ein, und dann kann es sein, dass Schmerzen in den Muskeln und Gelenken verschwinden und sogar die Unruhe nachlässt. Auch für den Geist gilt: Wenn ihr ihm in Form von fürsorglicher Aufmerksamkeit Freundlichkeit und Mitgefühl schenkt, ist er eher geneigt, ruhig zu werden und sich von Schwierigkeiten und Beklemmungen nicht so umtreiben zu lassen. Fürsorgliche Aufmerksamkeit sagt: »Ah, lass nur, es wird schon. Du brauchst dir um diese Sachen keine Sorgen zu machen, es ist alles in Ordnung.« Ihr lasst Ruhe einkehren, und in dieser Ruhe tyrannisiert euch das Denken nicht mehr, der Schmerz des negativen Denkens bleibt euch erspart.

Mit einer negativen Haltung ist ganz schwer zu leben. Aber es steht euch jederzeit frei, euren Geist vom Negativen, vom Kritteln, von Ärger, Leid, Kränkung und Depression wegzusteuern und auf etwas anderes zu richten, was friedlich, ruhig und voll Energie ist. Tut es mit fürsorglicher Aufmerksamkeit, mit echtem Interesse am gegenwärtigen Augenblick, und es wird sich zeigen, dass dieser Augenblick gar nicht so schlecht ist. Wenn ihr den Leuten zulächelt, lächeln sie zurück, und wenn sie euch etwas bedeuten, ist das meist auch umgekehrt so. Kurz, nehmt diesen Augenblick wichtig, und er wird viel netter.

Unsere Geistesverfassung geht in alles ein, womit wir uns beschäftigen – und das sehen wir dann in den Dingen. Wenn du negativ bist, sieht irgendwie alles schlimm und finster aus, und natürlich ist es dann schwer, im Augenblick zu bleiben, wenn er so gar nichts Verlockendes hat. Aber das hat nichts mit dem Augenblick selbst zu tun, sondern nur mit der Art deiner Beziehung zu ihm. Was den gegenwärtigen Augenblick in einen schönen Augenblick verwandelt, bei dem man gern bleibt, ist die fürsorgliche Seite der fürsorglichen Aufmerksamkeit. Wenn es euch hier und jetzt gut geht, habt ihr keinen Anlass, in Vergangenheit, Zukunft oder allgemeine Unruhe auszuweichen. Mit der Stille ist es genauso. Wenn euch die Stille des Geistes am Herzen liegt – die Leere, der Raum zwischen den Welten –, wird sie schön. Und weil sie schön ist und euch viel bedeutet, bleibt ihr gern. Eure Meditation nimmt Fahrt auf, ihr erreicht etwas. Es fühlt sich so gut an. Ihr spürt: »Donnerwetter, ich kann wirklich meditieren!«

## Mühelosigkeit

Meditiert nie, um etwas damit zu erreichen. Wir möchten immer Resultate sehen, wir wollen erleben, dass etwas passiert – aber eben dieses Wollen verhindert es. Übt stattdessen einfach mit fürsorglicher Aufmerksamkeit, denn damit schafft ihr die Voraussetzungen, und die Resultate kommen dann von selbst. Sie können als positive Verstärkung wirken und geben euch die Sicherheit, dass Meditation wirklich etwas bewirkt und dass ihr wirklich meditieren könnt. Das fühlt sich richtig gut an – etwas Großes, Wunderbares, Schönes und Befriedigendes –, und ihr spürt einfach, dass ihr Fortschritte macht. Fortschritt tut gut, und das gute Gefühl erlaubt weiteren Fortschritt – es verstärkt sich selbst.

Fürsorgliche Aufmerksamkeit ist das, was euch zum Jetzt-Gewahrsein und zur Atemmeditation befähigt. Ihr seid in der Lage, den Atem über lange Strecken zu verfolgen, und ihr wisst, was euch dazu befähigt. So etwas kann nicht vom Willen herbeigeführt werden, sondern es geschieht durch Achtsamkeit und Zuwendung, geleitet von eurem Verständnis dieses Ablaufs. Der Atem ist euch wichtig, ihr begegnet ihm und euch selbst freundlich und achtsam. Dann ist es angenehm und einfach, beim Atem zu bleiben.

Die Qualität des Atems ist ein guter Hinweis auf die Geistesverfassung. Wenn ihr angespannt seid, ist auch die Atmung verkrampft. Wenn ihr euch ärgert, wird der Atem flach und schnell. Wenn ein Mann ein Mädchen sieht, kann es sein, dass es ihm den Atem verschlägt. Alle Emotionen – Lüsternheit, Böswilligkeit, Ärger – wirken sich auf den Atem aus. Und wenn ihr den Atem mit fürsorglicher Aufmerksamkeit verfolgt, wird die Meditation um vieles leichter. Seid freundlich zum Atem, und ihr bekommt dafür einen freundlichen Atem. Lächelt dem Atem zu, und der Atem lächelt zurück und wird angenehm.

Mit dem Erreichen des angenehmen Atems kommt ihr richtig in Schwung. Der Atem wird so erfreulich, dass ihr ihn einfach immer weiter betrachten möchtet. Ihr habt das vielleicht schon oft gehört, womöglich bis zum Überdruss, aber jetzt seid ihr endlich selbst da. Frieden kehrt ein, und die Aussicht auf ein langes Retreat schreckt euch nicht mehr – es ist eher wie die Aussicht auf Urlaub. Die Meditation baut sich auf, sie wächst und gedeiht, und ihr erlebt eine ganz wunderbare Zeit. Je länger ihr das Ein und Aus des Atems verfolgt, desto tiefer werden Stille und Frieden. Denkt daran, dass es bei der Meditation vor allem darum geht, den Geist ruhig und still werden zu lassen.

Rechnet in diesem Stadium noch nicht mit Einsichten. Lasst euch nicht auf Gedanken ein, versucht nicht, die Dinge zu verstehen. Erfasst die Stille – nur dieses Eine. Die großen Denker der Welt mögen wohl denken können, aber sie besitzen nicht unbedingt das tiefe Verstehen. Nur wenige sind in der Lage, Stille und Frieden des Geistes zu schaffen. Seht zu, dass ihr zu diesen wenigen gehört. Wie viel Stille des Geistes könnt ihr erzeugen oder vielmehr zulassen? Legt es darauf an. Ein wirklich ruhiger Geist ist so still, dass so gut wie nichts in ihm vorgeht. Lasst euch nicht abschrecken, wenn euch die Stille zunächst nichtssagend erscheint. Das Nichtssagende verschwindet bald, und dann ist die Stille bebend lebendig, voller Kraft und Energie. Die stille Energie – auf die seid ihr aus! In tiefer Meditation regt sich absolut nichts mehr, und doch habt ihr mehr Energie als ein Kernkraftwerk.

Es ist eine Praxis, die in Schritten vor sich geht. Je weniger der denkende Verstand tut, desto mehr Energie hat der Geist, und die Achtsamkeit gewinnt immer mehr an Kraft. Diese Kraft bringt große Helligkeit mit sich – natürliche Hinwendung, verbunden mit energetischer Helle und Klarheit. Darin seid ihr ebenso glücklich wie mitfühlend, und dann ist es nicht schwierig, tief in die Meditation des schönen Atems einzutauchen. Ihr seid über den Umschlagpunkt hinaus, das »Klettern« ist vorbei. Ihr müsst keine Mühe mehr aufwenden, Meditation geschieht wie von selbst, weil ihr mehr und mehr loslasst. In diesem Stadium ist die Fähigkeit, den Denker, den Kontrolleur, den Macher loszulassen, alles entscheidend. Probiert es aus und seht zu, was passiert.

## Den Buddha verstehen

Wenn ihr in den Suttas nachlest, was der Buddha gesagt hat, werdet ihr sehen, dass seine Beschreibungen mit euren Erfahrungen übereinstimmen. Dann seid ihr echte Buddhisten, nicht nur in einem oberflächlichen oder intellektuellen Sinne. Ihr versteht, was der Buddha lehrte und wie er lebte: wie er Geist und Denken so ruhig, so still machte, dass Frieden und höchstes Glück Raum greifen konnten. Eine Praxis dieser Art schlägt sich in eurer Gesundheit, eurer Einstellung, eurem Leben nieder. Ihr werdet glücklichere Menschen, die mehr ausrichten. Und irgendwann werdet ihr das, was ihr durch eure Praxis gewonnen habt – Energie, Weisheit, Mitgefühl, Verständnis und Erfahrung –, weitergeben können. Dann werdet ihr Lehrer oder lehrt vielleicht einfach durch das Vorbild, das ihr gebt. Was es auch sei, es lohnt sich wirklich.

# 3 Der Weg in die Achtsamkeit

Für unsere Meditationspraxis wie für unser tägliches Leben gehört Achtsamkeit zu den besonders wichtigen Dingen, die es zu verstehen und aufzubauen gilt. Ohne Achtsamkeit seid ihr auf dem Kissen oder auf eurem Pfad bei der Meditation im Gehen eigentlich steuerlos. Wenn niemand steuert, kurvt das Vehikel nur so herum und kracht vielleicht gegen etwas oder kommt von der Straße ab.

Der Buddha stellte die Achtsamkeit als eine übergeordnete Steuerfunktion dar. Sie muss unbedingt aufgebaut werden, denn ohne sie hat man keine Chance, in die Stille zu kommen. Vor vielen Jahren, als ich selbst noch unerfahren in der Meditation war, konnte am Beginn der Meditation eine halbe Stunde vergehen, bis ich überhaupt merkte, was los war. Die Achtsamkeit war bei mir noch nicht weit genug entwickelt, weshalb ich leicht in alte Gewohnheiten zurückfiel und schläfrig wurde oder mich langweilte. Es gibt gegen die Rückkehr dieser alten Gewohnheiten nichts Besseres als Achtsamkeit.

Man muss dazu nicht nur bewusst und wach sein, sondern auch wissen, was zu tun ist. Ihr braucht Anleitung und überdies die Neigung und den Willen, das Erforderliche zu tun. Es ist wichtig, dass ihr dazu motiviert seid, denn wenn euch gar nicht nach Schulung des Geistes ist, wird sie auch nicht passieren. Aber wenn Achtsamkeit, Verständnis der Anleitung und Motivation gegeben sind, stehen die Chancen gut, dass ihr mit eurer Meditation etwas erreicht.

## Was ist Achtsamkeit?

Achtsamkeit aufbauen und pflegen – das setzt voraus, dass ihr wisst, was das überhaupt ist. Es bestehen zahlreiche Vorstellungen von Achtsamkeit, aber machen wir uns klar, dass sie sich aus vielen Eigenschaften und Vermögen zusammensetzt. Sie kann im Laufe eines Tages ganz verschiedene Gesichter haben, mal eher trüb wie ein Nebel, in dem man nicht deutlich sieht, dann wieder klar und wach wie ein hell erleuchtetes Zimmer. Wenn ihr tiefe Meditation erlebt habt, dann wisst ihr, was für eine Kraft Achtsamkeit haben kann. Es gibt sie wirklich, scharfe, durchdringende Achtsamkeit, und das ist es, was wir heranbilden müssen. Schulung des Geistes ist der Weg dazu.

Im letzten Kapitel war von Achtsamkeit auf den Körper die Rede. Diese Achtsamkeit ist ein relativ leichter erster Schritt, der sich als ein nützlicher Nebeneffekt positiv auf die Gesundheit auswirken kann. Man hält sich an die Körperempfindungen, und je mehr Empfindungen da sind, desto leichter ist es, Achtsamkeit zu entwickeln. Aber das Bild ist hier sehr vielfältig, weshalb die Achtsamkeit nicht wirklich stark werden kann, denn dazu braucht man einfache und scharf umrissene Betrachtungsobjekte. Achtsamkeit wird ähnlich wie ein Baum herangezogen. Erst hat man einen Keim und einen kleinen Schössling, aber schließlich steht ein gewaltiger Baum da, stark und widerstandsfähig. So fangen wir auch mit gewöhnlicher Achtsamkeit an und lassen sie wachsen, bis sie groß und stark ist.

Denkt immer daran, dass Achtsamkeit eigentlich nur im gegenwärtigen Augenblick existieren kann und einen stillen Geist braucht. Bewusstheit Augenblick für Augenblick, das muss euer Ziel für den Anfang sein. Benennt die Dinge nicht. Wenn ihr etwas benennt, nehmt ihr nicht die Sache selbst wahr, sondern nur die Bezeichnung. Leider ist es im westlichen Ausbildungssystem so, dass wir vor allem lernen, alle Dinge zu benennen. Wer durch diese Gehirnwäsche gegangen ist, sieht die Dinge nicht mehr so, wie sie wirklich sind, sondern achtet nur auf die Worte, mit denen sie beschrieben werden. Achtsamkeit kommt dann nicht wirklich zum Zug.

## Wie können wir achtsam werden?

Wenn ihr euch Jetzt-Gewahrsein und Stille als wichtige Ziele gesetzt habt, werdet ihr feststellen, dass eure Achtsamkeit zunimmt, dass ihr klarer und bewusster werdet und die Dinge tiefer erfasst. Ihr wacht auf. Aber das verlangt Training. Es gibt Tricks, deren ihr euch bedienen könnt. Fragt euch: »Wo bin ich?«, »Was tue ich?«, »Worauf will ich hinaus?« Unsere Meditation im Gehen damals in Thailand im Wat Pah Pong ist ein schönes Beispiel für dieses Vorgehen. Ajahn Chah hat es uns vorher immer eingeschärft: Macht euch klar, dass ihr jetzt an diesem Ende des Meditationspfads seid. Wenn ihr drüben ankommt, seid euch bewusst, dass ihr am anderen Ende seid. Dann schaltet am Anfang und Ende eines bestimmten Abschnitts der gesamten Pfadlänge auf Achtsamkeit um. Selbst wenn die Achtsamkeit irgendwo auf diesem Abschnitt doch wieder abschweift, seid ihr wenigstens sicher, dass ihr den Geist am Anfang und am Ende des Abschnitts in die Gegenwart zurückholt. Das baut man auf, bis man über die gesamte Strecke achtsam bleiben kann.

Diese Form der Achtsamkeit ist sehr nützlich, weil man sich darauf einstellt, sowohl aktiv als auch achtsam zu sein. Von da aus kann man die Achtsamkeit zum Beispiel auf das Essen oder auf den Abwasch in der Küche ausdehnen. Du bist dann wirklich bei dem, was du tust, und willst es nicht bloß hinter dich bringen, während du eigentlich an etwas anderes denkst. Achtsamkeit entsteht dadurch, dass du hundert Prozent Aufmerksamkeit in das legst, was du jeweils tust – ohne an das zu denken, was als Nächstes dran ist.

Mit dieser Art des Trainings – alles in den Augenblick legen – baust du Aufmerksamkeitsenergie für das Jetzt auf. Wenn du einen Brief schreibst, sammelst du dich mit ganzer Kraft auf das Schreiben dieses Briefs. Wenn du in deiner Hütte meditierst, sammelst du dich mit ganzer Kraft darauf. Du richtest deine Aufmerksamkeitsenergie immer nur auf eine Sache, dadurch verschwimmt sie nicht in Richtung des nächsten Vorhabens. Wenn etwas fertig ist, wende dich gleich davon ab; lass die Dinge nicht ineinanderfließen.

Wenn du dich zum Meditieren hinsetzt, ist nur noch Meditation dran. Wenn du zur Toilette gehst, ist nur das dran. Wenn du dir die Zähne putzt, geschieht nichts als Zähneputzen. Leg in alles, das du tust, deine gesamte Aufmerksamkeit. Das ist keine Zeitverschwendung; es ist auch keine vorbereitende Übung.

Wenn ihr euch ganz auf diesen Augenblick sammelt, bildet ihr Achtsamkeit heran. Achtet auf innere Gespräche, versucht sie gleich abzufangen, bemüht euch um Augenblicke der Stille, die ihr dann ausweiten könnt. So werdet ihr immer besser in der Lage sein, einfach nur hier zu sein, aufmerksam und bewusst. Ihr bleibt im Augenblick, ihr geht sonst nirgendwohin, ihr lasst euch nicht auf Zukunftsgedanken ein. Der Geist ist still, und da ihr gar nichts tut, als hier zu sein, könnt ihr das, was gerade geschieht, wirklich aufnehmen.

Passiv und empfänglich zu sein – das beschreibt die Achtsamkeit nicht nur sehr gut, sondern ist auch das Rezept für ihre Vertiefung. Es gehört zum Wesen der Achtsamkeit, dass sie ihre Dichte und Energie aus der Stille bezieht. Je stiller ihr werdet, desto tiefer und kerniger wird eure Achtsamkeit. Wenn ihr das Denken ausklingen lasst und die Dinge nicht mehr benennt, kommen die Regungen des Geistes größtenteils zum Erliegen. Das schafft die Stille, in der energiereiche Achtsamkeit wachsen kann. Deshalb haben diese Zeiten, in denen wenig inneres Gespräch stattfindet, etwas so Kraftvolles.

Mit zugespitzter Achtsamkeit könnt ihr Gedanken abfangen, sobald sie sich abzeichnen und noch leicht anzuhalten sind. Seid ihr erst einmal in die Fantasien, Gespräche und Planungen eingetaucht, bekommt der Denkprozess seinen eigenen Schwung und ist schwer wieder anzuhalten. Das ist wie bei einem Zug. Ein Zug ist schwer, aber wenn er gerade erst angefahren ist, kann man ihn relativ leicht wieder bremsen, weil er noch nicht richtig in Fahrt ist. Aber wenn er erst einmal hundert Sachen drauf hat, müssen große Kräfte aufgewendet werden, um ihn abzubremsen, einfach weil eine solche Masse bei dieser Geschwindigkeit eine ungeheure Wucht und Energie besitzt. Lasst also euer Denken gar nicht erst in Schwung kommen, bremst es aus, bevor es richtig Fahrt aufnimmt. Wenn ihr die Gedanken immer gleich anhaltet, wird die Achtsamkeit nicht verstreut, sondern kann dichter werden und zunehmen.

Der Anfang ist bei der Achtsamkeit der schwierigste Teil. Ihr wisst eigentlich nicht, was zu tun ist, ihr seht nicht klar. Wenn die Achtsamkeit dann in Gang kommt, seid ihr bewusster und wacher, und da ihr dann eher mitbekommt, was gerade los ist, tut ihr euch leichter, das Denken anzuhalten und im gegenwärtigen Augenblick zu bleiben. So geht es einem in einem sehr dunklen Raum. Erst sieht man nicht genug, um auch nur den Lichtschalter zu finden. Aber wenn die Augen dann ein bisschen erkennen, sieht man den Schalter und kann Licht machen. Achtsamkeit und Bewusstheit sind das Licht des Geistes.

Wenn ihr also achtsam werden wollt, legt ihr eure Energie in den Augenblick und entwickelt Jetzt-Gewahrsein. Versucht sehr still zu bleiben und es auch im Verlauf des Tages so gut es geht zu bleiben. Je besser es euch gelingt, im gegenwärtigen Augenblick zu bleiben, desto stärker wird eure Achtsamkeit. Das ist wie das Aufwachen am Morgen. Zuerst seid ihr noch ein bisschen dumpf, aber dann werdet ihr ganz bewusst, seid voller Energie und bekommt genau mit, was los ist. Wenn im Laufe eines Retreats eure Bewusstheit zunimmt, könnt ihr zusehen, wie die morgendliche Duseligkeit immer mehr abnimmt. Bewusstheit ist da, wenn ihr schlafen geht, und sie ist da, wenn ihr aufwacht. Es ist wirklich eine schöne Sache, selbst zu verfolgen, wie die Achtsamkeit Stunde für Stunde und Tag für Tag klarer und schärfer wird, wenn wir alle Aktivitäten und Gespräche zurückfahren und die Meditation immer mehr Raum einnehmen lassen.

## Sich auf die Betrachtung des Atems einstimmen

Sobald eure Achtsamkeit stärker wird, erkennt ihr eure Blockaden leichter und all die schlechten Gewohnheiten, die euch normalerweise an der Nase herumführen. Ihr seht auch die Dummheiten, auf die ihr euch immer wieder einlasst, etwa dass ihr euch über andere ärgert. All das kann auch hochkommen, wenn man achtsam ist, aber dann sieht man es wenigstens gleich. Ihr seht diese Zustände kommen, ihr seht ihre Folgen. Ihr könnt sehen, was ihr euch selbst und anderen damit antut. Wenn ihr diese Gewohnheiten erkannt habt und wisst, dass sie Schmerz und Leid verursachen, wächst in euch der Antrieb, sie zu beenden.

Nicht nur das Problem wird dann erkennbar, sondern auch die Lösung: Beherrschung, Zurückhaltung. Das wird durch Achtsamkeit möglich. Ohne Achtsamkeit mögt ihr euch zwar Beherrschung wünschen, aber ihr scheitert dabei, weil ihr eigentlich im Dunkeln tappt. Mit Achtsamkeit kommt man den Hindernissen und Verunreinigungen viel leichter auf die Spur. Und dann fängt eure Meditationspraxis eigentlich erst richtig an.

Solange ich schon Atemmeditation lehre, fällt mir immer wieder auf, dass viele zu früh mit der Betrachtung des Atems anfangen. Wenn ihr noch nicht wirklich zur Ruhe gekommen und achtsam genug seid, könnt ihr nur unter Aufbietung von Willenskraft beim Atem bleiben, und das hält niemand lange durch. Ihr verfolgt den Atem, aber dann fangt ihr an zu dösen oder schlaft ein, weil der Geist einfach noch nicht so weit ist. Nur wenn die Achtsamkeit eine gewisse Klarheit gewonnen hat, wird es einfach, den Atem zu verfolgen, und erst dann geht die eigentliche Meditation los.

Ich meditiere schon so lange, dass ich meinen Geist gut genug kenne, um zu wissen, was er braucht. Die Achtsamkeit muss aufgebaut und poliert werden, bevor irgendetwas anderes geschehen kann. Wenn der Zeitpunkt falsch gewählt und die Achtsamkeit nicht scharf genug ist, werde ich nicht beim Atem bleiben können, so viel weiß ich. Dann muss ich erst einmal mehr für meine Achtsamkeit tun, richtig wach werden und für ein bisschen Freude sorgen. Ich muss Energie aufbauen und mich still auf den Augenblick sammeln. Ich weiß einfach: Wenn Stille, Jetzt-Gewahrsein und Achtsamkeit stark genug sind, ist es kein Problem, beim Atem zu bleiben. Ich trage meinem Geist einfach auf, beim Atem zu bleiben, und er tut es mit Vergnügen.

Nach den Worten des Anapanasati-Sutta (MN 118) muss ein Meditierender zuerst und »vor allem« für Achtsamkeit sorgen. So übersetze ich für mich das Pali-Wort *parimukha*, das wörtlich »vornan« bedeutet. Wenn man etwas »vornan« stellt, macht man es zu etwas besonders Wichtigem. Sorgt also vor der Atembetrachtung vor allem erst einmal für Achtsamkeit. Macht sie wichtiger als alles Übrige – hellwach und bewusst. Körperbetrachtung, Körpergewahrsein, Meditation im Gehen – bei all diesen Dingen geht es um Stärkung der Achtsamkeit. Sie muss ein bestimmtes Maß an Klarheit und Wachheit erreicht haben, wenn die Sammlung auf ein bestimmtes Objekt gelingen soll.

## Verunreinigungen überwinden

Ihr müsst aber nicht nur wach sein, sondern auch wissen, wohin das Bewusstsein zu richten ist. Ihr müsst lernen, zur richtigen Zeit auf die richtige Sache zu achten. Wenn es mit der Betrachtung des Atems nicht klappt, dann fragt euch, *wie* ihr es macht. Manchmal ist man versucht, die Atembetrachtung willentlich zu steuern, womit natürlich im Grunde Erwartungen und Forderungen verbunden sind. Und genau da liegt das Problem: im *Wie* der Atembetrachtung.

Hier ist ein gewisses Grundverständnis der Hindernisse und Verunreinigungen nützlich. Nach meiner Erfahrung ist es am besten, die Hindernisse und Verunreinigungen in dem Raum zwischen dem Betrachter und dem betrachteten Objekt anzusiedeln. Die Hindernisse liegen nicht im Atem und nicht im Bewusstsein, sondern genau dazwischen. Schaut euch diesen Zwischenraum an und versucht zu erfassen, wie ihr den Atem betrachtet. Macht euch klar, wie die fünf Hindernisse daran beteiligt sind: Verlangen, Widerwille, Unruhe, Dumpfheit oder Zweifel. Am Beginn der Meditation ist das wichtiger als die Betrachtung des Atems selbst.

Wenn ich beim Meditieren Anzeichen von Hindernissen und Verunreinigungen entdecke – etwa weil ich mir den schönen Atem wünsche oder ein *Nimitta*, dieses wunderschöne Licht eines stillen Geistes –, dann horche ich auf. Achtsamkeit entdeckt diesen Wunsch und weiß, dass er nur Schwierigkeiten machen wird, weil er Frieden und Stille hintertreibt. Wenn man das sieht, kann man es auch anhalten.

Wenn euch der Atem nicht befriedigt, werdet ihr euch etwas Interessanteres oder Angenehmeres wünschen, Fantasien oder eine Tasse Kaffee. Wenn man nicht zufrieden ist, möchte der Geist abwandern, das ist ganz natürlich. Stellt also dieses Übelwollen ab. Sagt euch: »Ich hege kein Übelwollen gegen diesen Atem, auch wenn er sich etwas unangenehm anfühlt. Das ist in Ordnung so, so ist er eben.« Lasst ihn ein Weilchen in Ruhe. Alle Meditationsobjekte sind am Beginn der Meditation ein wenig unbehaglich. Das ist ihre Natur. Wenn ihr das erkannt habt, lasst ihr es gut sein.

Bei natürlichen Übergängen von einer Meditationsphase zur nächsten – etwa vom Atem zum schönen Atem oder vom schönen Atem zum *Nimitta* – kann es sein, dass das neue Meditationsobjekt zunächst nicht sonderlich attraktiv wirkt. Dann denkt ihr: »Soll ich vielleicht lieber zum gewöhnlichen Atem zurückgehen?« Vielleicht fühlt ihr euch so wohl, so friedlich im schönen Atem, aber dann kommt dieses große helle Licht, ein *Nimitta*, und stört eigentlich ein bisschen. Da ist es gut zu wissen, dass jeder Übergang anfangs ein wenig Unruhe stiftet. Man übt Geduld, man lässt sich darauf ein, bis die Dinge wieder zur Ruhe kommen. Selbst wenn ein Meditationsobjekt etwas Unangenehmes hat, könnt ihr mit genügend Achtsamkeit euer Unbehagen oder Übelwollen hinter euch bringen, bis Freundlichkeit, Sanftmut und Loslassen überwiegen. Das sind übrigens die drei Dinge, die ich immer in den Raum zwischen mir und dem Objekt stelle.

## Meditations-Kamma

Bei dieser Art zu üben konzentriert ihr euch auf den Raum zwischen dem Betrachter und seinem Objekt, und in diesen Raum legt ihr diese drei Dinge, die drei Aspekte des *Samma-sankappa* (»rechtes Denken« oder »rechte Absicht«): Loslassen, Freundlichkeit und Sanftmut. Ihr wollt nichts gewinnen und ihr hegt gegen nichts ein Übelwollen. Ihr legt Sanftmut in den Raum zwischen euch und dem Objekt, keine Gewaltanwendung, nichts Aggressives. Wenn ihr diese drei Qualitäten in den Zwischenraum legt und achtsam dafür sorgt, dass sie dort bleiben, kehrt Frieden ein und der Atem kann störungslos fließen.

Ich bezeichne das manchmal als *Kamma*-Achtsamkeit, denn eigentlich handelt es sich bei dem, was ihr in den Zwischenraum legt, um das *Kamma*, das ihr jetzt gerade erzeugt. Wenn ihr bei der Ausrichtung auf euer Meditationsobjekt etwas bekommen oder loswerden wollt, erzeugt ihr ein aufgewühltes *Kamma*, das in der Zukunft ungute Auswirkungen haben wird. Legt ihr dagegen Loslassen, Freundlichkeit und Sanftmut in den Zwischenraum, so entsteht dadurch besonders reines und schönes *Kamma*. Und das hat seine ebenso schönen Auswirkungen. Deshalb ist es ratsam, mit jedem Augenblick in Frieden zu sein und mit jedem Augenblick freundlich und sanft umzugehen, und zwar in jeder Art von Erfahrung. Und wenn ihr im gegenwärtigen Augenblick gutes *Kamma* erzeugt, stellt sich Frieden ein, die Meditation wird tief und wunderbar. Der Atem wird ruhig und gleichmäßig, der Geist wird schöner Geist. Das ist so, weil ihr auf den Charakter eurer Bewusstheit achtet und nicht so sehr auf ihren Gegenstand.

Wir könnten auch sagen, dass Achtsamkeit mit Weisheit gepaart sein muss. Die Suttas verwenden dafür den Ausdruck *Sati-Sampajanna*, mit dem gemeint ist: die Anleitung kennen; wissen, wonach Ausschau zu halten ist; und wissen, wohin zu schauen ist. Als Paar beflügeln Achtsamkeit und Weisheit eure Befähigung zu tiefer und kraftvoller Meditation ungemein. Da ihr achtsam seid, seht ihr, was ihr tut, und die Weisheit unterbindet schlechtes *Kamma* und lässt stattdessen gutes *Kamma* entstehen.

Am Beginn einer Meditation seid ihr vielleicht müde oder unruhig, aber wenn ihr mit dem Augenblick Frieden schließt und loslasst, seid ihr freundlich und sanft und es wird euch leichtfallen, den Atem zu betrachten. Dann ändert sich der Atem nach und nach. Da ihr gutes *Kamma* schafft, wird der Atem anziehend, friedlich und stetig. Und aus diesem stillen Atem fließt eurer Achtsamkeit Energie zu, durch die sie noch kraftvoller wird.

## Die subtilen Hindernisse

Mit zunehmender Achtsamkeit wird sozusagen das Licht im Geist immer heller. Dann blickt ihr tiefer, ihr seht mehr und erkennt besser. Es fallen euch Verunreinigungen auf, die so subtil sind, dass ihr sie nie zuvor bemerkt habt. Wenn der Atem nicht zum schönen Atem werden will, dann seht ihr jetzt, woran es liegt. Wenn ihr etwas erwartet oder euch zu sehr ins Zeug legt – jetzt erkennt ihr es. Das sind Gewohnheiten, für euch so normal, dass ihr sie nicht bemerkt beziehungsweise erst bemerkt, wenn die Achtsamkeit stark genug geworden ist. Das ist der Weg, auf dem *Anapanasati*, die Atemmeditation, erst zu *Nimitta* und dann zu *Jhana* führt.

Eigentlich ist das Einsichtsmeditation. Durch Achtsamkeit bekommt ihr Einblick in die Welt der subtilen Verunreinigungen und ihrer Wirkungsweisen. Ihr erkennt ihren Ursprung und ihre Natur. Ihr seht auch, was die Verunreinigungen euch so alles versprechen, aber nie wirklich erbringen. Alle diese Probleme müssen gesehen werden, sonst kommt ihr nie über sie hinaus und könnt nicht tiefer gehen. Habt ihr jedoch gesehen, wie der Geist funktioniert, könnt ihr besser mit den Dingen umgehen. Wenn eine Verunreinigung wirksam wird, muss sie nur noch gesehen werden, dann verschwindet sie wieder. Ein Beispiel dafür ist der in den Suttas empfohlene Umgang mit Mara. Sobald ihr ihn bemerkt, braucht ihr nur noch zu sagen: »Mara, ich kenne dich«, und er wird sich davonstehlen und verschwinden (zum Beispiel SN 5,1).

Das ist ein ganzer Ablauf, eine Folge von Ursachen und Wirkungen. Ihr baut die Achtsamkeit nach und nach auf, und dabei wird sie feiner und energiereicher – sie kann mehr sehen. Die Achtsamkeit wird schön, und jetzt stellt sich Freude ein. In dieser Freude betrachtet ihr die Dinge anders, und diese neue Betrachtung macht den Atem schön. Das wünscht sich jeder Lehrer für seine Schüler: dass sie diese frohe Achtsamkeit und diesen schönen Atem erleben.

Frohe Achtsamkeit kann sogar spielerisch sein. Sie fasst einen Gegenstand in den Blick und wendet ihn so oder so und es macht Spaß. Wenn ihr also den schönen Atem betrachtet, habt ihr die Chance, ihn auf jede nur erdenkliche Art zu erfassen. Die Achtsamkeit wird stark und unglaublich durchdringend.

## Die Nimitta-Stufe

Achtsamkeit steht nicht für sich allein, sondern ist immer mit Stille und Freude und natürlich mit Weisheit verbunden. Sie bewahrt auch die Anleitungen, und je kraftvoller sie ist, desto klarer erinnert sie sich an diese Anleitungen. Sie ist gut trainiert und weiß, was zu tun ist, sie weiß um die Kraft der Stille. Jede Regung des Geistes stört alles, sodass euch Energie und Tiefe verloren gehen. Dann nimmt die Achtsamkeit ab und büßt auch an Schärfe ein. Wenn ihr dagegen still und in Frieden bleibt und nichts tut, sondern einfach nur immer mehr da seid, wo ihr ohnehin schon seid, nimmt die Achtsamkeit immer weiter zu. Auf dieser Stufe beobachtet die Achtsamkeit noch nicht so sehr das Objekt, sondern sorgt nur dafür, dass sich der Geist nicht regt.

So gewinnt ihr die Achtsamkeit, von der Ajahn Chah in seinem berühmten Gleichnis vom Tümpel im Wald spricht. Der Kernpunkt ist der, dass er nicht nur die Tiere beobachtet, die zur Tränke kommen, sondern auch auf den eigenen Körper achtet, der sich natürlich nicht regen darf. Im gleichen Sinne sorgt ihr dafür, dass sich der Geist nicht regt, damit vielleicht ein *Nimitta* zum Spielen herauskommt. Die Achtsamkeit ist einzig auf Stille ausgerichtet, damit der Geist nicht hierhin und dahin abschweift. Wenn die Achtsamkeit diese Kraft und Ausrichtung hat, bleibt auch das *Nimitta* ganz stetig, und ihr seht ganz genau, wie es geht. Dann reagiert ihr nicht, ihr lasst kein Erschrecken und keine aufgeregte Freude zu.

Damit gelangt ihr jetzt in den wirklich schönen Teil der Meditation – zugespitzte Achtsamkeit und tiefe Glückseligkeit. Aber dieser Zustand ist nicht einfach ein Hochgenuss. Man spürt, dass sich hier unglaublich tiefe Dinge tun. Wenn ihr aus solch einer Verfassung – *Nimitta* oder sogar *Jhana* – in den Normalzustand zurückkehrt, ist die Achtsamkeit noch kraftvoller geworden. Ihr seid dann weder schläfrig noch wärt ihr in der Lage, euch auf Diskussionen einzulassen. Ihr seht alles ringsum mit nie gekannter Tiefe und Kraft. Auch der Körper wird viel deutlicher gespürt als sonst, jede Anspannung, jedes Halten, alles Kranke oder Schmerzhafte.

Wenn ihr die Körpermeditation mit diesem Maß an Achtsamkeit macht, verschwinden die Dinge wie durch Zauber. Nicht weil ihr übernatürliche Kräfte hättet, sondern weil Achtsamkeit von dieser Intensität einfach so wirkt. Ihr könnt euren Körper dann warm, wohlig oder gesund machen oder was ihr wollt. Von solcher Kraft ist eure Achtsamkeit, wenn ihr die *Nimitta*-Stufe erreicht.

Eure Achtsamkeit ist so stark und still, dass ihr sie auf jedes Objekt richten und bei ihm bleiben könnt. Wenn ihr etwas vom Wesen eures Körpers oder irgendetwas anderes verstehen möchtet, dann ist die Phase gleich nach der tiefen Meditation der richtige Zeitpunkt dafür. Wer schon tiefe Meditation erlebt hat, der weiß, weshalb sie notwendig ist, um zu echter Weisheit zu kommen. Wenn wir die Achtsamkeit vor einer solchen Meditation mit einem Löffel vergleichen, dann ist sie nach der tiefen Meditation wie ein Bagger. Wenn ihr wirklich tief graben und tiefe Weisheit erfahren möchtet, kommt nur ein Bagger infrage. Auf dieser Stufe der Achtsamkeit ist die Durchdringungskraft des Geistes einfach so viel größer.

Wer die Freude dieser tiefen Meditation erfahren möchte, für den sind die Meditationsklausuren des klösterlichen Lebens der geeignete Ort. Es ist eine wunderbare Sache, dorthin zu kommen, und es gibt keinen Grund anzunehmen, dass ihr es nicht könntet, baut einfach Achtsamkeit und Meditation Schritt für Schritt auf. Wenn ihr noch nichts davon aus eigener Erfahrung kennt und eigentlich nur die unterste Sprosse der Leiter seht, kann es etwas entmutigend wirken, wenn jemand von den oberen Sprossen erzählt. Ihr wisst dann nicht, was alles dazwischen liegt und wie man vorgeht. Aber wenn ihr einfach einen Fuß vor den anderen setzt, merkt ihr bald: »Tatsächlich, ich kann die erste Stufe schaffen. Ich kann die zweite Stufe schaffen. Ich kann die dritte Stufe schaffen.« Ihr seht dann die weiteren Sprossen und wisst, dass ihr sie erreichen könnt. Ihr begreift, dass es möglich ist und wie man es macht. Euer Antrieb wird stärker und eure Achtsamkeit auch.

## Die Früchte der Achtsamkeit

Setzt also die Schulung der Achtsamkeit an oberste Stelle. Das ist ein wichtiger Teil eines Retreats, und der Beginn des Retreats ist die richtige Zeit dafür. Es lohnt sich, mit Sorgfalt vorzugehen und die Mühe nicht zu scheuen. Wenn ihr so übt, werdet ihr immer wacher, die Energie und der klare Blick nehmen zu. Ihr seht die Probleme und ihr löst sie. Frieden, Stille und Weisheit breiten sich aus, ihr seid glücklich. Und die Meditation wird immer leichter.

Denkt daran, Jetzt-Gewahrsein und Stille im Laufe des Tages weiter zu vertiefen, sie sind wichtige Grundlagen für die Stärkung der Achtsamkeit. Nehmt bei der Meditation im Gehen den Anfang des Pfads, das Ende des Pfads und die Mitte ganz bewusst wahr. Stellt Achtsamkeit immer in den Vordergrund, ob ihr esst oder sprecht oder irgendetwas anderes tut.

Legt Achtsamkeit in den Raum zwischen euch und das, was jeweils eure Erfahrung ausmacht, zwischen den Betrachter und das Meditationsobjekt, denn da spielen sich die wichtigen Dinge ab. Wenn die Achtsamkeit stark ist, könnt ihr euch von den gröberen Verunreinigungen befreien. Wenn sich die gröberen Verunreinigungen lösen, nimmt die Achtsamkeit Fahrt auf und ihr erkennt auch die subtilen Verunreinigungen. Wenn auch die zu verschwinden beginnen, wird die Achtsamkeit noch stärker, sodass ihr auch die kaum merklichen Verunreinigungen noch lösen könnt. Dann ist der Weg ganz frei. Der Atem wird sehr friedvoll, still und ebenmäßig und eure Meditation ist einfach wundervoll. Es macht euch nichts mehr aus, stundenlang zu sitzen, und ihr könnt nur staunen, wie tief ihr dabei kommt, wie friedlich und schön alles ist.

Jetzt seid ihr auf dem Weg. Wenn die Achtsamkeit sehr, sehr stark geworden ist, kann alles passieren. Vielleicht seht ihr sogar das tiefste aller *Dhammas* – die Ichlosigkeit und die Vier Edlen Wahrheiten. Vielleicht gelingt es euch beim nächsten Retreat, dem Leiden ein Ende zu setzen.

# 4 Heilmittel für den Geist

Meditation ist ein altbewährtes Mittel, um dem Geist Frieden, Kraft und Glück zu verschaffen. Meditation wird schon so lange praktiziert, dass mit Sicherheit alle eure jetzigen Probleme schon vorgekommen und von vielen anderen in der Vergangenheit überwunden worden sind. Jetzt kommt es darauf an, uns an die bereits entwickelten Strategien gegen diese Hindernisse zu erinnern und sie konsequent zu nutzen – also die Heilmittel anzuwenden, mit denen sich die Krankheiten des Geistes kurieren lassen.

## Langeweile

Eines der großen Probleme, das bei langen Retreats akut werden kann, ist Langeweile. In meiner Zeit als junger Mönch in Thailand haben wir uns oft darüber beklagt, dass einfach ständig irgendetwas los war. Zu viel Arbeit, zu viele Leute, zu viele Zeremonien, zu viel Rezitation am Morgen, zu viel Rezitation am Abend. Manchmal sehnte ich mich danach, in einem Kloster zu sein, in dem es keine Zusammenkünfte gab und wenig Arbeit anfiel, sodass ich den ganzen Tag im Sitzen oder Gehen meditieren konnte. Ich hatte Fantasien von solchen Klöstern – aber natürlich würde man sich da schließlich doch langweilen und unruhig werden. Man leidet, und dann gehen die Fantasien in die Gegenrichtung: »Könnte ich doch bloß in einem Kloster sein, in dem es Arbeit oder sonst irgendetwas zu tun gibt. Vielleicht könnte ich da mit jemandem reden oder wenigstens am Abend an den Rezitationen und Gruppenmeditationen teilnehmen.« Darum geht es natürlich nicht, denn in den Suttas heißt es ja – und so wird es auch in der Wald-Tradition gehalten –, dass man viel für sich allein sein soll, wenig Arbeit, wenig Umgang mit anderen. Wenn ihr euch die Lehren des Buddha in den Suttas und im *Vinaya* erarbeitet habt, wisst ihr, wie wichtig Abgeschiedenheit ist. Ich gebe mir alle Mühe, mein Kloster so zu organisieren, dass man möglichst viel für sich allein sein kann und Zusammenkünfte auf ein Mindestmaß beschränkt bleiben. Sicher, da können Langeweile, Ruhelosigkeit und Fantasien aufkommen; wenn man nur sich selbst zur Gesellschaft hat, kommt es vor, dass man sich auf die Nerven geht. Aber es lohnt sich, diesen Schwierigkeiten nicht auszuweichen, sondern Mittel zu finden, mit denen man sie überwinden kann.

Betrachtet und untersucht also die Langeweile. Woher kommt sie? Langeweile kommt gern im Übergang von einer Beschäftigung zu einer ereignislosen Phase auf. Junge Leute, die zu einem Retreat ins Kloster gehen, langweilen sich, weil kein Fernseher und kein iPod da ist und auch sonst nicht viel

Unterhaltsames. Wenn ihr euch also die Langeweile anseht, stellt sich heraus, dass sie etwas mit unterschiedlichen Graden des Beschäftigtseins zu tun hat: Eben warst du noch beschäftigt, jetzt bist du es nicht mehr, und da schleicht sich Langeweile ein. Das Aufregende in diesem Kloster, zum Beispiel Toast am Morgen, würde die meisten Menschen da draußen nur langweilen. Sie würden sagen: »Du lieber Himmel, ist das alles, was euch so vorschwebt?« Das Problem liegt eigentlich nur darin, dass der Geist nicht gleich mit dem Frieden und den feineren Regungen etwas anfangen kann, die sich einstellen, sobald nicht mehr so viel zu tun ist. Er hat sich noch nicht an den Reizmangel gewöhnt, er braucht seine Zeit, um zur Ruhe zu kommen.

Erst einmal kann also die reduzierte Aktivität Anlass zu Langeweile geben, aber nach einer Weile fallen euch dann die interessanten Aspekte dieser Lebensweise auf – allein zu sein und nicht viel zu tun zu haben wird Freude und Genuss. Stellt euch vor, ihr geht von einem hellen Zimmer in ein dunkles. Da seht ihr dann erst einmal nichts. Aber dann gewöhnen sich die Augen an die Dunkelheit, sodass die Umrisse der Dinge erkennbar werden. So ist es für den Geist, wenn er vom Beschäftigtsein zur Untätigkeit übergeht, er muss sich erst auf den Mangel an Sinnesreizen einstellen. Nach einiger Zeit gewöhnt er sich ein, und dann wird alles, was bis dahin langweilig und uninteressant war und wenig zu bieten schien, immer schöner und köstlicher.

Habt also Nachsicht mit der Langeweile, wenn sie kommt. Lasst sie sein, wie sie ist. Versucht nicht, dieses empfundene Loch mit Aktivität zu füllen, damit würdet ihr den Geist nur wieder aufstacheln. Das ist dann so, wie wenn man nachts noch einmal vor die Tür geht, aber Licht macht. Die feineren Konturen in der Dunkelheit sind dann weg. Ich war neulich bei einem zwanglosen Treffen mit dem berühmten Wissenschaftler Sir Roger Penrose. Unter anderem stand ein Blick in den Sternenhimmel durch ein Teleskop auf dem Programm. Die Nacht war so klar, dass wir den Jupiter und sogar seine Monde sehen konnten. Aber erst einmal, nachdem im Observatorium die Lichter gelöscht worden waren, mussten wir eine Weile warten, bis unsere Augen die Sterne erkennen konnten. Nichts weiter: nur ein paar Augenblicke warten und dann wurde der herrliche Sternenhimmel sichtbar. Und ihr, wenn ihr die Schönheit des geistigen Sternenhimmels sehen möchtet, braucht nur die Aktivität der Sinne einzudämmen. Ich meine damit nicht nur den *Nimitta*-Zustand, sondern auch das subtile, friedvolle Glück, das sich einstellt, wenn die Aktivität der fünf Sinne zurückgefahren wird.

Aber wenn ihr Ruhe einkehren lasst im Sehen, Hören, Riechen, Schmecken und Berühren, ist es durchaus normal, dass erst einmal eine Phase der Langeweile durchgestanden werden muss. Wenn das Licht ausgemacht wird und zunächst nichts zu sehen ist, kann sich der Geist an nichts festhalten. Da muss man Geduld üben und darauf vertrauen, dass bald interessante Dinge auftauchen werden, wenn ihr nur einfach die Langeweile sein lasst, wie sie ist. Wer in eine Kunstgalerie oder in ein Konzert geht, wird vielleicht enttäuscht sein und sich langweilen, wenn nicht das Spektakel geboten wird, das man sich erwartet hatte. Aber wenn man diese aufgeregte Verfassung der Sinne zu Ruhe kommen lassen kann, kommt man vielleicht in einen Zustand, in dem man viel subtilere und köstlichere Dinge entdeckt. Bleibt also bei der Langeweile, brecht die Entwicklung nicht ab, und nach einiger Zeit verwandelt sich die Langeweile in etwas wirklich Schönes. Der Geist lässt sich auf eine subtile innere Landschaft ein, und jetzt bekommt ihr Sinn für das, was sich in stillem Alleinsein abspielen kann. Es dauert manchmal eine ganze Weile. Verliert also nicht die Geduld.

## Ruhelosigkeit

Auch Ruhelosigkeit ist ein sehr verbreitetes Problem. Ihr habt keine Lust stillzusitzen, der Körper fühlt sich unbehaglich, der Geist will einfach nicht beim Atem oder eurem jeweiligen Meditationsobjekt bleiben, auf das ihr euch zu sammeln versucht. Dazu kommt es gern, wenn ihr mit zu viel Nachdruck praktiziert. Da ist es dann oft am besten, einfach Geduld zu üben und abzuwarten, die Unruhe zuzulassen, anstatt sie unter Kontrolle bringen zu wollen.

Hier bewährt sich oft ein Mittel, das ich »Wasserbüffelgeist« nenne. Es ist nach einem Vorfall benannt, zu dem es ganz in der Nähe des Klosters Wat Pah Nanachat in Thailand kam, als Ajahn Jagaro dort Abt und ich der zweite Mönch war. Einmal kam am Morgen, als ich schon auf Almosengang und Ajahn Jagaro noch im Kloster war, ein Mann angelaufen, dem ein halber Finger fehlte. Er hatte seinen Wasserbüffel zum Weiden führen wollen, als irgendetwas das Tier erschreckte, sodass es versuchte davonzustürmen. Leider hatte der Bauer das Seil um einen Finger geschlungen, der nun durch den plötzlichen Ruck zur Hälfte abgerissen wurde. Der sah natürlich schlimm aus, sodass Ajahn Jagaro den Mann gleich selbst mit dem Auto ins Krankenhaus fuhr. Ich habe ihn ein paar Tage danach mit dem Verband und später mit dem halben Finger gesehen. So etwas kann passieren, wenn man nicht weiß, wie man mit einem unruhig gewordenen Wasserbüffel umgeht. Besser, man lässt ihm einfach seinen Lauf.

Wenn der Geist unruhig ist, macht ihr es am besten auch so – einfach loslassen. Versucht nicht, ihn zu halten. Wenn man ihn zu halten und zu beherrschen versucht, wird er nur noch ungebärdiger und schwieriger. Sagt einfach: »Gut, gut, Geist, wenn du unbedingt willst, dann zieh halt los.« Eure Aufgabe bleibt es, einfach achtsam und in Frieden zu sein und diesem dummen Geist zuzuschauen bei dem, was er so treibt. Ihr habt ihm nicht Einhalt zu gebieten, ihr schaut ihm nur zu, versteht ihn, seid freundlich und gütig zu ihm.

So würde man auch mit einem Kind umgehen, das hierhin und dahin laufen möchte. Manchmal kommen Kinder ins Kloster und können dann ganz schön laut sein. Wenn ihr gut meditiert habt, kann Kindergeschrei ziemlich durchdringend sein und als recht unangenehm empfunden werden. Aber Kinder sind nun mal so, man kann schlecht von ihnen verlangen, anders zu sein. Das gilt auch für den Geist: Er ist nun mal so, es liegt in seiner Natur, unruhig zu werden.

Habt also kein schlechtes Gewissen, wenn das passiert. Was da geschieht, gehört eigentlich nicht zu euch, es ist kein

»Ich« und kein Problem. Es liegt einfach in der Natur der Dinge, dass sie sich gemäß den kammischen Ursachen der Vergangenheit zeigen. Ihr könnt nicht in die Vergangenheit zurückgehen, um diese Ursachen zu löschen. Ihr müsst einfach mit dem leben, was sich jetzt als Wirkung abspielt. Wenn der Geist also weglaufen möchte, könnte ihr euch nur an *Sammasankappa*, die rechte Absicht, halten: Lasst ihn gehen, seid freundlich und mild mit ihm.

Diese Anleitungen des Buddha lassen an Klarheit wirklich nichts zu wünschen übrig. Der wichtigste Teil der Meditation besteht in eurer Einstellung zu dem, was jeweils gerade passiert. Lasst den Wasserbüffelgeist also laufen. Ihr werdet erleben, dass er dann gar nicht so weit läuft, sondern sich bald wieder beruhigt und auf seinen Besitzer wartet. Schließlich gehört er ja zur Familie und möchte eigentlich gern bei seinem Besitzer bleiben. Es ist nur ein kleines Stück, das ihr ihm nachsetzen müsst. Das dient der Fitness und ist sicher besser als ein abgerissener Finger. Dann nehmt ihr ganz ruhig das Seil wieder in die Hand und führt den Wasserbüffel dahin, wohin ihr ursprünglich wolltet. Ihr habt dann wohl ein wenig Zeit verloren, müsst aber wenigstens nicht ins Krankenhaus. So verfahrt ihr auch mit dem Geist, wenn er unruhig wird und ihm allerlei Dummheiten einfallen – seid freundlich und nachsichtig und lasst ihm seinen Lauf.

Zwingt ihn nicht, aber gebt ihm auch nicht nach. Beides, Zwang und zu viel Nachgiebigkeit, füttert nur den Wasserbüffelgeist. Mit Nachgiebigkeit meine ich: den Geist auf die Welt der Sinne richten, an Sex, die Zukunft, Filme oder Musik denken, an all die Dinge, die euch einfallen, wenn ihr unruhig seid. Wenn ihr selbst zu diesen Dingen tendiert, wird der Geist natürlich auch immer wieder diese Richtung einschlagen. Haltet euch also zurück, bleibt gelassen, lasst es gut sein und seid gütig, dann hält der Wasserbüffelgeist an. Mit Unruhe wird man besser ohne Kampf fertig. Wenn es Kampf oder Schlimmeres wird, dann nur deshalb, weil ihr negative Gedanken und Schuldgefühle hinzufügt oder euch gehen lasst. Ihr stellt euch der Unruhe dann nicht so, wie es sein sollte. Anstatt das alte *Kamma* einfach ausreifen zu lassen, beschwört ihr neues schlechtes *Kamma* herauf.

## Seid passive Beobachter

Seid also in Frieden mit der Unruhe, wenn sie kommt. Seid Fahrgast, nicht Fahrer. Als Fahrer stachelt ihr den unruhigen Geist noch an; als Fahrgast sitzt ihr hinten, seid ganz unbeteiligt und verfolgt nur, wohin die Fahrt geht. Sich auf nichts einlassen, sich in nichts einmischen – das ist eine wunderbare Haltung, die ich bei meiner Meditation immer einzunehmen bestrebt bin. Ihr löst euch von allem und beobachtet euren Geist nur noch. Er tut dies, er denkt das, und ihr seht euch das alles nur wie von Weitem an. Es ist, als würdet ihr im Kino sitzen. Im Kino kann es einem passieren, dass man sich völlig in die Handlung hineinziehen lässt, dass man Angst bekommt oder weint oder die Spannung kaum aushält. Warum lassen die Leute das geschehen? Solange man auf Distanz bleibt und sich vor Augen hält, dass alles nur aus Ursachen und Wirkungen besteht, die sich da abspielen, muss man sich auch nicht verwickeln lassen – es ist nicht meins, es gehört nicht zu mir, da ist kein Ich, es hat nichts mit mir zu tun. Unruhe, Langeweile und alles andere lässt sich distanziert betrachten. Ihr nehmt es einfach wahr, und damit rückt »der Erkennende« in den Blickpunkt.

Der Erkennende ist wie ein Zuschauer, dem immer gegenwärtig ist, dass der Erkennende nichts mit dem Geschehen auf der Leinwand zu tun hat. Der Erkennende – der allerdings nicht für ein dauerhaftes Ich gehalten werden darf – kann euer Zugang zum Frieden sein. Stellt euch vor, ihr sitzt in euch selbst. Wenn das gelingt, bekommt ihr ein Gefühl der Distanz von allem Geschehen, und in diesem Gefühl könnt ihr sanft von den Dingen lassen. Wenn ihr euch also in etwas verhaspelt und die Meditation nicht so läuft oder ihr das Meditieren überhaupt satt habt – kurz, immer wenn dieses Gefühl kommt, dass *ich* etwas tue –, dann denkt an die distanzierte Haltung im Kino. Man braucht sich nicht aufzuregen, es gibt keinen Anlass, enttäuscht zu sein, man muss nicht weinen oder sich ängstigen – es ist nur ein Film.

Dazu fällt mir gleich wieder die Geschichte von diesem Autokino in Jamaika ein, das eine »Leinwand« aus Beton hatte. Die Leute, die dieses Kino besuchten, standen ganz besonders auf Wildwestfilme und da vor allem auf die Schießereien. Das riss sie derart mit, dass sie dann ihre eigenen Schießeisen zogen, um mitzumischen. Könnt ihr euch das vorstellen? Ich muss jetzt noch lachen, wenn ich mir diese Kerle vorstelle, die da aus den Fenstern oder von ihren Cabriolets aus auf die Leinwand schossen. Der Inhaber des

Kinos konnte sich jedenfalls irgendwann das ständige Auswechseln der Leinwand nicht mehr leisten und ließ die Betonwand gießen.

Ihr wisst, was ich damit illustriere. Die Leute identifizieren sich, und dann wollen sie den Indianer, den Cowboy oder den Sheriff umlegen. Am liebsten würdest du den ruhelosen Geist erschießen oder die Langeweile abmurksen, jedenfalls lässt du dich auf diese oder jene Weise in das Geschehen verwickeln. Auf diese Art vergrößern wir aber unsere Probleme nur. Wenn wir Geduld üben, unterbrechen wir das und sagen uns: »Das kommt schon von selbst in Ordnung. Der Wasserbüffel läuft jetzt eben weg, aber er wird auch irgendwann wieder anhalten.«

Denkt immer daran, dass es nur Kino ist, einfach das, was herauskommt, wenn die fünf *Khandhas* und die sechs Sinnesbereiche nach dem Gesetz von Ursache und Wirkung tun, was sie eben tun. Da steckt nichts Reales dahinter, worüber ihr euch Sorgen machen müsstet. Deshalb könnt ihr euch davon lösen. Es gibt meines Wissens kaum ein besseres Mittel gegen Unruhe. Wenn ich mich löse und nur noch zusehe, wie alles kommt und geht, schneide ich es von seiner »Versorgungsgrundlage« ab. Dann weiß ich, dass es eine Ursache für Unruhe gibt, und die besteht darin, dass ich mich zu sehr mit dem ganzen Ablauf identifiziere. Sobald ich dem Prozess keine Nahrung mehr gebe und mich heraushalte – einfach jemand im Kino, der unbeteiligt zuschaut –, beruhigt sich der Geist und wird still. Die Rastlosigkeit verfliegt, Langeweile legt sich, und dann setzen sich die friedliche Ruhe und Stille der Meditation durch.

## Müdigkeit und Energie

Dumpfe Schläfrigkeit gehört ebenfalls zu den verbreiteten Schwierigkeiten bei der Meditation. Hütet euch, gegen diese Müdigkeit anzukämpfen. Ich sage das, weil ich selbst sehr unangenehme Erfahrungen damit gemacht habe. Mir wurde nämlich gesagt, ich müsse die Müdigkeit niederringen, und das war, wie sich zeigte, alles andere als förderlich. Wenn ihr gegen die Müdigkeit ankämpft, verkrampft ihr euch, denn Kämpfen ist natürlich das Gegenteil von Sanftheit, Güte und Loslassen. Es ist eine Form des Übelwollens.

Manchen ist es peinlich, wenn sie beim Meditieren müde werden, oder sie bekommen ein schlechtes Gewissen. Irgendwie erscheint es uns demütigend, wenn wir schon so viele Jahre meditiert haben und am Morgen trotzdem den Rücken nicht gerade halten können. Aber Schuldgefühle bauen natürlich nur das Ichgefühl weiter auf, das Ego, und dann fangen wir an, uns als Inhaber dieser Zustände zu fühlen. Seid nicht Besitzer eurer Schläfrigkeit, sie hat nichts mit euch zu tun. Sie ist einfach eine Wirkung aufgrund irgendeiner Ursache, weiter nichts. Wenn ihr schläfrig werdet, dann bleibt einfach dabei, betrachtet die Schläfrigkeit, seid freundlich zu ihr, erkundet sie. Wie fühlt sie sich an? Wie lange hält sie an? Vor allem, wodurch vergeht sie? Und wenn sie weg ist, was bleibt? Es geht nicht darum, die Müdigkeit um jeden Preis abzuschütteln. Ihr müsst sie klug überwinden, nur dann kommt eure Meditation in Fahrt.

Sicher, man kann den Geist unter Druck setzen und so die Müdigkeit ausschalten. Man kann am Rand eines Abgrunds meditieren, wie wir es damals in Thailand gemacht haben, oder sich eine Streichholzschachtel auf den Kopf legen oder unter den Händen Nadeln aufstellen. Ihr könnt jemanden bitten, sich mit einem Stock hinter euch zu postieren, mit dem er sofort zuschlägt, wenn der Kopf auch nur leicht nach vorn sinkt. Dann döst ihr ganz bestimmt nicht weg, handelt euch aber Angst und Verspannung ein. Ihr ersetzt nur ein Hindernis durch ein anderes.

Übt lieber einfach Geduld mit eurer Müdigkeit und Schläfrigkeit, lasst sie in Ruhe, löst euch davon. Ihr sitzt sozusagen wieder im Kino, aber diesmal ist irgendetwas mit dem Projektor. Das Bild wird nicht scharf. Aber das ist nicht eure Sache. Der Filmvorführer wird es schon in Ordnung bringen. Ihr lasst es einfach, wie es ist, und sitzt geduldig da. Und wenn ihr wirklich Geduld habt, vergeht die Müdigkeit nach einiger Zeit wie Morgendunst an der Sonne. Nur Geduld, das ist alles. In diesem Nicht-Tun kann der Geist Kraft sammeln. Merkt euch einfach diese simple kleine Formel: Wenn die Energie nicht mehr ins Tun fließt, wird sie zunehmend ins Erkennen fließen.

Leider vertraut ihr dieser Formel meistens nicht und könnt deshalb nicht einfach bei eurer Müdigkeit bleiben. Stattdessen schiebt ihr sie noch an, weil ihr euch darauf einlasst. Ihr wollt das Problem lösen, aber das macht euch nur noch müder, und ihr macht es euch selbst unnötig schwer. Erkennt ihr jedoch die Wahrheit dieser simplen Formel – dass die Energie ins Erkennen fließt, sobald sie nicht mehr ins Tun fließt –, dann wisst ihr, weshalb ihr anfangs müde seid, und was zu erwarten ist, wenn ihr geduldig bleibt und nichts tut. Diese Sicht der Dinge kann euch nur zuversichtlich machen.

Stellt euch also vor, dass ihr das alles nur wie einen Film anschaut, ihr springt nicht auf, ihr schreit nicht, ihr schießt nicht auf die Müdigkeit, weil ihr gegen sie seid. Wenn ihr nur dasitzt und zuschaut, sei es auch dumpf, werden ihr erleben, dass die Energie irgendwann doch der Achtsamkeit zugutekommt. Der Geist wird klar und licht. Wenn ihr den ganzen Ablauf verstanden habt, wird das Meditieren viel leichter und macht viel mehr Spaß. Sobald ihr verstanden habt, wie das Ganze funktioniert, seht ihr die Fehler, die ihr macht. Dann können Frieden und Freude einkehren und eure Energie nimmt zu. Da habt ihr dann ein wunderbares Mittel, um die *Sankharas* zu beruhigen – die mentale Aktivität, den Willen, das Kontrollieren.

Das könnt ihr mit einer Betrachtung der Ichlosigkeit unterstützen. Sagt euch: »Es ist sowieso niemand da, der kontrollieren könnte, hier drinnen ist niemand, das geht mich alles nichts an, überlassen wir es doch einfach sich selbst.« Das ist wahrer Buddhismus, es ist genau das, was die Suttas sagen. Macht euch klar, dass es hier kein Ich gibt, das etwas tun könnte, es ist alles nur das Spiel der fünf *Khandhas* – was also gäbe es für einen Grund zu kämpfen? Diese Überlegung allein gibt euch die Sicherheit, die Dinge sich selbst zu überlassen – und zu erkennen, was es überhaupt heißt, die Dinge sich selbst zu überlassen.

## Sinnliches Begehren und Übelwollen

Die ersten beiden der fünf Hindernisse, Begehren und Übelwollen, sind die wichtigsten. Begehren heißt, dass du etwas anderes möchtest als das, was du hast. Übelwollen heißt, dass du das nicht magst, was du hast. Beide sind demnach einfach Formen des Habenwollens. Wenn du etwas anderes willst – sei es die nächste Stufe der Meditation, Essen, das Ende des Retreats oder was auch immer –, kannst du nicht da sein, wo du gerade bist.

Aus der griechischen Mythologie kennen wir die Sirenen. Ihr Gesang ist so betörend, dass er Seeleute veranlasst, ihr Schiff auf die Klippen zu steuern. Das tut das Begehren: Es lockt euch, es steuert euch auf die begehrte Sache zu, bis eure Meditation buchstäblich scheitert. Glück oder Frieden sind da nicht zu finden. Begierden ziehen euch gerade weg von allem, was wahre Befriedigung bieten könnte. Lasst euch also nicht mitschleifen, sondern haltet euch vor Augen, dass die Befriedigung eures nie aufhörenden Verlangens gar nicht möglich ist. Sitzt einfach da, rührt euch nicht, schaut nur zu.

Wie das Begehren zum Tun anregt, so auch das Übelwollen. Begehren und Übelwollen sind das, was euch in Bewegung hält und müde macht. Sie lassen das Denken tätig werden, und das Denken bringt euch in Wallung. Wenn ihr das Begehren und Übelwollen erkennt und auch versteht, wie sie funktionieren, könnt ihr euch sagen: »Nein, darauf lasse ich mich nicht mehr ein. Was ich habe, ist gut genug.«

»Gut genug« – auf Thailändisch *por di* – ist ein großartiges Mantra. Ihr könnt es während der Meditation anwenden, ob sie gut läuft oder schlecht. Wenn ihr so müde seid, dass der Kopf schon fast bis zum Boden hängt, sagt euch: »Das ist gut genug.« Bei Einatmen und Ausatmen sagt: »Gut genug.« Dabei müsst ihr aber bleiben und *jeden* Augenblick gut genug sein lassen. So fangt ihr das Begehren ab, das euch von diesem Augenblick wegführen möchte, und das Übelwollen, das euch ebenfalls nicht hier sein lässt. Stille und Zufriedenheit breiten sich aus. Ihr braucht nichts, ihr müsst nichts haben, das Hier und Jetzt ist wahrhaftig gut genug.

Die Köstlichkeit der Meditation geht euch auf, und jetzt erlebt ihr sie auch, die Köstlichkeit der Stille, in der ihr nichts wollt. Es zeigt sich jetzt, dass »gut genug« gerade erst der Anfang ist. Wenn ihr euch davon überzeugt habt, dass der gegenwärtige Augenblick gut genug ist, wenn ihr bei dem bleiben könnt, was ihr habt, werdet ihr sehen, dass die Dinge nicht mehr nur gut genug sind – sie sind verdammt gut und geradezu überwältigend schön. Es spielt keine Rolle, von wo ihr ausgeht, wenn ihr einfach bei dem bleibt, was ihr habt, wird es tief, schön und köstlich.

Vor vielen Jahren kam ich auf den Vergleich mit einer tausendblättrigen Lotosblüte. Wie euer Lotos aussieht, wenn ihr anfangt, ist nicht wichtig. Auch ein schmutziger, verwachsener Lotos, der nach gar nichts aussieht, ist gut genug, denn jeder Lotos hat ein wunderschönes Herz. Damit will ich sagen, dass alles, was ihr erlebt – eben jetzt oder in den schlimmsten Phasen eines langen Retreats –, etwas Köstliches birgt, wenn ihr nur einfach dabei bleiben könnt. Ändert nichts daran, verrückt es nicht, versucht es nicht loszuwerden. Lasst kein Begehren oder Übelwollen gegenüber diesem

Augenblick aufkommen. Bleibt bei dem, was gerade ist – Schmerz, Langeweile, Verzweiflung, einerlei. Auch ein äußerlich schwarzer, schmutziger und hässlicher Lotos wird aufgehen und seine Schönheit zeigen, wenn ihr nur einfach bei ihm bleibt. Bleibt bei ihm, und er öffnet sich immer weiter. Sagt: »Gut genug«, und die unansehnlichen äußeren Blütenblätter spreizen sich ab und machen eine Schicht von schon weniger unansehnlichen Blättern sichtbar. Wenn die sich öffnen, kommen Blütenblätter zum Vorschein, die schon ganz nett aussehen, und dann dauert es nicht mehr lange, bis wir auf wirklich Schönes stoßen.

So funktioniert der Geist, und es ist wirklich gut, das zu wissen. Was ihr auch gerade erlebt oder wovon ihr ausgeht, alles ist wandelbar. Ihr braucht nicht erst die Probleme zu bereinigen, bevor ihr mit eurer Meditation anfangt. Setzt bei dem Problem an, bleibt bei ihm und lasst es sein, wie es ist, lasst es gut genug sein. Wenn ihr euch nicht regt und keinem Begehren oder Übelwollen nachgebt, werdet ihr erleben, dass der Geist in das Problem eindringt und es öffnet. Was unerträglich wirkte, wird dann ganz leicht. Dabei bleibt es nicht, sondern wird sogar ganz nett, und wenn es einmal ganz nett geworden ist, wird es bald auch köstlich. Das alles kann aus einem gar nicht vielversprechenden Anfang entstehen. Beurteilt also eure Ausgangslage nicht, lasst sie einfach gut genug sein. So treten manche Hindernisse gar nicht erst auf.

Übelwollen ist das größte Problem bei der Meditation. Ihr vergleicht ständig und sagt: »Ich mag das nicht«, ihr seid negativ. Diesem Mäkeln begegnet man am besten mit dem Gegenteil. Bemüht euch, die Dinge anzunehmen und zu bejahen, legt es darauf an, das Köstliche und Schöne in ihnen zu entdecken. Das ist eigentlich gar nicht schwer. Seht euch nur die Naturschönheit ringsum an. Stellt euch vor, ihr seht ein Känguru mit einem Kleinen, das aus dem Beutel lugt und dabei vielleicht hopst. Seht euch an, wie der Regen von den Blatträndern tropft, schaut in den Sternenhimmel. Die Natur bietet so viel Schönes. Wenn ihr euch angewöhnt, das Schöne und Köstliche in der Natur zu bemerken, werdet ihr bald nicht mehr mäkeln wollen. Dann wird auch alles, was euch beim Meditieren begegnet, immer ansehnlicher und schließlich schön. Schönheit, heißt es, liegt im Auge des Betrachters; und Erfolg beim Meditieren liegt in der Haltung des Meditierenden. Die richtige Haltung macht euch gütig, sanft und bereit, alles gut sein zu lassen.

Ihr werdet sein wie eine Mutter zu ihren Kindern. Sie liebt sie, auch wenn es kleine Ungeheuer sind. Sie hält ihr Kind, sie kümmert sich ständig um das Kleine, und selbst wenn es auf ihr herumklettert und sie halb erwürgt, macht das alles nichts, sie liebt ihr Kind. Wenn eine Mutter ihr Kind so lieben kann, müsste es euch bei eurem Geist doch auch gelingen! Sicher, er benimmt sich manchmal daneben, aber ihr nehmt ihn an, er ist gut genug.

Fragt euch, ob ihr beim Meditieren nicht manchmal Ansprüche erhebt. Vielleicht denkt ihr: »Ich muss bei diesem Retreat unbedingt *Jhana* erreichen oder wenigstens ein *Nimitta* sehen oder zuallermindest ein bisschen Frieden finden.« Wenn ihr etwas verlangt, wird eure Meditation zu nichts führen. Aber wenn ihr eure Forderungen zurückschraubt, kommt ihr leicht in die Gut-genug-Haltung. Wenn ihr von euch selbst, vom Leben, von der Welt nicht so viel verlangt, wisst ihr sie mehr zu schätzen. Ihr seid, wie es im Metta-Sutta (Sn 144) heißt, »nicht von fordernder Natur«, sondern »genügsam und leicht zufriedenzustellen«. Gewöhnt euren Geist daran. Seid genügsam und lasst die Genügsamkeit wachsen; seid leicht zufriedenzustellen, dann seid ihr bereits in Richtung *Jhana* unterwegs.

Die *Jhanas* bleiben euch verschlossen, wenn ihr sie haben wollt. Sie können nur eintreten, wenn ihr die Voraussetzungen dafür geschaffen habt. Die wichtigste Voraussetzung ist Stille des Geistes, die über lange Zeit aufrechterhalten wird. Die Energie fließt dem reinen Erkennen zu, der Geist dringt immer tiefer in den Lotos vor, der sich Schicht für Schicht öffnet, aber nicht nach eurer Zeitvorgabe, nicht wenn ihr es wünscht, sondern nach seinem eigenen natürlichen Zeitplan. Es geschieht, wenn ihr still seid, und ihr seid still, wenn ihr euch mit dem Vorhandenen begnügt, leicht zu befriedigen seid und nichts fordert. Wenn ihr das im Alltag so haltet, ebnet ihr der tiefen Meditation den Weg.

Wenn ihr dagegen viele Wünsche habt, nicht leicht zu befriedigen seid und vieles fordert, werdet ihr zwangsläufig unruhig. Sobald ihr nicht bekommt, was ihr euch wünscht, wachsen die Wünsche, und das wird ein richtiger Teufelskreis des Habenwollens. Ihr wisst sicher, wie das ist, wenn gar nichts mehr geht. Du magst nicht gehen, du magst nicht sitzen, du magst nicht schlafen. Du denkst: »Ich habe keine Lust zu irgendwas, und was ich jetzt gerade tue, ist es auch nicht.« Das ist eine schreckliche Verfassung, in der alles gleich unbefriedigend erscheint. Das ist so, weil ihr es selbst aufgebaut habt. Mit einer untauglichen Haltung und fehlgeleiteter Aufmerksamkeit habt ihr die Gründe selbst geschaffen. Aber wenn ihr genügsam werdet, kommen auch Ruhe und Stille, und dadurch schafft ihr die Voraussetzungen für wirklich tiefe Meditation. Sitzt einfach da, zufrieden, still und in dem Bewusstsein, dass es so, wie es ist, gut genug ist, und die Dinge kommen von selbst in Gang. Dann denkt ihr: »Ah, gut, das zumindest kann ich.«

## Das Ich verschwinden lassen

Vergesst aber nicht, dass ihr das nicht *tun* könnt. Es kommt nur darauf an, dass ihr nicht im Weg steht. Es ist ein Vorgang, der geschieht, wenn ihr – euer Ich – verschwindet. Wenn ihr fordert, seid ihr nur allzu vorhanden. In allem Übelwollen seid ihr vorhanden. Wenn ihr begehrt, seid ihr vorhanden. In der Langeweile seid ihr vorhanden. All das ist mit einem Ichgefühl verbunden, und dieses Ich denkt seine eigenen Gedanken und beißt sich fest. Ihr selbst seid das Problem. Und ihr könnte nicht einfach anderswohin gehen; ihr habt euch immer und überall bei euch. Besser, ihr »zieht euch aus«. Legt das Ich-Gewand ab. Das Ich, für das ihr euch haltet, sollte sich empfehlen, es soll verschwinden. Ist das Ich-Gefühl einmal weg, gibt es kein Begehren und Übelwollen mehr – die gehören zum Ego, zur Ich-Illusion. Dann kann es nur noch Genügen und Frieden geben.

Als Junge war ich bei den Pfadfindern, und da gab es für alles Auszeichnungen: Wenn du eine Tasse Tee kochen konntest oder wenn du Feuer machen konntest, ständig gab es Auszeichnungen. Das wünschen sich die Leute bei Retreats auch: Auszeichnungen, wenn sie es bis zum *Jhana* oder sogar bis zum Stromeintritt gebracht haben. Aber es gibt auf dem buddhistischen Weg keine Auszeichnungen oder Abzeichen. Im Gegenteil, wir möchten diese ganzen Abzeichen, die angeblich sagen, wer wir sind, loswerden, damit wir verschwinden können. Wenn du unruhig bist, verschwinde einfach. Wenn du müde bist, verschwinde einfach. Bist du verschwunden, ist alles schön und friedlich. Wenn du dich langweilst, frage dich: »Wer langweilt sich da eigentlich?« Verschwinde, und die Langeweile verfliegt ebenfalls.

## Seid geduldig!

Genügsam und leicht zu befriedigen – wenn das die Grundhaltung ist und das Hier und Jetzt als gut genug gesehen wird, treten Schwierigkeiten nur ganz am Beginn des Weges auf. Nach einer Weile verziehen sie sich und ihr hebt ab. Die Meditation wird so tief, dass ihr stundenlang in aller Gemütsruhe darin bleiben könnt und euch nichts fehlt. Wenn es noch nicht so ist, seid geduldig, es kommt schon. Wie viele Jahre ihr bereits geübt habt, es spielt keine Rolle. Selbst bei einigen der größten Schüler des Buddha, zum Beispiel beim ehrwürdigen Anuruddha, dauerte es viele Jahre, bis sich die Praxis wirklich auszahlte. Lasst euch Zeit, lasst der Praxis Zeit. Wenn es in den Suttas heißt, jemand aus gutem Hause sei ausgezogen und »nach gar nicht langer Zeit« ein

Arahant geworden, dann können damit Jahrzehnte gemeint sein. Fünfzehn, zwanzig Jahre sind keine lange Zeit, wenn man die Zyklen des *Samsara* bedenkt.

Geht also nicht davon aus, dass sofort etwas passiert. Sorgt nur dafür, dass ihr selbst ruhig, still und in Frieden bleibt. Haltet den Wasserbüffel nicht zurück. Jagt ihm nicht nach. Bemüht euch ums Loslassen, um Zufriedenheit, um die Gut-genug-Haltung. So baut ihr alles auf, was für eure Meditation notwendig ist.

Es kommt vor, dass ein bestimmtes Vorgehen, dessen ihr euch bedient habt, nicht mehr zieht. Dann nehmt ihr eben etwas anderes und dann wieder etwas anderes. Wendet all die Strategien an, die ihr gelernt habt, und so kommt ihr langsam über die Anfangsschwierigkeiten hinweg. Sobald der Geist auf das Training anspricht und ihr eure ersten Erfahrungen von Frieden und Glück macht, kommt ihr wirklich in die Meditation hinein. Da braucht ihr dann nicht mehr viele Hilfen. Sicher, ich kann euch dann immer noch diese oder jene Anleitung geben, aber grundsätzlich habt ihr jetzt euren eigenen Schwung und fühlt euch großartig dabei. Und genau das wünsche ich mir für euch.

# 5 Die Kraft der Weisheit

IN EINEM MEINER LIEBLINGSVERSE des *Dhammapada* heißt es: »Es gibt kein *Jhana* ohne Weisheit« (Vers 372). Damit ist gesagt, dass ihr Weisheit und Einsicht einsetzen müsst, um in die tieferen meditativen Zustände zu kommen. Ich möchte hier nicht über die Weisheit sprechen, die sich als Folge der Meditation einstellt, sondern über die Bedeutung der Weisheit *für* die Meditation. Weisheit kann eine große Hilfe sein, wenn es gilt, den Frieden, die Ruhe und Stille zu finden, die den Geist immer tiefer dringen lassen, bis wir schließlich die Wahrheiten der Erleuchtung sehen.

## Weisheit sieht das Wesen der Dinge

Viele wenden beim Meditieren zu viel Kraft auf und rennen immer wieder gegen denselben Widerstand an. Wenn sich kein Fortschritt zeigt, liegt es nicht immer daran, dass man nicht richtig motiviert ist oder sich nicht genügend einsetzt, dass man zu wenig sitzt oder auf dem Meditationspfad geht. Manchmal reicht einfach die Weisheit nicht an die Probleme heran, und mit etwas mehr Weisheit würde man sich weniger quälen und die tieferen Zustände leichter erreichen. Deshalb ist Weisheit so entscheidend wichtig.

Die erste der vier im Dhammacakkappavattana-Sutta dargelegten Wahrheiten ist die Wahrheit vom Leiden (SN 56,11). Ihr müsst euer Weisheitsvermögen auf das Leiden richten. Leid existiert einfach, ob man es zu umgehen versucht oder nicht. Die Welt, der Körper und der Geist sind ihrer Natur nach leidvoll. Die Dinge laufen nicht immer so, wie wir es gern hätten. Manchmal tun sie es, aber sicher nicht so oft, wie es uns lieb wäre. Diese erste Edle Wahrheit umfasst auch das Leid der Unzufriedenheit mit unserer Meditationspraxis – wenn wir sie langweilig finden oder das Gefühl haben, dass nichts vorwärtsgeht, und so weiter. Enttäuschung, nicht bekommen, was man sich wünscht, all das ist Leid. Setzt also keinen Druck hinter die Dinge, sagt nicht: »So geht es nicht, so ist es nicht richtig, irgendetwas mache ich falsch.« Unterbrecht das, sammelt euch und sagt euch erneut, dass die Dinge nun einmal so sind. Wenn die Meditation nicht wunschgemäß läuft oder der Körper Schmerzen hat oder der Geist schläfrig ist, ruft euch in Erinnerung, dass Körper und Geist einfach ihrer Natur nach so sind.

Wenn ihr die Natur von Körper, Geist und dem Leben überhaupt vor Augen habt, geschieht etwas Wunderbares. Ihr seht dann, dass alles einfach Natur ist, einfach das Wechselspiel von Ursache und Wirkung – und folglich gar nicht wirklich euer Problem. Weisheit erkennt den leidvollen Charakter des Lebens, und so entsteht gelassene Distanz: Ihr könnt doch nicht viel daran ändern, also lasst ihr es lieber. Wenn ihr es lasst, kommt ihr in eine bewusste und wache Haltung, in der ihr nur zuseht und euch in nichts hineinziehen lasst. Wenn ihr in schwierigen Augenblicken davon abseht, den Macher ins Spiel zu bringen, kann eine »schlechte« Meditation künftige Gemütsruhe anbahnen. Überhaupt geht es bei der Meditation nur darum, dass ihr wahrnehmt, wie eure Erfahrung gerade aussieht, ohne euch zu sorgen, ob es wohl die richtige Erfahrung ist. Wenn Hindernisse auftreten, nehmt sie einfach nur wahr – das Begehren, das Übelwollen, die Langeweile und Frustration. Wichtig ist vor allem eure Einstellung zu dem, was beim Meditieren auftaucht, eure Reaktion, nicht dagegen die Schwierigkeit selbst.

Um die richtige Haltung einnehmen zu können, müssen wir unsere Weisheit ins Spiel bringen. Wo erkannt ist, dass alle Erfahrungen einfach Natur sind, reagieren wir nicht mehr mit Ängsten, Schuldgefühlen, Enttäuschung. Wir lassen uns dann nicht entmutigen, wir denken nicht: »Ich kann das nicht.« Natürlich trifft es zu, dass ihr es nicht *tun* könnt. Meditation ist nichts, was man tun kann. Ich kann es auch nicht. Wenn Ajahn Brahm zum Meditieren antritt, vermasselt er es. Immerhin besitze ich Weisheit genug, um zu wissen, dass ich nur aus dem Weg gehen muss und schon entsteht zwischen mir und meinem Betrachtungsgegenstand ein wunderbarer klarer Raum. Dann gibt es keine Frustration oder Langeweile. Sollten sich solche Gefühle noch im Hintergrund halten, überlasst sie einfach sich selbst. Ihr lasst euch nicht auf sie ein, dass schafft nur weitere Probleme. Ihr beobachtet nur und »sammelt Daten«.

## Beobachten und lernen

Wenn euch schweifende Gedanken oder Schläfrigkeit zu schaffen machen, denkt daran, dass solche unguten Zustände nur eintreten, weil sie Fluchtwege aus dem Leiden sind. Meditation kann uninteressant und langweilig wirken, weil sie nichts Aufregendes oder Unterhaltsames bietet. Aus Gewohnheit denkt ihr dann an Flucht. Wir alle haben unsere Fluchtstrategien. Aber haltet euch vor Augen, dass ihr nicht mehr lernt, wenn ihr diese Fluchtmöglichkeiten nutzt; ihr vergeudet dann nur Zeit.

Beobachtet, wie ihr auf die Dinge reagiert, das ist ganz wichtig. Es ist für sich genommen schon ein kluges Vorgehen, und es erzeugt weitere Weisheit, die euch tiefer in die Meditation einzudringen erlaubt. Sobald etwas Unbefriedigendes auftaucht, betrachtet es. Ihr langweilt euch, ihr seid frustriert oder müde, nichts will so richtig anschlagen. Ihr wisst nicht, was ihr tun soll. In eurem Zimmer haltet ihr es nicht aus, zur Meditation im Gehen habt ihr keine Lust und zum Lesen ist auch nichts da. Großartig! Beobachtet einfach eure Reaktion auf dieses Ungemach. Wirklich, das ist der Augenblick, in dem man einfach zuschaut, ohne zu reagieren. Ihr beobachtet und sammelt Daten, schließlich möchtet ihr ja verstehen. Und wenn ihr die Daten habt, könnt ihr anfangen, aus eurer Erfahrung zu lernen. Dieses schlichte Annehmen eurer Erfahrung ist der Rohstoff für alles Weitere. Es ist die Grundlage für echten Durchblick, der Kompost für euren Garten.

Wenn ihr eure Erfahrungen, Erfahrungen jeglicher Art, einfach annehmt, dann lernt ihr nicht nur von ihnen, sondern fühlt euch plötzlich auch von ihnen befreit. Ihr versucht sie nicht mehr zu steuern, weil euch aufgeht, dass ihr nicht ihre Besitzer seid. Wenn ihr euch also langweilt, dann seid einfach nicht Inhaber dieser Langeweile. Wenn ihr frustriert seid, macht euch die Frustration nicht zu eigen. Einerlei, was sich abspielt, es ist immer nur ein Ablauf von Ursachen und Wirkungen, ein Kommen und Gehen geistiger und körperlicher Phänomene. Lasst euch von eurer eigenen Einsicht und vom *Dhamma* sagen, dass das hier einfach leidvoll ist – was erwartet ihr? Wenn ihr glaubt, es dadurch loswerden zu können, dass ihr in ein Kloster geht oder an einem Retreat teilnehmt, habt ihr aufs falsche Pferd gesetzt. Bei einem Retreat entgeht man dem Leiden nicht, sondern man stellt sich ihm und löst sich von ihm. Demnach gibt es einen Ausweg, aber es ist ein indirekter. Wenn ihr nicht mehr fliehen wollt, dann erst findet ihr ins Freie.

## Forschen und verstehen

Wo ihr auch seid, wohin ihr auch reist, was auch immer geschieht in eurem Leben, haltet euch bewusst, dass veränderte Umstände niemals das Leiden eliminieren. Ihr nehmt eure Probleme überallhin mit. Das ist die Natur des Lebens, das Spiel der fünf *Khandhas*, und gehört nicht zu den Dingen, die ihr in der Hand habt. Manchmal ist der Körper krank, manchmal ist er müde. Jetzt seid ihr froh, ein andermal unglücklich. So ist es nun einmal in der Welt der

Gefühle; vollständiges, dauerhaftes Glück gibt es nicht. Man denkt vielleicht: »Eines Tages komme ich ins *Jhana*, und dann bin ich glücklich.« Sicher, es ist schön, ins *Jhana* zu kommen, aber anschließend tauchst du wieder auf und dann ist die ganze Seligkeit weg. Nichts, was du erlebst, auch nicht *Jhana*, ist das Ende aller Leiden. Aber sieh genau hin, und du wirst Einsicht gewinnen. Der Geist erfährt mehr und mehr über die eigentlichen Probleme und die Möglichkeiten, sie zu überwinden. Also, was auch immer gerade eure Erfahrung ist, ihr bleibt einfach dabei.

Das Gute an einem Retreat ist, dass man nicht auskommt. Die Fluchtmöglichkeiten sind stark eingeschränkt, weshalb es hier kaum möglich ist, vor den auftretenden Problemen wegzulaufen. Seht alles als Chance, den Dingen auf den Grund zu gehen. Ein gutes Hilfsmittel besteht darin, Verbindungen zwischen Gefühlsregungen und Körperempfindungen herzustellen. Wenn euch richtig langweilig ist, tritt auch im Körper eine entsprechende Empfindung auf. Erforscht also diese begleitenden Körperempfindungen, um eure emotionalen Zustände zu verstehen.

Bei Langeweile fragt ihr euch, was Langeweile eigentlich ist. Anstatt ihr zu entkommen, versteht sie lieber, seht sie euch genau an. Wenn sich Frustration breitmacht, fragt euch: »Was ist Frustration? Wie fühlt sie sich an?« Bleibt beharrlich bei dem Gefühl, bis ihr es wirklich kennt. Tut es, und ihr werdet frei davon. Wenn also die Meditation langweilig und frustrierend wird, dann schafft euch besser nicht noch mehr schlechtes *Kamma*, das nur dafür sorgt, dass ihr immer wieder auf dieses Hindernis stoßt, sondern versteht nur das

Gefühl und lasst es los. Sagt euch, dass dies einfach die Natur der Dinge ist, so wie Regenwolken am Himmel erscheinen: Da kommen sie, das ist so in dieser Jahreszeit, und dann ziehen sie wieder ab. Es ist sonnig und dann wird es finster, der Mond kommt heraus oder eben nicht. Wenn ihr versteht, dass es nichts mit euch zu tun hat, sondern einfach Natur ist, könnt ihr es loslassen und gewinnt Abstand, ihr werdet frei von eurer Erfahrung.

Solange ihr zu nah an eurer Erfahrung bleibt, besteht die Gefahr, dass ihr sie zu eurem Eigentum macht, und dann *werdet* ihr eure Erfahrung. Wenn sich das Ich einmischt, fangen die Probleme an. Ihr müsst euch lösen, Abstand gewinnen. Dann seht ihr, dass es sich nicht um »*mein* Leiden« oder »*meine* Langeweile« handelt. Ihr seht genau hin und erkennt, dass diese Dinge ganz natürlich auftreten und nicht zu beherrschen sind. Langeweile kann beispielsweise bedeuten, dass der Geist nicht geschmeidig genug ist, um auch die subtilen Aspekte der Meditation zu erfassen. Schläfrigkeit kann anzeigen, dass die Achtsamkeit nicht wirklich zugespitzt ist und euch deshalb die Schönheit eines stillen und friedvollen Geistes entgeht. Frustriert seid ihr aufgrund von Ungeduld, wenn ihr meint, ihr müsstet eure Erfahrung im Griff haben; läuft es dann anders, seid ihr enttäuscht. Würdet ihr sehen, dass diese Dinge einfach Natur sind und niemand da ist, der sie beherrschen könnte, wo sollte Frustration dann herkommen?

Erinnert euch an den Vergleich mit einem fahrerlosen Bus. Euer Leben ist ein Bus, in dem der Fahrersitz leer ist. Die Suttas und alle großen Lehrer sagen das und ich sage es auch. Wenn ihr erkannt habt, dass niemand den Bus steuert, könnt ihr euch nur noch hinsetzen und das Jammern einstellen. Es gibt keinen Fahrer, also auch niemanden, den man antreiben könnte, weil man es eilig hat, und niemanden, den man bitten könnte, das Tempo zu verlangsamen, weil man die Fahrt genießen möchte. Ihr fahrt durch hässliche Gegenden, ganz ansehnliche Gegenden und schöne Gegenden, und ihr seid mit all dem in Frieden. Immer wenn der Impuls kommt, dem Fahrer etwas zuzurufen, heißt das nur, dass ihr nicht bei dem seid, was gerade vorgeht, um daraus zu lernen. Ihr steigt zu sehr auf die Dinge ein, anstatt sie gelassen zu betrachten; ihr identifiziert euch mit ihnen, anstatt sie sein zu lassen; ihr versucht etwas zu bewirken, anstatt es sich selbst zu überlassen.

Wie in diesem Bus ist es auch beim Meditieren. Habt ihr das einmal verstanden, wird Meditation sehr, sehr einfach. Meditation ist wirklich ganz einfach, nur entgeht das den meisten leider. Sie strengen sich an, damit es leicht wird – aber wie soll das gehen? Je mehr man sich bemüht, es einfach zu machen, desto schwieriger wird es. Und weshalb bemüht ihr euch so? Weil ihr nicht die erwarteten Ergebnisse erzielt. Strengt euch also nicht immer noch mehr an, sondern seid achtsam, forscht und lernt. Dem soll euer »Bemühen« gelten. Strengt euch nicht an, lasst das Kämpfen und seht stattdessen lieber genau hin und lasst euer Verständnis wachsen. Wie fühlen sich die Dinge an, emotional und körperlich? Wie lange dauern sie?

Ihr könnt es mit Ajahn Chahs Methode versuchen: Wenn ihr euch ärgert, schaut auf die Uhr und verfolgt, wie lange ihr ärgerlich bleiben könnt. Wenn ihr euch wieder einmal langweilt, verfolgt anhand der Uhr, wie lange ihr euch langweilen könnt. Führt Tagebuch über eure Langeweilephasen und seht zu, ob ihr euren Rekord brechen könnt. Vergleicht das untereinander und ermittelt den Meister der Langeweile. Der bekommt dann einen Preis. Was euch auch begegnen mag, lauft nicht weg. Diesen kleinen Dämonen standzuhalten, bewirkt weit mehr, als ihr glaubt. Ihr haltet ihnen stand, und dann ist es so, als würden sie verblassen und schwinden. Wie ich auch gern sage: Wenn ein Gespenst auftaucht, dann stellt euch ihm Nase an Nase und sagt: »Buh!« Dann sollt ihr es einmal rennen sehen. Es hat mehr Angst vor euch als ihr vor ihm.

Wenn ihr den Dämonen des Geistes standhaltet und sie abziehen seht, erst dann habt ihr wirklich etwas bewältigt und verstanden. Ihr gewinnt Weisheit, und diese Weisheit hilft euch bei der nächsten Meditation. Ihr wisst, was abläuft, wie der Geist funktioniert und wie ihr die schlechten Angewohnheiten des Geistes – diese Echos der Vergangenheit – abstellen könnt.

## Weisheitskraft statt Willenskraft

Andere zu ermutigen und zu inspirieren, das ist kaum möglich, ohne ihnen auch Dämpfer aufzusetzen. Man möchte ihnen die Früchte der Praxis ausmalen – die tiefen Erfahrungen wie *Nimitta, Jhana* und den Stromeintritt –, man möchte ihnen den Mund wässrig machen. Man fühlt sich wie ein

Reiseveranstalter, der den Leuten ausmalt, wie schön es sein wird, wenn sie erst im Hotel *Jhana* sind und sich in seinem grandiosen Freizeitpark *Nibbana* tummeln. Leider denken viele, es handle sich da um Ziele, die man erreichen muss. Dann fühlen sie sich dem nicht gewachsen und sind frustriert statt inspiriert. Deshalb darf man nicht nur das Ziel und die unterwegs zu erwartenden schönen Erfahrungen schildern, sondern muss auch von den möglichen Hindernissen sprechen.

Kämpft also nicht gegen Frustration, Langeweile und aufkommenden Ärger an. Bleibt einfach bei dem, was sich jeweils zeigt, und seht zu, was dann passiert. Sicher, wenn man sich langweilt oder frustriert ist, hat man erst einmal den Salat. Aber ihr könnt euch davon lösen, ihr könnt aussteigen und die Dinge distanziert und objektiv betrachten. Betrachtet die Hindernisse aus einer gewissen Distanz, und ihr werdet verstehen, weshalb ich sie als Dünger bezeichne. Ihr könnt nicht alle Tage wunderbare Meditationen haben, aber ihr könnt jeden Tag die Voraussetzungen für eine schöne nächste Meditation schaffen. Beobachtet einfach nur und steigt nicht auf die Störungen ein. Wenn ihr merkt: »Oh, heute ist kein guter Tag«, dann lasst ihr ihn einfach sein, wie er ist. Lasst alle Energie in das reine Wahrnehmen, in passive Bewusstheit einfließen. Entzieht diese Energie dem Kontrolleur, dem Streithahn, dem reagierenden Geist.

Je mehr ihr den Dingen einfach standhaltet, ohne zu reagieren, desto besser entwickelt sich eure passive Bewusstheit und immer mehr Energie fließt der Achtsamkeit zu.

Haltet euch zurück, greift nicht nach den Dingen und schiebt sie nicht weg. Lasst die Dinge sein, wie sie sind, wie ihr auch die Wolken am Himmel einfach ziehen lasst. So leitet ihr die Energie in Richtung Achtsamkeit, in das Erkennen, und die negative Geistesverfassung schwindet nach und nach. Dann belebt sich der Geist und die Meditation wird leicht. Negative Reaktionen, ob sie euch selbst oder anderen gelten, führen nur zu immer mehr Kampf und ihr geratet tiefer und tiefer in den Sumpf. Es ist wirklich wie im Sumpf; wenn man in Panik gerät und strampelt, saugt es einen tiefer hinein. Und wenn ihr euch von negativen Zuständen bei der Meditation ins Bockshorn jagen lasst und gegen sie ankämpft, werden sie erst recht stark. Lasst also gut sein, seid geduldig und nutzt den Zustand als eine Gelegenheit, mehr Weisheit zu finden. Sie wird irgendwann greifen, und dann löst sich das Problem einfach auf.

Wenn ihr Weisheitskraft statt Willenskraft einsetzt, werdet ihr nicht nur die Probleme und negativen Gemütszustände los, sondern ihr wisst dann, wie ihr die Meditation vertiefen könnt, und ihr werdet mehr Energie zur Verfügung haben. Ihr erfahrt den gegenwärtigen Augenblick und wisst, dass euer Denken zu schweifen beginnt, wenn es etwas auszusetzen findet und dann sagt: »Dieser gegenwärtige Augenblick ist mir nicht gut genug, ich will etwas Besseres.« Wenn ihr von euren guten früheren Meditationen her Erwartungen für die nächste habt – »Ich bin ganz nah dran, gleich kommt es« –, habt ihr es bereits verdorben. Macht euch selbst ein Bild davon, und es wird euch nicht mehr schwerfallen, die Dinge in Ruhe zu lassen.

Beim Meditieren geht es nicht darum, ein *Nimitta* oder *Jhana* zu erreichen. Ihr schafft vielmehr die Bedingungen dafür, dass sich *Nimitta* und *Jhana* spontan einstellen können, die Bedingungen für Erleuchtungserfahrungen, die dem vielleicht folgen. Wir sind einzig darauf aus, diese Bedingungen oder Ursachen zu schaffen, und das wird unsere Weisheitskraft. Diese Bedingungen sind Loslassen, Freundlichkeit und Sanftheit, kurz, *Sammasankappa.* Ihr legt eure gesamte Energie – Körper und Geist – in diesen Augenblick. Ihr lasst los und gebt auf, ihr erwartet nichts. Schielt beim Meditieren nie nach Ergebnissen. Wenn ihr meditiert und etwas davon haben wollt, bekommt ihr Leid. Meditation ist Loslassen, Lassen, ohne jede Erwartung.

Das Paliwort für »loslassen«, *Patinissagga*, bezeichnet ein Geben, das keine Gegengabe erwartet. Wir meditieren nicht, um etwas zu erreichen oder Abzeichen zu bekommen. Wir wollen nichts erringen, wovon wir dann unseren Freunden erzählen können: »Ich habe ein Retreat mit Ajahn Brahm gemacht und es hat mir dies eingebracht und das eingebracht.« Nein, wir wollen die Verunreinigungen ablegen. Unser Ziel bei der Meditation ist Freiheit.

## Mit diesem Augenblick zufrieden sein

Vor einigen Jahren war ich in Japan, und meine Gastgeber brachten mich in einem Fünfsternehotel unter. Leider dachten sie nicht daran, dass ein Theravada-Mönch sein Essen bis zur Tagesmitte zu sich nehmen muss. Als wir uns dann zum Essen in einem erstklassigen Restaurant einfanden, war es schon kurz nach Mittag. Ich aß nichts und bekam folglich an diesem Tag gar nichts. Ich war müde und wollte eigentlich nur noch Ruhe haben und meditieren, aber es war ein sehr lautes Hotel. Da saß ich dann in diesem Zimmer, das sicher ein Vermögen kostete, und dachte: »Ich sitze in einem Gefängnis.« Es war ein Gefängnis in einem Fünfsternehotel, weil ich dort nicht sein wollte. Schnell wurde mir klar, was ich da machte, und ich brach diese unklugen Gedanken ab. Tatsächlich kann man aber in einem Fünfsternehotel und sogar am Sonnenstrand im Gefängnis sitzen. Jeder Ort, an dem man nicht sein möchte, wird als Gefängnis empfunden.

Fragt euch also beim Meditieren: »Möchte ich jetzt hier sein oder wäre ich lieber anderswo?« Solange ihr lieber anderswo wäret, findet ihr keinen Frieden und kommt nicht in die tiefe Meditation. Aber wenn ihr euch anhalten könnt, wird die Weisheit euch sagen: »Nein, das hier ist gut genug. Ich möchte eben jetzt hier sein, auch mit meinen wehen Beinen und der juckenden Nase in dieser lauten Hütte mit meinem dummen Kopf – ich will jetzt einfach hier sein.« Wenn du da sein möchtest, wo du eben bist, dann bist du frei.

Ich weiß von einem Mönch, der in Thailand vor vielen Jahren zu einer Gefängnisstrafe verurteilt wurde. Er war unschuldig. Er kam ins Gefängnis, als er gerade der *Sangharaja* oder Mönchsälteste seines Klosters werden sollte und von einem anderen Mönch, der diesen Posten für sich haben wollte, als Kommunist denunziert wurde. Er war dann zwei Jahre im Gefängnis und schrieb in dieser Zeit seine Autobiografie. Er fand die Zeit im Gefängnis wunderbar. Er brauchte weder Vorträge zu halten noch nach dem Essen mit den Leuten zu sprechen. Er bekam einfaches, sauberes Essen und hatte ein nettes kleines Zimmer für sich allein. Er sagte, es sei herrlich gewesen, so viel Freiheit zu haben. Wenn du im Gefängnis sein *möchtest*, bist du frei.

Ich empfand das als tiefe und einprägsame Weisheitslehre. Mir wurde klar, dass es unerheblich ist, was ich tue und wo ich mich aufhalte. Ob ich im Flugzeug sitze oder dumme Fragen beantworte oder mich im Gewühl einer Großstadt bewege – solange ich da sein *möchte*, hat der Geist Frieden. Ich frage mich auch manchmal: »Wieso mache ich das hier? Das ist Blödsinn!« Natürlich leide ich dann. Deshalb sage ich lieber: »Nein, ich möchte hier sein.« Wirklich, dann breitet sich gleich Frieden aus, ein unglaubliches Freiheitsgefühl. Wenn ihr also irgendwo sitzt und der Geist keine Ruhe gibt, dann macht das nicht zum Problem, sondern sagt: »Ich möchte hier sein«, und dann wird er Ruhe geben.

Wenn ihr eben jetzt genau hier sein *möchtet*, lasst ihr Freiheit wachsen. Ihr praktiziert dabei die dritte Edle Wahrheit, ihr beendet das Begehren und lasst den Macher anhalten. Das ist ein hochwirksames Vorgehen, das ihr überall und bei allen Tätigkeiten einsetzen könnt. Fragt euch nur: »Möchte ich hier sein oder lieber anderswo?« Wenn die Antwort »Anderswo« lautet, erzeugt ihr *Dukkha*. Das ist einfach die zweite Edle Wahrheit des Buddha. Und wenn ihr denkt: »Ich bin ganz einverstanden damit, hier zu sein«, beendet ihr damit ein paar gröbere Manifestationen des Leidens. Darin folgt ihr der Lehre des Buddha und bestätigt die dritte Edle Wahrheit.

Mit dem Hier und Jetzt einverstanden sein – es ist ganz erstaunlich, was man alles dabei lernen kann. Wenn ich mich einfach hinsetze und hier sein möchte, kann es sein, dass gleich ein *Nimitta* kommt, mein wunderbarer alter Freund, und zwar einfach, weil der Geist still ist. Ihr habt verstanden, dass mit Stille ein regungsloser Geist gemeint ist, ein Geist der nichts haben und nirgendwo sonst sein will. Trotzdem denken die meisten: »Da will ich hin. Ich werde dies tun und dann das tun und dann kommt die Stille.« Nein, sie kommt nicht *dann*. Stille könnt ihr nur jetzt einkehren lassen und nur dadurch, dass ihr diesen Augenblick sein lasst, wie er ist. Wie der Augenblick auch sein mag, sagt euch: »Das hier ist gut genug. Ich möchte in diesem Augenblick sein, hier und jetzt.« Was ihr gerade erlebt, ist zweitrangig. Wichtig ist, ob ihr hier oder anderswo sein möchtet.

Ihr könnt also in einer Gefängniszelle frei und in einem Fünfsternehotel gefangen sein. Es ist wirklich schön zu wissen, dass man überall und in jeder Geistesverfassung jederzeit frei sein kann. Wenn ihr das versteht, dann wisst ihr, wie Weisheit euch befreien kann. Das ist *Anulaya*, ein wichtiger Aspekt der dritten Edlen Wahrheit: nichts mehr zu haben, woran irgendetwas festkleben kann. Das ist mit »sich lösen« gemeint; es ist der Stoff der Erleuchtung.

## Sich von der Vergangenheit lösen

Es ist ganz erstaunlich, wie sehr wir Gefangene der Vergangenheit sind. Man fragt jemanden: »Wie geht's?«, und die Antwort lautet vielleicht: »Miserabel.« Was heißt das? Es heißt, dass diese Person einen schrecklichen Tag hinter sich hat und diesen Tag, der jetzt Vergangenheit ist, immer noch mit sich herumschleppt. Tut das lieber nicht. Lasst nichts an euch festkleben, mag es Augenblicke oder Minuten oder Stunden zurückliegen. Und wenn es eine herrliche Meditation war, dann soll auch das nicht an euch haften bleiben. Ihr denkt: »Oh, großartig, endlich habe ich es geschafft, jetzt habe ich den Bogen heraus«, und damit bereitet ihr den Boden für künftige Enttäuschungen. Ihr wollt doch frei sein und nicht eure Erfolge und Misserfolge mit euch herumtragen. In der buddhistischen Meditation braucht ihr euch nicht mit Erfolg oder Misserfolg zu identifizieren, ihr könnt vollkommen frei sein. Ist das nicht schön zu wissen?

Eignet euch diese großartige Fähigkeit an, von allem vollkommen zu lassen – *Analaya* – und an überhaupt nichts zu haften. Wenn ihr an nichts haftet, schwindet das Ich und ist schließlich weg. Was hältst du von dir? Für wen hältst du dich? Welche Qualitäten besitzt du? Wie geht es mit deiner Meditation voran? Solche Fragen sind sinnlos. Sie setzen voraus, dass es so etwas wie »ich« und »mein« gibt und man sich darüber Urteile bilden kann. Wenn wir solche Urteile ernst nehmen, bescheren sie uns nur Leid. Das habt ihr alle schon viel zu oft gemacht. Stellt euch keine Zeugnisse aus, an die ihr dann glaubt. Seid einfach frei.

Frei sein heißt, dass ihr eure Vergangenheit nicht ernst nehmt. Und was ist Vergangenheit überhaupt? Sie besteht aus euren Erinnerungen, und Erinnerungen sind nur ein Eindruck von der Vergangenheit – was wirklich passiert ist, wisst ihr nicht. Wenn ihr bei guter Laune in die Vergangenheit blickt, fallen euch die schönen Dinge ein; seid ihr in schlechter Stimmung, erinnert ihr euch an das, was schiefging. Der Blick in die Vergangenheit ist seiner Natur nach selektiv, und euch kommt nur das in den Sinn, was zu eurer gegenwärtigen Stimmung passt. Wer in ein buddhistisches Kloster eintritt und sich ordinieren lässt, der denkt: »Was für ein schöner Ort, wirklich erstaunlich, dass nicht alle hierherkommen.« Wenn er andere austreten sieht, denkt er: »Wie kann man nur das Mönchsgewand ablegen? Hier ist es doch so schön. Er muss verrückt sein, er hat den Verstand verloren.« Dann kommt der Tag, an dem er selbst austritt, und jetzt denkt er: »Wie kann man nur in diesem miesen Laden bleiben? So was Ätzendes! Das ist wirklich ein lausiges Kloster hier, die reine Gehirnwäsche, sehen die Leute das nicht?« Er betrachtet von seiner gegenwärtigen Stimmungslage aus die Vergangenheit, in diesem Fall seine gesammelten Erinnerungen an das Klosterleben. Darauf könnt ihr nicht bauen. Und worauf man nicht bauen kann, das nimmt man besser nicht ernst.

Was ihr nicht ernst nehmen könnt, das »nehmt« ihr besser überhaupt nicht. Lasst es ziehen und seid frei. Setzt eure Weisheit ein, euer Wissen um die Natur der Vergangenheit, um absolut, vollkommen, hundert Prozent frei zu sein. Dann sind wir alle zusammen auf diesem herrlichen ebenen Spielfeld – keine großartigen Meditierer, keine armseligen Meditierer. In diesem gegenwärtigen Augenblick der Meditation unterscheide ich mich in nichts von irgendeinem anderen. Ist es nicht großartig, frei zu sein und nicht einmal eine Reputation zu haben? Nichts, dem man gerecht werden müsste, nichts, weswegen man Sorgen oder Gewissensbisse haben müsste, nichts, was in Ordnung zu bringen wäre. Wenn ihr so denkt und meditiert, in Frieden und ohne Lasten auf dem Rücken, ist Meditation sehr einfach.

Es gibt Menschen, die den Misserfolg regelrecht aufbauen. Sie glauben, in der Vergangenheit versagt zu haben, und sehen sich jetzt als Menschen, denen nur Misserfolg bestimmt ist. Aus meiner Zeit als Schullehrer erinnere ich mich an ein Experiment, bei dem Schüler von gleich hoher Intelligenz in zwei Gruppen eingeteilt wurden, Klasse A und Klasse B. Den Kindern der A-Klasse hatte man zu verstehen gegeben, sie seien jetzt in der Klasse für die Schlaueren, weil sie bei Prüfungen besser abgeschnitten hatten. Die B-Kinder dagegen mussten sich in der Dummkopfklasse fühlen, angeblich weil ihre Prüfungsergebnisse schlechter waren – was wie gesagt nicht zutraf. Tatsächlich waren alle Kinder von ungefähr gleichem Leistungsstand gewesen, aber jetzt nach der Trennung zeigte sich, dass die Leistungen der A-Kinder immer besser und die der B-Kinder immer schlechter wurden. Behaltet diesen Effekt gut im Auge. Wenn ihr einmal anfangt, euch als Versager zu sehen, die irgendwie nicht meditieren können, wird das der Grund, weshalb ihr es dann tatsächlich nicht könnt. Werft das alles weg, lasst euch gar nicht erst darauf ein. Macht euch klar, dass ihr nie etwas anderes als diesen Augenblick habt, und macht euch dadurch frei von der Vergangenheit. Freut euch daran, einfach nur hier zu sein, wie eure Erfahrung auch gerade aussehen mag.

Übt es, und ihr werdet sehen, dass sogar Schmerz von eurer Haltung abhängt, von eurer Sicht der Dinge. Der Buddha trägt uns auf, *Dukkha* wirklich ganz zu erkennen. Wenn ihr ganz im gegenwärtigen Augenblick seid, könnt ihr sagen: »Ich kenne dich, Mara«, und der Schmerz verschwindet. Einen Menschen, einen Ort, eine Situation zu verändern, das kann sehr schwierig sein, aber ihr müsst es gar nicht. Ändert eure Sicht der Dinge, das ist viel einfacher. Ihr braucht nur einen neuen Blickwinkel, einen Augenblick der Weisheit, und alles stellt sich anders dar. Das Leiden verblasst und schwindet, die Meditation wird ganz leicht.

Wenn meine Meditation irgendwie nicht vom Fleck kommt, frage ich mich manchmal: »Was geht da vor, was ist los?« Dann ordnet sich sofort alles neu, denn sobald die Weisheit das Problem erkennt, lösen sich die Blockierungen. Im nächsten Augenblick herrscht Frieden, und schon kommst du in Gang und tiefer in die Meditation hinein. So wirkt die Kraft der Weisheit. Wenn es wirklich Weisheit ist, echte Einsicht, wird *Upasama* entstehen, ein Zustand der Ruhe. Das Problem ist erkannt und du kannst sagen: »Mara, ich kenne dich.« Dann schleicht sich Mara nicht einmal weg, er verpufft.

## Alles daransetzen

Das sind ein paar der Kniffe, die wir anwenden, um in die tiefe Meditation zu kommen. Jeder kann das. Wenn ihr ganz schlecht drauf seid oder einfach nicht in die tiefe Meditation kommt, versucht es mit Weisheit, ihr werdet überrascht sein. Seid zufrieden, dass ihr hier seid und wisst, wie man es anstellt – lasst das Wursteln sein. Sagt euch einfach: »Na gut, das probiere ich aus, ich werde einfach hier sein und das genug sein lassen.« Setzt alles daran: Entlasst die Vergangenheit, versucht nicht, etwas zu erreichen, habt keine Erwartungen. Lasst die Dinge einfach verschwinden.

Setzt alles daran, und ihr werdet sehen, dass es funktioniert. Es zahlt sich sofort als friedliche Meditation aus und außerdem nimmt eure Weisheit zu. Dann ist es nicht mehr die Weisheit des Buddha und nicht Ajahn Chahs Weisheit oder meine – sondern eure eigene. Ihr habt etwas gemacht, und es funktioniert. Der Geist wird klug, scharf und weise und erkennt den Weg in die Freiheit.

Der Buddha sagte, dass wir die Verlockungen und Gefahren der fünf *Khandhas* und der sechs Sinnesbereiche kennen sollten – und vor allem den Ausweg (SN 22,26–28; SN 35,13–18). Das Wichtigste ist der Ausweg. Man entkommt nicht durch Einsatz von Willenskraft, nicht als meditierender Starkmeier, der sich über Schmerzen buchstäblich hinwegsetzt und seinen Geist zwingt, bis er spurt. Der Weg, der von Unwissenheit und Verblendung zum *Nibbana* führt, ist Weisheit. Weisheit erzeugt Frieden und Stille, Stille vermehrt die Weisheit. Schritt für Schritt werdet ihr achtsamer, Schritt für Schritt kehren Stille und Glück ein. Es ist ein schöner Weg, der froh macht und interessant ist. Vergesst nie, dass ihr es könnt. Und ihr werdet es schaffen, wenn ihr nur dabei bleibt, eure Weisheit einzusetzen. Versucht nicht, mit dem Kopf durch die Wand zu gehen, Wände halten mehr aus als Haut, Knochen und graue Materie. Wenn ihr Glück, Frieden und Freiheit wollt, setzt Weisheit ein – der widersteht nichts.

# 6 Aus Frieden folgt Einsicht

IHR KÖNNT VIEL VOM DHAMMA VERSTEHEN, wenn ihr Bücher lest oder die Suttas studiert. Auch das ist wichtig, aber es gibt euch nur die Außenansicht. Wichtiger ist es, aus eigener Anschauung zu wissen, wie der Geist funktioniert. Ihr müsst aus unmittelbarer Erfahrung wissen, woher Frustration, Langeweile und Unruhe, aber auch gute Zustände wie beispielsweise Stille kommen. Diese Art des Erkennens vertieft das, was wir Einsicht nennen. Dahin kommt ihr aber nur, wenn ihr Ruhe und Frieden findet, und je tiefer der Frieden und die Stille werden, desto mehr erkennt ihr das wahre Wesen der Dinge.

## Ursache und Wirkung verstehen

Wenn ihr tiefe Meditation noch nicht erlebt habt, hilft vielleicht der Vergleich mit einem Jungen weiter, der eine Uhr oder ein Radio auseinandernimmt, um herauszufinden, wie sie funktionieren. Wenn er alles demontiert hat, kann er sich ungefähr vorstellen, wie das Ganze funktioniert. Wenn ihr also Probleme beim Meditieren habt und dabei sozusagen in Stücke geht, seid unbesorgt, denn genau das eröffnete euch die Chance, herauszufinden, wie ihr tickt. Ihr gewinnt Einblick in den Ursache-Wirkung-Mechanismus von Körper und Geist.

Denkt aber daran, dass ihr nur in Frieden und Stille zu echtem Verständnis kommen könnt. Dazu das alte Gleichnis von der Kaulquappe im Teich: Sie ist im Wasser geboren und immer nur im Wasser gewesen und kann folglich nicht wissen, was Wasser ist. Erst wenn sie ein Frosch wird und ans Land steigt, erkennt sie, was Wasser ist. In gleicher Weise gilt für euch, dass ihr die Dinge erst verstehen könnt, wenn sie in den tiefen meditativen Zuständen zu verschwinden beginnen. Große Einsicht kann erst kommen, wenn der Geist still wird und die Dinge in dieser Stille verschwinden. Eine der möglichen Übersetzungen für *Nibbana* ist »Aufhören« – die *Sankharas* kommen zur Ruhe und alle Dinge enden. *Sabbasankharasamatha*, das Stillwerden der *Sankharas*, ist ein schöner Gegenstand der Betrachtung. Eben das ist *Nibbana*, ein Ruhig- und Stillwerden, ein Befrieden und Sichsetzen der *Sankharas*. *Sankhara* bezeichnet hier die Auswirkungen der Aktivität von Körper, Rede und Geist, also das, was ihr als Folgen eures früheren *Kamma* erfahrt. *Sankhara* kann aber auch den Vorgang beschreiben, der neues *Kamma* entstehen lässt, also die von eurem Willen geleiteten Aktionen von Körper, Rede und Geist. Das Wort besitzt demnach sowohl einen passiven als auch einen aktiven Bedeutungsanteil.

Sobald ihr wisst, dass eure gegenwärtige Verfassung aus Ursachen entstanden ist, könnt ihr das Zusammenspiel von

Ursache und Wirkung zu euren Gunsten wenden und im Sinne von Frieden, Stille, Lösung, Freiheit und Erleuchtung nutzen. Um die passiven *Sankharas* zu befrieden, müsst ihr die aktiven zur Ruhe bringen, also den Prozess anhalten, der passive *Sankharas* entstehen lässt. Das bedeutet, dass ihr das Wollen abstellt, das ganze Kontrollieren und Tun, und der Weisheit folgt, die euch rät, diesen Augenblick zu lassen, wie er ist, und Frieden mit ihm zu schließen. Ihr öffnet diesem Augenblick, was er auch bieten mag, euer Herz – ihr seid genügsam, nicht fordernd und leicht zufriedenzustellen, es ist euch genug, einfach nur hier zu sein. Das ist nicht gar so schwierig, wenn ihr es einmal rational betrachtet. Der gegenwärtige Augenblick ist sowieso hier, und da ihr ihn doch nicht ändern könnt, scheint es klug, ihn zu nehmen, wie er ist.

## Das Ich-Gefühl abbauen

Gegen den gegenwärtigen Augenblick ankämpfen, das ist der falsche Ansatz, damit gebt ihr dem Willen nur Rückenwind und macht ihn stärker. Starker Wille heißt aber starkes Ich-Gefühl, starkes Ego. Eine Reduzierung des Willens bedeutet dagegen eine Schwächung des Egos, und wenn der Wille ganz ausgeschaltet ist, wird es still um das Ego, es verschwindet. Das Verschwinden des Ich-Gefühls bezeichnen wir mit dem Wort *Anatta*. Dieses Ich-Gefühl beinhaltet zweierlei, nämlich das, was du gegenüber anderen zu sein glaubst, dein äußeres Ego, und das, was du in dir selbst zu sein glaubst, die Essenz deines Egos. Letzten Endes verschwinden alle »Haken«, an die du den Hut deines vermeintlichen Ich hängen könntest. Das ist beängstigend. *Sabbasankhara-samatha* ist beängstigend, weshalb der Buddha sagte, dass nur wenige es verstehen (MN 26).

Es kann in den ersten Jahren des Klosterlebens ein ziemlicher Kampf sein, wenn ihr zusehen müsst, wie euer Ich-Gefühl immer mehr verschwindet. Es widerspricht ja auch allem, was sonst in dieser Welt gilt, in der sich die allermeisten eine klare, unverwechselbare Identität wünschen, die aus Name, Alter, Geburtstag, Lebenslauf, Zeugnissen, Status, Geschlecht und beruflichen Qualifikationen besteht. Ihr habt euch ins Zeug gelegt, um anderen recht zu sein und euch ein in der Welt, das heißt für Freunde, Kollegen, Eltern und Lehrer respektables Ich zuzulegen. Ihr wisst genau, wer ihr seid. Ihr habt das Gefühl, etwas Festes und Bestimmtes zu sein, und jetzt sollt ihr das plötzlich zerlegen. Heißt das etwa, ihr habt bisher nur Zeit vergeudet? Nun ja, wenn ich an meine Jahre an der Universität von Cambridge zurückdenke, weiß ich heute, dass ich mit all dem Büffeln, das mich durch die Examina bringen sollte, nur Zeit verschwendet habe. Irgendetwas von dieser Art habt ihr sicher auch durchgemacht. Und das ist jetzt, wo ihr gern verschwinden würdet, das *Kamma*, mit dem ihr euch auseinanderzusetzen habt.

Aber um es zu wiederholen, ihr könnt nicht durch einen Willensakt verschwinden, ihr könnt euch nicht sagen: »Ich werde einfach nicht mehr da sein, das hier soll mein letztes Leben sein.« Das Wollen ist eben das, was das Ego aufbaut, und daraus folgt, dass gerade der Wille, nicht zu sein – im Buddhismus sprechen wir vom Verlangen nach Nichtexistenz –, dafür sorgt, dass euer Ich-Gefühl erhalten bleibt. Das Verlangen nach Nichtexistenz ist wie alles Wollen ein *Sankhara*, und alle *Sankharas* erzeugen etwas Neues. Das Rad der Wiedergeburt haltet ihr auf diese Weise nicht an. Wer das möchte, für den gibt es nur den Weg der Meditation. Meditiert, vertieft die Meditation Stufe für Stufe, und euer Ich-Gefühl, euer Ego, wird schwinden.

Meditation ist für den buddhistischen Weg so grundlegend, dass man alles Übrige, zum Beispiel *Sila* oder sogar Weisheit, als flankierende Faktoren betrachten kann. *Samadhi* steht im Mittelpunkt, denn wenn ihr den Geist immer stiller macht, lernt ihr, nach und nach zu verblassen, zu verschwinden. Das fällt euch am Anfang schwer. Ihr möchtet sein, schließlich habt ihr über unzählige Leben nichts anderes im Sinn gehabt. Deshalb ist das Klosterleben auf euer Verschwinden hin ausgerichtet oder unterstützt euch in der Ausrichtung darauf. Ihr seid einfach ein Mönch irgendwo in der Mitte der Reihe oder ein Novize am Ende. Ihr tragt die gleiche Kleidung, ihr seht ähnlich aus. Selbst Leute, die regelmäßig ins Kloster kommen, kennen euch vielleicht nicht beim Namen. Kennt *ihr* euren Namen? Euer Name ist »die fünf *Khandhas*« oder »die sechs Sinnesbereiche«, euer Name ist »Vergänglichkeit«, »Leid« und »Nicht-Ich«. Habt ihr das einmal verstanden, dann wisst ihr, dass jeder Schritt in Richtung Verschwinden ein richtiger Schritt ist. Bei der Meditation seht ihr, dass Frieden, Freiheit und Freude zunehmen, wenn auch nur ein weiteres kleines bisschen von euch verschwindet. Diese Freude und dieses Glück, dieses Gefühl von Freiheit und Wahrheit sind die Karotten, denen ihr auf dem Weg zur Befriedung aller *Sankharas* nachgeht. Selbst wenn ihr da nur ein klein wenig mehr Frieden schafft, spürt ihr, dass ihr auf dem richtigen Weg seid.

## Was befriedet wird, verschwindet

Neulich wurde ich gefragt, was eigentlich *Saddha* ist, wörtlich »Glaube« oder »Zuversicht«. Die Bedeutung ist diese: Glaube ist das Ende aller *Sankharas*, Glaube ist ein Aufhören, Glaube ist *Nibbana*. Gemeint ist weniger der Glaube an die drei Kostbarkeiten – Buddha, *Dhamma* und *Sangha* – als vielmehr der Glaube an das, worauf sie verweisen. Echter Glaube ist ein Glaube an das Aufhören, an das Ende der Leiden – und daran, dass es erreichbar ist. Wenn ihr an die Möglichkeit der Befriedung aller *Sankharas* glaubt, wird es eine reale Möglichkeit. Wie bekommt ihr diesen Glauben? Er bildet sich, wenn ihr die *Sankharas* durch tiefe, friedvolle Meditation ein kleines bisschen ruhiger macht. Nach und nach kommen die *Sankharas* soweit zur Ruhe, dass sie gar nicht mehr da sind. Etwas ganz und gar befrieden heißt, dass es verschwindet, weil sich gar nichts mehr regt.

Mein Körper kann dafür als Beispiel dienen. Ich werde älter, und wenn ich mich hinsetze, tut mir schon mal dies oder das weh oder die Nase juckt. Aber wenn ich dann hier sitze, vergehen diese Gefühle. Nach einer Weile ist der ganze Körper einfach weg, und das ist wirklich eine Erleichterung.

Vor Jahren nahm einmal eine Frau an einem meiner Retreats teil, deren Hände verschwanden, sie konnte sie nicht mehr fühlen! Sehr gut! Kleine *Sankharas* wurden zur Ruhe gebracht. Sie beachtete den Schreck und die Angst nicht weiter, und als ich sie fragte, wie es sich anfühle, fand sie es schön und befreiend.

Wenn sich Glück und Frieden dieser Art einstellen, fasst ihr Zutrauen zu diesem Weg, auf dem wir die Dinge zur Ruhe kommen lassen, sie loslassen. Dann geht ihr diesen Weg gern weiter und befriedet immer weitere *Sankharas*. Weshalb war dieser Körperteil oder jener nicht mehr da? Weil du dich nicht mehr mit ihm befasst hast, nichts ändern wolltest, nichts bequemer gestalten wolltest. Du hast ihn einfach gar nicht mehr beachtet, du hast dich von ihm gelöst und ihn sich selbst überlassen. Wenn ihr ein Glas Wasser in der Hand haltet, könnt ihr dann erreichen, dass das Wasser vollkommen still bleibt? Da kann man sich anstrengen, wie man will, das Wasser bleibt nicht völlig still. Aber setzt das Glas ab – das heißt, seht von allem Wollen ab –, und das Wasser wird von selbst ganz still. Wenn während der Meditation etwas still wird, verschwindet es. Wenn der aktive Anteil der *Sankharas* befriedet wird – das Tun, das Wollen, das Wählen, das Machen –, verschwinden die verbleibenden passiven *Sankharas*. Der ganze Weg wird zur Kunst des allmählichen Verschwindens.

## Die Zeit befrieden

Die Zeit ist ein Folterknecht. Wie viele Tage Retreat sind noch übrig? Wie lang dauert dieser Vortrag noch? Wann kann ich endlich aufs Klo? Wann kann ich schlafen gehen? Wie viele Stunden Schlaf bekomme ich? Wie lange noch bis zum Frühstück? Bis zur Teepause? Dieses ganze Zeitdenken ist wirklich ein Kreuz. Lasst es still werden um die Zeit.

Das Wollen oder Begehren erzeugt die Zukunft, das Übelwollen oder Übelnehmen die Vergangenheit. Wenn ihr das Wollen sein lasst, verschwindet die Zeit, und das fühlt sich wirklich gut an. Zeitlosigkeit geht euch auf – ihr habt meditiert, aber wisst nicht mehr, wie lange. Ihr wart hellwach, aber Zeit bedeutete gar nichts. Zwei Stunden, drei Stunden, fünf Minuten – kein Unterschied. Es gibt nur einen Augenblick, nämlich diesen. Das ist wirklich alles. Ihr habt die aktiven *Sankharas* befriedet, das ganze Wollen, und da findet auch die Zeit Frieden. Wenn die Zeit zur Ruhe kommt, werdet ihr immer wieder zwei Stunden lang, drei Stunden lang meditieren, und es macht euch überhaupt nichts aus. Dazu muss die Meditation nicht einmal besonders tief sein. Frieden mit der Zeit ist eine tiefe Erfahrung mit einem schönen Nachspiel – Freiheit, Glück, Seligkeit.

## Das Denken befrieden

Bevor ihr Frieden mit der Zeit schließen könnt, müsst ihr den denkenden, schweifenden Geist zur Ruhe bringen. Dazu muss ein ganz subtiler Wille eingesetzt werden, nämlich der Wille, alles Tun zu unterlassen. Dieser Wille oder Entschluss stellt gleichsam einen Wächter am Tor des Geistes auf, nicht unähnlich dem Rausschmeißer im Nachtclub, der sagt: »Probleme haben keinen Zutritt.« Diese Selbstbeschränkung verlangt anfangs ein wenig Willenskraft und Beherrschung. Sie benötigt den bewussten Entschluss, den Geist zu beschneiden und seinen ungesunden Neigungen nicht nachzugeben. Ihr zieht eine Grenze und stellt einen Wächter auf. Darin seid ihr wie ein Gärtner, der alles Mögliche gesät und angepflanzt hat und jetzt dafür sorgt, dass nichts beschädigt wird. Ihr braucht nur diesen Wachtposten aufzustellen, der genau weiß, was er zu tun hat. Wenn der Geist dann stiller wird, bewacht und beschützt der Posten einfach diese Stille, sie ist ihm wichtig, er sorgt für sie, lässt sie wachsen. So können die Augenblicke der Stille, des Friedens ohne Gedanken, immer länger werden.

Wenn ihr aufhört zu denken, geht etwas verloren, und zwar das Ich, der Ich-Gedanke. Viele halten sich etwas auf ihre Intelligenz zugute, auf ihre Fähigkeit, klar zu denken und überzeugend zu argumentieren. Aber beim Argumentieren tun sie ja nichts weiter, als Denkmuster aufeinander loszulassen, wie Sumoringer im Kampfring der Worte und Begriffe. Es gibt nur einen echten Sieg, und der liegt darin, dass ihr Stille einkehren lasst. Ihr macht den Geist so still, dass Gedanken gar nicht mehr aufsteigen. Er schweigt, und dann habt ihr Frieden und Freiheit.

Selbst wenn ihr das Denken nur kurz abstellen könnt, vielleicht nur für ein paar Sekunden – es lohnt sich auf jeden Fall, diese Erfahrung zu machen, zu wissen, wie es sich anfühlt. Betrachtet es, und ihr werdet sehen, dass es sehr schön ist. Ihr seht dann auch, dass alle Gedanken euch nur bedrängen. Das ist ungefähr so, als hätte man einen tyrannischen Ehepartner, der einem ständig zusetzt, oder einen Chef, der immer alles unter Kontrolle haben muss, der alles vorschreibt und einen dann auch noch fertig macht. Wenn das alles einmal abgestellt ist – ah, was für eine Erleichterung. Der stille Geist ist so köstlich, dass Vertrauen und Zuversicht nur zunehmen können. Sicher, anfangs kann es ein bisschen beängstigend sein, weil man das Gefühl hat, man verschwindet. Beim Denken hat man das Gefühl, die Dinge irgendwie selbst in der Hand zu haben, und wenn man nicht denkt, kann es einem so vorkommen, als versuche man freihändig Motorrad zu fahren. Wie soll ich das Gleichgewicht halten, wenn das Denken nicht da ist, um mir diesen oder jenen kleinen Anstoß zu geben? Nach einer Weile stellt sich dann heraus, dass es ganz gut ohne Denken und Kontrolle geht, dass man tatsächlich besser dran ist, wenn man loslässt und das Ich verschwindet. Man fühlt sich großartig dabei. Außerdem gewinnt ihr so eure ersten Einblicke in das, was wir *Anatta* und Verblassen und Aufhören nennen.

## Die Vielfalt der Eindrücke reduzieren

Wenn das gelingt, ist eine weitere Zuspitzung notwendig, die Sammlung auf den Atem. Weshalb folgt ihr dem Atem? Weshalb könnt ihr nicht einfach in der Stille des Augenblicks bleiben und fertig? Wegen der sechs Sinne und der Vielfalt der Sinneseindrücke, die ständig wie eine Art Lärm auf euch einstürmen. Damit es da stiller wird, müsst ihr euch sammeln und die sechs Sinnesbereiche auf zwei reduzieren: den Berührungssinn (in der Form der Atemempfindung) und den denkenden Geist (der im Buddhismus zu den Sinnen gezählt wird). Irgendwann lasst ihr auch vom Atem ab und macht den Geist zum alleinigen Brennpunkt eurer Achtsamkeit. Diese zugespitzte Ausrichtung auf den Geist gehört zu den großen Entdeckungen des Buddha und ist ganz entscheidend für den Weg aus dem *Samsara*. Der gesammelte Geist ist wieder eine Sprosse höher auf der Leiter der Stille.

Nonverbale Aufmerksamkeit leidet in ihrer unentwickelten Form immer noch an dem Manko, dass der Geist weiterhin in Bewegung ist. Er ist ruhelos, er sucht das Glück mal hier, mal da. Er sieht immer irgendein weiteres Erlebnis, das interessant oder nutzbringend sein könnte. Er kann sich nicht begnügen, und das ist es, was die Menschen umtreibt, wenn sie Bücher lesen und sich Filme ansehen oder sich überall auf der Welt herumtreiben. Wonach suchen sie da? Seht genau hin, und ihr werdet erkennen, dass die Dinge im Wesentlichen überall gleich sind. Die Bäume sind ungefähr gleich, die Menschen auch. Weshalb muss man unbedingt die chinesische Mauer sehen? Das ist keine große Sache, eine Mauer ist eine Mauer. Oder man macht die teure Fahrt auf den Eiffelturm. Der Ausblick von da oben ist einfach ein Ausblick. Weshalb wünschen sich die Menschen dergleichen? Oft scheint es nur darum zu gehen, dass man irgendetwas unternimmt. Immer wieder das Nächste zu wollen gibt irgendwie ein Gefühl von Identität.

Das Leben ist eine Reise, und Meditation beendet sie. Ihr haltet irgendwo an, setzt euch hin und sammelt euch auf den Atem, und so überwindet ihr die Neigung des Geistes, immer anderswohin zu wollen. Wenn ihr wirklich ganz auf den Atem ausgerichtet seid, fühlt ihr den übrigen Körper bald nicht mehr. Ihr wisst dann nicht mehr, ob ihm warm oder kalt ist, ob die Muskeln in den Beinen ziehen oder die Knie wehtun – ihr fühlt all das nicht mehr. Ihr seid ganz und gar auf den ein- und ausströmenden Atem gesammelt und nehmt nichts anderes mehr wahr. Ihr habt von der Vielfalt abgelassen, diese Regungen des Geistes zur Ruhe gebracht, die immer zu den übrigen Sinnen hin tendieren. Kurzum, ihr habt vier Sinne befriedet, das Sehen, Hören, Riechen und Schmecken. Auch das Berührungsempfinden ist weitgehend still geworden. Ein letzter Rest davon ist der Atem, und auch um den wird es jetzt still.

Kontrolle und Festhalten nützen euch bei dieser Befriedung gar nichts. Ich habe das selbst versucht, es geht nicht. Wenn ihr euch am Atem festhaltet, könnt ihr die Meditation nicht aufrechterhalten, ihr verkrampft euch, und der Genuss des Friedens ist dahin. Seid freundlich zum Atem, lasst ihm seinen eigenen Lauf, dann übt ihr richtig. Ihr befriedet die

Ursachen all der Dinge, die euch in den Sinn kommen, bis nur noch der Atem übrig ist.

Ihr betrachtet nur noch den ein- und ausströmenden Atem, und eure Geistesverfassung ändert sich: Es fühlt sich gut an, es hat so viel Frieden. So viel Leidvolles ist abgeschüttelt, es macht euch froh und glücklich. Gleichzeitig tut sich die Chance auf, jetzt zu tiefen Einsichten zu kommen, und diese Chance solltet ihr nach Kräften nutzen. Wie kann es sein, dass euch die bloße Betrachtung des Atems so glücklich macht, wo doch die meisten Leute sich Fußballspiele ansehen oder Zeitschriften lesen oder nach Paris oder London fahren müssen? Sie fragen sich händeringend, wer wohl Olympiasieger wird oder in der ersten Fußballliga die Oberhand hat. Sie zermartern sich das Hirn über Beziehungen, Sex und Geld und all die Dinge, die zu erledigen sind. Ihr habt nichts als den Atem und seid doch glücklicher. Wie kann das sein? Nun, wenn ihr die Dinge befriedet, lasst ihr die Probleme des Lebens ziehen. Ihr habt allein den Atem – und einen so schönen Atem. Nichts weiter ist zu tun, als ihn wahrzunehmen und immer noch ruhiger werden zu lassen.

Frei von all den Bürden seid ihr glücklich. All die unzähligen Leiden enden und ein wunderbarer Frieden breitet sich aus. Die *Sankharas* kommen nach und nach zur Ruhe, und im gleichen Maße empfindet ihr mehr Glück und Befreiung und denkt: »Wahrhaftig, auf diesem buddhistischen Weg dreht sich alles um das Loslassen, um die Abkehr vom Leiden, es ist der Weg in einen wahren Glückstaumel, in die Freiheit!« Aber ihr hängt euch nicht an diese Glückseligkeit, sondern bleibt dem Weg der Befriedung der *Sankharas* treu, weil ihr wisst, dass er euch noch viel weiter in die Tiefe führen wird. Ihr lasst immer mehr *Sankharas* los, je mehr, desto besser. Bisher war es schon schön, jetzt wollen wir doch mal sehen, wie viel schöner es noch werden kann. Glaubt mir, es wird sagenhaft schön, schöner, als ihr es euch ausmalen könnt.

## Der strahlende Geist

Der Atem kommt zur Ruhe und wird schließlich so still, dass ihr euch von ihm lösen könnt. Dann erscheint ein *Nimitta*. Was ist ein *Nimitta*? Es ist einfach der Geist in seiner strahlenden Verfassung, also das, was die Suttas *Pabhassara-Citta* (AN 1,49–52) nennen. Es ist der von den übrigen fünf Sinnen befreite sechste Sinn – wie der Mond, wenn er von den Wolken freigegeben wird. Was meinen wir mit »freigeben«? Die Wolken sind nicht mehr da, um die fünf Sinne ist es so still geworden, dass sie verschwinden und nur noch der Geist da ist. Ihr fühlt den Körper nicht mehr, nicht einmal mehr den Atem. Und dorthin kommt ihr nicht durch Beherrschung der Sinne, durch Grübeln über die Sinne, sondern dadurch, dass ihr sie nicht mehr beachtet und euch ganz auf den Atem konzentriert. Ihr sammelt euch auf die schöne Seite des Atems, und das lässt ihn zur Ruhe kommen. Ihr lasst lediglich zu, dass es geschieht. Und dann bleibt nur *Citta*, der Geist.

Das *Nimitta*, das in diesem Zustand erscheint, ist nicht nur reine Schönheit und Wonne, sondern eröffnet auch wichtige Einblicke in den Vorgang, dass etwas immer stiller wird, bis es verschwindet. Erinnert euch an die Kaulquappe. Erst jetzt, da der Körper und die fünf Sinne vollkommen in Frieden sind, könnt ihr erkennen, was sie eigentlich sind. Erst jetzt versteht ihr wirklich, was der Buddha gelehrt hat. Und ihr wisst, weshalb *Pabhassara-Citta* so oft nicht mit »strahlender Geist« übersetzt wird, sondern uns als »ursprünglicher Geist«, »Essenz aller Dinge«, »Gott« oder »kosmisches Bewusstsein« begegnet: Weil ein *Nimitta* etwas so unglaublich Schönes ist. Aber wenn ihr oft genug *Nimittas* erlebt und die Einsichten gewonnen habt, die sie begleiten, dann ist euch klar, dass der strahlende Geist nichts mit höheren Mächten oder einer transzendenten Wirklichkeit zu tun hat. Der Geist strahlt vielmehr, weil die fünf Sinne vollkommenen Frieden haben.

## Die *Jhanas* – das große Wegzaubern

Auf dieser Stufe ist nur noch der Geist übrig, und so muss im nächsten Schritt *Citta* selbst befriedet werden. Ihr bringt die Dinge weiter zur Ruhe – *Samatha* – und seht zu, wie viel mehr ihr noch loslassen könnt. Wenn ihr *Nimitta* loslasst und es überhaupt nicht mehr zu kontrollieren versucht, tretet ihr in die *Jhanas* ein, diese Zustände von tiefster Glückseligkeit. Ein *Jhana* stellt sich ein, wenn alles wirklich ganz zur Ruhe gekommen ist – der Körper, der Atem, der Geist und vor allem der Wille. Der Wille kann im *Jhana* überhaupt nichts mehr ausrichten, er steht still. Da der Wille stillsteht, füttert ihr ihn nicht mehr, und er vergeht zusehends. Es ist wie bei einem Menschen, der nicht mehr ernährt wird, er nimmt immer weiter ab und wird schwächer und stirbt schließlich.

Wenn ihr die *Jhana*-Praxis konsequent betreibt, kommt ihr vom ersten *Jhana* zum zweiten und dritten und vierten, dann folgen die formlosen oder *Arupa*-Stufen und zuletzt *Nirodha*. Da der Geist nicht mehr vom Willen geleitet ist, geht ihm der in der Vergangenheit aufgenommene Schwung verloren, der das tiefere Vordringen in die *Jhanas* bisher verhindert hat. Wenn man bei einem Auto die Benzinzufuhr allmählich drosselt, wird der Wagen immer langsamer fahren, bis er schließlich stehen bleibt. So ähnlich ist es auf dem Weg durch die *Jhanas*, immer mehr Dinge schwinden dahin. Die *Jhanas* sind das große Wegzaubern des Geistes. Wenn sich das für euch abzeichnet, wird die Verblendung endgültig an die Luft gesetzt. Wenn ihr den Geist schwinden seht, wird euch klar, dass selbst er ein *Sankhara* ist – nicht von einem Gott oder Ich erschaffen, sondern von Äonen des Tuns und Wollens, von vielen Leben des Handelns, Redens und Denkens. Und jetzt bringt ihr ihn zur Ruhe, ihr lasst ihn verblassen und schwinden. Das also bedeutet *Sabbasankharasamatha*: in die *Jhanas* eintreten und sich in Richtung *Nirodha* vorantasten, bis der Geist aufhört zu sein. Dann ist wirklich nichts mehr übrig, kein kosmisches Bewusstsein, kein Gott, keine Erfahrung, keine Wahrnehmung, kein Fühlen, keine letzte Wirklichkeit. Nicht einmal nichts bleibt dann übrig. Wer das versteht, der weiß, wie es zu *Nibbana* kommt und weshalb es so über alle Maßen glückselig ist.

Die großen Einsichten des Buddha entsprangen seiner *Jhana*-Praxis, in der er die Dinge verschwinden sah. Tiefen *Samadhi* zu erreichen ist zumindest am Anfang die größte Schwierigkeit, weil man bei der Befriedung des Willens das Gefühl bekommt, dass man selbst verschwindet. Dann ist es gut, geschickte Mittel wie *Anatta-Sanna* zu praktizieren, also die Wahrnehmung, dass kein Ich existiert. Die Suttas lassen keinen Zweifel daran, dass es kein Ich gibt; das ist eigentlich die Grundlage des Buddhismus. Sogar in psychologischen Fachzeitschriften könnt ihr heute nachlesen, dass das Ich nicht besteht, sondern nur ein Gedankengebilde ist. Macht euch diese Sicht immer tiefer zu eigen, und ihr werdet bei der Meditation immer besser vom Willen lassen können. Je tiefer ihr *Anatta* oder »Nicht-Ich« erfasst, desto eher könnt ihr still werden, sodass die Befriedung dann von selbst weitergeht. Als *Arahant* kommt man ganz leicht ins *Jhana*, und selbst ein *Anagami* oder »Nicht-Wiederkehrer« kann es ohne Mühe.

## Das Ende aller Leiden

Schritt für Schritt also bringt ihr den Geist zur Ruhe, und mit jedem Schritt werden die Leiden geringer. Solange noch *Sankharas* da sind, gibt es auch *Dukkha*. »Alle *Sankharas* sind leidvoll«, heißt es in den Suttas (zum Beispiel AN 3,136). Was genau ihr gerade empfindet, weiß ich nicht, aber dass es *Dukkha* ist, das weiß ich. Wenn euch meine Worte begeistern, ist das immer noch *Dukkha*. Alles ist Leid. Erst wenn alles befriedet ist, schwindet auch das Leid. Schritt für Schritt verschwindet alles, und dafür bekommt ihr immer mehr Glauben und Weisheit.

Es ist nicht so, dass ihr mit viel Glauben und wenig Weisheit anfangt und am Ende haufenweise Weisheit und kaum noch Glauben habt. Die beiden wachsen gemeinsam. Euer Glaube und das Zutrauen zu diesem Weg wachsen, und je mehr Einsicht und Weisheit ihr dadurch gewinnt, desto stärker wird auch der Glaube. Im Stadium der Erleuchtung ist das Vertrauen nicht mehr zu erschüttern.

Die meisten Menschen haben nicht einmal ein bisschen Glauben, weil sie »zu viel Staub in den Augen« haben, wie es in den Suttas heißt (zum Beispiel MN 26). Das gilt ganz besonders für unsere Zeit, in der sich die Menschen ziemlich ausschließlich den Dingen der Welt ergeben. Sie können kaum verstehen, was *Sabbasankharasamatha* bedeutet, das Befrieden des Willens und aller vom Willen hervorgebrachten Dinge, das Befrieden des *Samsara*. Sie können sich auch nicht vorstellen, dass es sich lohnt, das anzustreben. Aber wer schon ein wenig Ruhe gefunden und nur noch wenig Staub in den Augen hat, versteht, dass es der einzige Weg zu Glück und Freiheit ist. Und wer diesen Weg nicht einschlägt, wird endlos Umtrieb, Müdigkeit, Frustration, Plackerei und Ärger erleben, Leben für Leben, äonenlang. Die Tränen, die ihr schon geweint habt, sagt der Buddha, sind mehr als alles Wasser der Weltmeere (SN 15,3). Ihr seid so oft gestorben, dass alle eure Knochen, auf einen Haufen geworfen, einen Berg ergeben würden (SN 15,10). Und euer Blut, allein von allen euren Enthauptungen, würde ebenfalls die Weltmeere füllen (SN 15,13). Das wird wohl ein Gefühl von *Nibbida* auslösen, von Widerwillen oder Ekel gegenüber diesem potenziell endlosen Leiden.

Zum Glück gibt es einen Ausweg. Ihr übt den Weg und kommt langsam, langsam auf ihm voran, euer Zutrauen wächst. Vergesst nicht, wie überaus wichtig die Befriedung der Dinge ist, die Beruhigung aller Dinge. Stellt an jeder Stufe eurer Meditation einen Wächter auf. Bildet euch nicht ein, das »Loslassen« sei so etwas wie ein Freifahrschein für Fantasiereisen oder ausgiebiges Schlafen. Das Nicht-Tun ist ebenfalls eine Schutzvorrichtung, ein Wächter, ein Rausschmeißer. Die besten Rausschmeißer in Nachtclubs sind Leute, die einfach nur dastehen müssen. Sie brauchen nichts zu tun, schon ihr bloßes Vorhandensein beugt haarigen Situationen vor. Ihr braucht nichts weiter als Achtsamkeit, starke, kluge, schützende, fürsorgliche Achtsamkeit, und ungute Geisteszustände können gar nicht erst aufkommen. Gleichzeitig werden Glaube und Weisheit Schritt für Schritt stärker und in der Folge auch Frieden und Freiheit. Dann wisst ihr, dass dieser Weg mit seinen tiefen Meditationen der Weg zum *Nibbana* ist.

Einsichtsmeditation ohne *Jhana*, so etwas gibt es nicht. Einen anderen Weg gibt es ebenfalls nicht, es gibt nur den achtfachen Pfad. Es gibt nur das Loslassen, das Befrieden der *Sankharas*, und die Erfahrung dessen, was sie nach sich ziehen, die *Jhanas*. Je häufiger eure *Jhana*-Erfahrungen werden, desto mehr und endgültiger befriedet ihr die *Sankharas*, und im Verlauf dieser Entwicklung legt ihr euer Ich-Gefühl ab und gebt das endlose Umherschweifen im *Samsara* auf.

Ihr lasst all das sein, was doch nur Leid ist, und legt es auf *Nibbana* an. Auf diesem Weg erwächst Einsicht aus der Befriedung des Geistes. Das tun wir hier und darum geht es im Buddhismus.

# Glück 7

»SAMADHI IST DER WEG, Nicht-*Samadhi* ist der falsche Weg« (AN 6,64). Das ist eine meiner Lieblingsstellen in den Suttas. Sie betont die entscheidende Bedeutung eines stillen Geistes. Ich übersetze *Samadhi* heute am liebsten mit »Stille«. Stille trifft nicht nur das, was mit *Samadhi* gemeint ist, sondern lässt auch die Erfahrung anklingen. In dieser Stille liegt ein tiefes Glück. Für euch ist es wichtig zu wissen, was für ein Glück das ist, damit ihr es leichter erkennt.

## Sich in die Stille einfühlen

Das Gegenteil von Stille – nämlich *Kummagga*, der falsche Weg – ist Umtrieb jeder Art, Unruhe in der Gestalt unseres Denkens, Fantasierens, Träumens und Planens. Der Grund für alle Aufregung liegt in eurem Tun, wenn ihr nämlich Körper und Geist unter Kontrolle zu bringen versucht. Selbst wenn ihr glaubt, dass ihr gar nichts tut, besteht doch ein Hang, euren schlechten Gewohnheiten zu folgen. Ihr merkt nicht einmal, dass da noch ein Tun abläuft. Weil ihr mit der Strömung geht, spürt ihr sie nicht. Wenn ihr das Tun wirklich eingestellt habt, erkennt ihr es daran, dass der Geist nicht mehr aufgewühlt ist.

Viel innere Unruhe kommt daher, dass wir unsere Erfahrung gern benennen und einstufen. Beim Meditieren müsst ihr diese Gewohnheit ablegen. Ihr denkt euch nicht in die Meditation hinein, sondern fühlt euch ein. Ihr fühlt, dass der Geist immer mehr Frieden findet und immer stiller wird. Aber benennt diese Erfahrung nicht als Stille. Wenn der Geist aktiv ist, merkt ihr es an seiner Unruhe und Anspannung. Ist er nicht aktiv, wird er langsamer und stiller, und dann wisst ihr, dass ihr in die richtige Richtung geht. Die Achtsamkeit bemerkt das, und dann könnt ihr euch noch tiefer in die Meditation einfühlen. Dann wird die Stille noch stiller, der Geist wird schöner Geist, geschmeidig und frei. Das also ist der Weg in den *Samadhi*: Fühlend verfolgt ihr das Ruhigwerden von Körper und Geist, es ist ein Entspannen und Sich-Öffnen.

## Die Sinne kühlen

In der Lehrrede vom Brennen (SN 35,28), vielfach mit »Feuerpredigt« übersetzt, sagt der Buddha, dass die fünf Sinne und der Geist in Flammen stehen. Sie brennen vor Verlangen und Übelwollen, sie brennen von den Schmerzen des Daseins. Man kann fühlen, wie dieses Feuer wabert und lodert, wie die Flammen lecken und die Menschen versengen, die ihnen zu nahe kommen. Beim Meditieren beruhigt ihr die Sinne und löscht so die Flammen. Und ihr befriedet nicht nur die Sinne selbst, sondern auch ihre Objekte und die verschiedenen Formen des Sinnesbewusstseins, also den gesamten Prozess der sinnlichen Wahrnehmung.

Wenn eure Meditation richtig läuft, seid ihr kühl, ruhig und in Frieden. Wenn ihr unruhig seid, wird der Körper schnell hitzig, während seine Temperatur in der Stille der Meditation abzusinken scheint. Mit der Schmerzintensität ist es ganz ähnlich. In Ruhe, im *Samadhi*, empfindet ihr keine Schmerzen mehr, der Körper ist kühl, ruhig und still.

Die Sinne stehen in Flammen – was brennt da? Ihr lasst euch auf die Sinne ein, das ist der Brennstoff. In den Suttas ist von *Kamacchanda* die Rede; wir übersetzen dieses Wort normalerweise mit »sinnliches Verlangen«. *Chanda* ist etwas, das ihr beispielsweise tut, wenn ich nicht zu einer Zusammenkunft des *Sangha* kommen könnt: Ihr gebt für alles, was dort vielleicht beschlossen wird, euer *Chanda*, euer Einverständnis, eure Zustimmung. Damit bedeutet *Kamacchanda* eigentlich, dass ihr einverstanden seid, dass ihr es gutheißt, euch auf die Sinnlichkeit *(Kama)* einzulassen. Wenn ihr euch auf die fünf Sinne einlasst und in sie verfangt, türmen sich die Probleme und ihr findet überhaupt keine Stille. Sobald ihr euch jedoch davon löst, wenn ihr loslasst und die Brennstoffzufuhr unterbrecht, kommen die Sinne zur Ruhe.

Wenn die Meditation richtig läuft, verschwindet der Körper nach einer Weile. Das ist herrlich. Ihr sitzt hier und spürt Hände, Beine, Gesäß, Körper und Kopf nicht mehr. Ihr nehmt weder Schmerz noch Wohlgefühl wahr, all das ist weg. Löst euch vom Körper, und er wird kühl und ruhig, bis er schließlich verschwindet.

Das kann erschreckend sein, wenn ihr euch als euren Körper versteht, wenn ihr euch für stark, gesund und fit haltet. So baut ihr ein Haften am Körper auf, und das bleibt euch auch dann, wenn ihr alt und krank werdet. Dann bleibt ihr auf diesem schmerzenden alten Körper sitzen, weil ihr nicht gelernt habt, wie man ihn loslässt und verschwinden lässt. Deshalb ist es eine gute Sache, Meditation schon in jungen Jahren zu lernen. Je früher ihr lernt, vom Körper zu lassen, desto leichter fällt es euch, wenn ihr alt und krank werdet. Lasst ab vom Körper, bis er verschwindet, dann seht ihr, dass ihr nicht euer Körper seid. Diese Erkenntnis erlaubt euch, immer weiter loszulassen.

Wenn ihr den Körper nicht fallen lassen könnt, müsst ihr euch fragen, woran das liegt. Wie ich bereits erzählt habe, sagte Ajahn Chah gern, dass die Geräusche nicht uns stören, sondern wir die Geräusche. Wir gehen auf sie ein, anstatt sie einfach nicht zu beachten. Das ist mit den Wehwehchen und Schmerzen des Körpers und sogar mit euren Gedanken nicht anders: Die Gedanken stören euch nicht, sondern ihr stört die Gedanken, weil ihr auf sie reagiert. Sobald reagiert wird, spinnt sich der Prozess von selbst weiter. Das Reagieren ist Unruhe, und Unruhe ruft weitere Gedanken hervor. Das Eingehen auf die Dinge stachelt den Geist an. Löst euch also, tretet zurück und lasst den Geist in Ruhe. Sagt euch erneut, dass alles Geschehen altem *Kamma* entspringt. Es muss passieren, es ist die Auswirkung einer Ursache. Deshalb ist es unsinnig, euch zu messen und zu beurteilen, euch

Vorwürfe zu machen. Wenn ihr dieses gewohnheitsmäßige Eingehen auf die Dinge unterbinden könnt, kommt alles nach und nach zur Ruhe, die Sinne verblassen und schwinden und ihr erlebt Frieden, Leichtigkeit, Befreiung.

## Die Seligkeit des stillen Geistes

Das Gefühl der Befreiung beim Meditieren ist wunderbar, die höchste Wonne, die überhaupt möglich ist. Bedenkt aber, dass die Wonnen der Meditation von ganz anderer Art sind als die Freuden des Alltags. Sie sind tiefer und subtiler, sie haben eine andere »Geschmacksnote«. Manchen Leuten entgeht die Lust der Meditation, weil sie nach etwas Bekanntem Ausschau halten, das näher an ihrem weltlichen Erleben liegt. Versucht also bei der Meditation auch kleine Anflüge von Seligkeit zu bemerken, um euch an das Erkennen dieser besonderen Freuden zu gewöhnen.

Der Buddha vergleicht weltliche Lust mit der Wonne, die ein Hund an einem blutigen Knochen hat (MN 54). Er schmeckt zwar gut, ist aber ohne Fleisch nicht besonders sättigend. So ist auch die Sinnenlust, ihr Geschmack verspricht Befriedigung, aber dann mangelt es doch an Substanz. Hat eure Meditation dann aber richtigen Biss bekommen, stellt sich auch die Substanz und damit die Befriedigung ein. Sie schmeckt nicht nur gut, sie nährt auch. Sie ist nicht bloß der Duft, sondern die Sache selbst.

Vielleicht habt ihr dieses Glück schon erlebt, ohne es recht wahrzunehmen. Das ist wie mit diesen 3-D-Bildern. Erst sehen sie zweidimensional aus, aber es bedarf nur einer leicht geänderten Betrachtungsweise, und plötzlich ist die Tiefe da. Die dritte Dimension war auch vorher schon da, aber ihr seht sie erst, wenn ihr die Anleitung befolgt. So ist es auch mit der Erfahrung des stillen Geistes. Ihr habt diese Erfahrung vielleicht schon gemacht, erkennt ihre Schönheit aber erst nach einer Weile. Erkundet den Frieden, und wenn ihr die Erfahrung immer wieder macht, geht euch irgendwann ihre ganze Seligkeit auf. Da erkennt ihr den Anfang von Ende der Leiden. Die dritte Edle Wahrheit beginnt sich für euch im ruhigen, stillen Geist abzuzeichnen.

## Vom Verlangen nach Glück lassen

Wenn ihr erstmals das Glück der Meditation erlebt, machen manche den Fehler, nach diesem Glück zu streben und es wieder herbeiführen zu wollen. Ihr habt die Stille erlebt und verfallt ihr förmlich, ihr wollt mehr davon. Doch das ist nur eine alte Gewohnheit, die euch in die Quere kommt. Vergesst also nicht, dass die tieferen Meditationen euch gerade durch das Verlangen danach verschlossen bleiben. Wenn ihr solche Wünsche nicht gut im Auge behaltet, können sie euch manche Enttäuschung bescheren. Erinnert euch, wie ihr in diese friedliche Verfassung gekommen seid: nicht durch den Wunsch danach, sondern durch das Absehen von allen Wünschen.

Solche Zustände scheinen die ersten paar Male wie durch Zufall einzutreten, ihr rechnet nicht damit. Vielleicht ist noch nicht Schlafenszeit, und ihr sitzt einfach noch eine halbe Stunde, weil sonst nichts zu tun ist. Vielleicht schlagt ihr einfach nur Zeit tot, setzt euch hin und tut gar nichts. Es kann sogar sein, dass es ringsum recht laut zugeht. In einer denkbar ungeeigneten Situation tritt urplötzlich Frieden ein. Irgendwann versteht ihr, woran das liegt: Weder Lärm noch sonstiges Ungemach behindern eure Meditation, es ist einzig und allein eure Haltung. Ihr wart im Augenblick gegenwärtig, ohne etwas zu erwarten, ohne auf etwas aus zu sein, wunschlos, und dadurch konntet ihr still sein und die Schönheit dieses Zustands erleben.

Alles Leiden kommt aus dem Begehren, hat der Buddha gesagt, und jetzt seht ihr das in der Praxis. Ihr erkennt das Verlangen als eine Regung des Geistes. Ihr seht ganz direkt, wie Regungen des Geistes – das Verlangen, der Aufruhr, das Eingehen auf die Dinge, das *Upadana* oder Aufnehmen der Dinge – die Dynamik des Leidens in Gang hält. Ihr seht das in eurer Meditation so deutlich, dass der Geist urplötzlich anhalt. Ihr nehmt nichts auf, ihr geht auf nichts ein, ihr hängt euch an nichts, ihr verstärkt euer Ich-Gefühl nicht, ihr kontrolliert nicht, ihr vermerkt nichts, ihr bewertet das Ganze nicht. All das »Wie komme ich voran?« und »Was muss ich als Nächstes tun?« kommt zur Ruhe. Wenn ihr seht, wo das herkommt, wenn ihr Ruhe einkehren lasst, steht euch die tiefe Meditation plötzlich offen.

Dieses Beruhigen des Geistes wird euch geläufig, die Glückserlebnisse werden häufiger, und jetzt macht das Meditieren richtig Spaß. Ihr bekommt einen Geschmack der größten Köstlichkeiten, die man nur haben kann, und versteht immer besser, wie unendlich kostbar Zeiten der Zurückgezogenheit oder auch ein klösterliches Leben sind. Wenn ihr große Seligkeit erlebt, zum Beispiel das Glück eines klaren *Nimitta,* wiegt das Jahre eures Lebens auf und gibt euch das Gefühl von etwas wirklich Sinnvollem. Da mag man Millionär werden oder sich verlieben oder Kinder haben, es bleibt doch immer die Frage, was das alles soll. Es entgleitet euch doch, noch so ein blutiger Knochen, dessen Geschmack viel verspricht, aber nicht hält. Tiefe Meditation ist etwas anderes. Selbst wenn du nur einmal ins *Jhana* findest, es sättigt auf Jahre hinaus. Das klingt vielleicht sonderbar, aber wenn ihr es selbst erlebt habt, ist es sonnenklar. Tiefe Meditation besitzt Kraft und bietet Erfüllung – ihr stoßt auf etwas tief Erstaunliches.

## Vom Glück des Verschwindens

Es kann gut sein, dass einige hinduistische oder christliche Mystiker *Jhana* oder wenigstens tiefe meditative Zustände erlebt haben. Das waren so eindrucksvolle Erfahrungen, dass sie dann von der Vereinigung mit Gott sprachen. Warum sagen sie das? Weil der geeinte Geist, die Gefühle von Glückseligkeit und Kraft, das Fehlen eines »Ich« etwas unglaublich Tiefes sind. Außergewöhnliche Erfahrungen dieser Art entstehen aus Nicht-Tun, aus vollkommenem Loslassen. Du hast die Dinge so weit zur Ruhe kommen lassen, dass sie verblassen und schwinden. Denken ist nicht mehr möglich, Hören ist nicht mehr möglich. Du weißt dann nicht einmal, dass es so ist, denn dieses Erkennen würde eine geistige Regung voraussetzen. Erst im Nachhinein weißt du und kannst dir klarmachen, was geschehen ist.

Der Buddha sagte: »Geduld ist die höchste Askese« (Dhp 184). Geduld bedeutet hier aber nicht, dass man Schmerz einfach erduldet oder dass man fastet, weil man meint, Selbstfolter sei eine gute Sache. Das hat der Buddha nicht gemeint. Der Buddha meint mit Geduld, dass man einfach zuschaut, ohne sich auf irgendetwas einzulassen. Wahre Geduld ist daran zu erkennen, dass ihr ganz still werdet und die Dinge verschwinden. In der Stille fängt das Ego an zu verblassen. Um ein Jemand zu sein, müsst ihr etwas tun, und wenn ihr aufhört zu tun, wenn ihr ganz geduldig seid, verschwindet ihr. Ihr seid nicht mehr durch die Vergangenheit bestimmt, nicht mehr Gefangene eurer Hoffnungen und Zukunftspläne. Bleibt im gegenwärtigen Augenblick und tut nichts, dann seid ihr frei, ihr verschwindet, ihr geht in Nichts auf. Dann wisst ihr: Das Ende aller Leiden kann unmöglich noch irgendetwas enthalten, es kann nur Nichts, Leere, Verschwinden sein. Wer das jetzt gerade liest und dabei ganz konzentriert ist, für den existieren weder das räumliche Umfeld noch seine Aufgaben noch seine Familie – alles außer dem Lesen ist weg. Selbst in dieser kleinen Leere kann man einen Geschmack von Freiheit bekommen.

Ein Mönch saß unter einem Baum und sagte immer wieder nur: »Welche Seligkeit, o diese Seligkeit!« (Ud 2,10) Er war einmal ein König gewesen, weshalb einige vorbeiwandernde Mönche meinten, er erinnere sich wohl an sein glückliches Herrscherleben. Das wusste er besser. Er dachte an seine früheren Herrscherpflichten und war einfach nur zutiefst erleichtert, dass er *nicht* mehr König sein musste. Wenn ihr euch anseht, was alles zurückgelassen wurde, spürt ihr diese Freiheit und dieses Glück. Am Glück der Verblassens und Verschwindens erkennt ihr, wie wunderbar Leere ist. Ihr seht, was alles nicht mehr da ist, und wie viel Freiheit das bedeutet. So beschreibt der Buddha die Leere-Meditation (MN 121).

Ihr wisst vielleicht, wie gut es sich anfühlt, wenn man nach einer schweren Krankheit aus dem Krankenhaus entlassen wird. Vor vielen Jahren, da war ich noch ein junger Mönch in Thailand, habe ich mir das Tsutsugamushi-Fieber, auch Busch-Typhus genannt, zugezogen. Ich war einen Monat im Krankenhaus und fühlte mich hundeelend. Als ich entlassen wurde, war ich immer noch schwach – aber wie herrlich das war! So kann das Glück des Verschwindens auch aussehen: Die Typhusleiden waren vorbei. Da war ich einmal wirklich dankbar für meine Gesundheit. Wenn ihr immer nur gesund seid, wisst ihr das gar nicht zu schätzen, sofern ihr euch das Fehlen von Schmerz und Krankheit nicht bewusst vor Augen haltet. Dieser Mönch, der einmal König war, wertschätzte das Glück der Freiheit besonders dann, wenn er sich an die Last der Herrscherwürde erinnerte.

Seht zu, ob ihr eure Meditation auch so betrachten könnt. Vergegenwärtigt euch, wenn ihr mit geschlossenen Augen dasitzt, welche Freiheit es bedeutet, dass ihr einfach nur hier sein könnt und euch für jetzt keine Sorgen um eure Familie, eure Aufgaben, euren Körper machen müsst. Ihr seid frei, das hier ist Urlaub, ihr habt die Erlaubnis. Gönnt euch diese Freude. Und wenn die Fantasien enden und das Denken pausiert, dann gönnt euch auch diesen Urlaub. So bekommt ihr Sinn für die Freuden des Verschwindens. Ihr versteht *Niramisa-Sukha*, das Glück des Loslassens, in dem die Dinge verschwinden.

## Das Glück des Verzichts

Im Aranavibhanga-Sutta (MN 139) unterscheidet der Buddha zwei Arten der Lust: Sinnliche Lust bedeutet, dass man sich auf die Dinge einlässt oder etwas bekommt, was man sich wünscht; die Lust des *Dhamma* liegt dagegen im Verzicht, im Verblassen und Verschwinden der Dinge. Ich erinnere mich an eine sehr frühe Erfahrung von *Dhamma*-Lust während meiner Schulzeit. Es gab an dieser Schule halbe freie Tage. Wenn du ein braver Junge warst, bekamst du den Nachmittag frei. An solchen Tagen machte ich meine Hausaufgaben gleich in der Mittagspause, damit ich sie hinter mir hatte. Dann war der Nachmittag wirklich ganz unbeschwert, es gab überhaupt nichts, was ich tun musste. Dieses Gefühl von Freiheit hat mir solche Nachmittage unauslöschlich eingeprägt. Ich erlebte da als Dreizehnjähriger schon die Lust und das Glück des Verschwindens der Dinge.

So könnt ihr auch meditieren. Denkt einfach nicht an das, was als Nächstes kommt, all die tiefen Stufen der Meditation, die es noch zu erreichen gilt. Wer solche Gedanken hegt, verwehrt sich die Freuden des gegenwärtigen Augenblicks, und der Weg zu den tieferen Stufen ist ihm versperrt. Belastet euch, vor allem während eines Retreats, nicht mit dem Gedanken, dass ihr *Jhana* erreichen, wenn nicht sogar Erleuchtung finden müsst. Setzt euch nicht unter Druck, seid in Frieden: keine Ziele, keine Anforderungen, überhaupt nichts, was ihr tun müsstet, außer eben mit Wertschätzung den Atem zu betrachten. Ihr reduziert die mentale Aktivität auf das notwendige Minimum, und so macht ihr den Weg in die *Jhanas*, den Weg aus dem *Samsara* frei.

Sinn für das Einfache – das ist ungefähr so, als würdet ihr etwas säen; die Dinge fangen an, irgendwie für sich selbst zu sorgen. Wenn ihr euren Geist immer einfacher werden lasst, wird er euch immer mehr Anlass zur Freude geben. Das Glück der Meditation, das euch anfangs noch meist entging, fesselt und verzaubert den Geist zusehends. So soll es sein. Macht euch keine Sorgen, dass ihr dem verfallen könntet, die Suttas beschreiben dieses Glück als gut und notwendig, nicht als gefährlich (MN 66). Es hat etwas Befreiendes. Wenn ihr das Begehren zurückstutzt, kann das Ego nicht überleben, und so werdet ihr tiefer und tiefer in das Lösen und Lassen eingeführt. Dieses Glück hat etwas natürlich Reines, lässt die Stille wachsen und wirkt befreiend.

## Die Seligkeit des Aufhörens

Auf diesem Weg des Verblassens aller Dinge werdet ihr erkennen, von welcher Genialität die Lehren des Buddha sind. Ihr begreift, dass die fünf Sinne und der Geist als sechster Sinn wie Feuer sind, und dann seid ihr natürlich bestrebt, sie zu kühlen, bis die Flammen erlöschen und nichts mehr da ist. Je mehr die Sinne verblassen, desto freier fühlt ihr euch, und unversehens kommt ihr auf diesem Weg in die *Jhanas*. Dieser Weg, seht ihr jetzt, führt in Richtung Leere. Ihr erkennt: »Nichts ist es wert, dass ihr daran festhaltet« (SN 35,80). Das ist schon schön, wenn ihr es nur mit dem Verstand erfasst, und wenn es erlebt wird, ist es noch schöner.

Manchmal scheint euch, dass ihr unmöglich noch stiller werden könnt, und dann werdet ihr es doch. Immer weniger regt sich, immer mehr verschwindet, der Geist wird immer noch stiller. Selbst Superlative können die tiefe Meditationserfahrung nicht mehr erfassen. Der Geist wird immer leerer, stiller und glückseliger, und jetzt versteht ihr, weshalb *Nibbana*, das Aufhören von allem, höchstes Glück ist. Der Weg der Stille und Einsicht ist ein glücklicher Weg, der glücklichste Weg, den ihr gehen könnt, und je tiefer ihr kommt, desto glücklicher wird er. Wenn die Leute richtig in Schwung kommen und die Praxis zum Selbstläufer wird, entsteht zusätzlich ein Schneeballeffekt. Der Schneeball rollt und rollt in die Tiefe und wird immer größer und schneller, die Praxis wird mühelos. Das einzig Schwierige ist der Anfang.

Wenn ihr einmal Geschmack an dieser Glückseligkeit gefunden habt, ist aller *Dhamma* der Welt gleich da in euren Herzen. Die Sinne verblassen, der Geist tritt in die glückseligen Zustände ein, und das ganze *Tipitaka* ist wie vor euch aufgefächert. Die *Khandhas* werden als das gesehen, was sie sind. Ihr erkennt, was es heißt, dass die Sinne in Flammen stehen und nichts als Leid bedeuten, und ihr habt wirklich genug von all dem. Ihr empfindet Widerwillen, *Nibbida*, und von *Nibbida* kommt ihr zu *Viraga*, dem Verblassen, und von

*Viraga* schließlich zum Aufhören der Dinge. Der ganze Weg – Einsicht, Glück, tiefe Meditation – ist gleich da in eurem Herzen gegenwärtig. Ihr braucht nur die Anleitung zu befolgen: sich hinsetzen, still werden, betrachten und sich in nichts hineinziehen lassen. Nach und nach erschließt sich die Meditationserfahrung dann ganz von selbst.

# 8 Wahre Weisheit erkennen

Es ist ganz wichtig zu wissen, was *Panna* oder Weisheit eigentlich ist und woran man sie erkennt. Die Kraft echter Weisheit liegt darin, dass sie uns über den buddhistischen Weg insgesamt und im Besonderen über die Meditationspraxis aufklärt. Der Stellenwert der Weisheit wird deutlich, wenn wir die dreifache Praxis von *Sila, Samadhi* und *Panna* oder Tugend, Stille und Weisheit in ihrer Gesamtheit betrachten. Man kann die Praxis als aufbauende Stufenfolge sehen: Zuerst übt ihr den sittlichen Lebenswandel, dann das Stillwerden, dann die Weisheit. Man kann aber auch sagen, dass diese drei Stufen oder Schritte sich gegenseitig unterstützen: Tugend ist die Kraft, die *Samadhi* und Weisheit fördert, Erfolg im *Samadhi* unterstützt Tugend und Weisheit, und wenn die Weisheit zunimmt, ist sie ein stetig wachsender Rückhalt für Tugend und *Samadhi*. Je weiter ihr also auf dem Weg kommt, desto mehr stützen und fördern sich die drei Faktoren gegenseitig. Weisheit ist das, was die anderen beiden stabilisiert. Wir sehen uns also in diesem Kapitel an, wie Weisheit – wenn es wahre Weisheit ist – die Praxis der Tugend erleichtert und im Geist immer mehr Stille schafft.

## Wie Weisheit wirkt

Eine meiner Lieblingsstellen in den Suttas ist die Antwort des Buddha auf die Frage: »Was ist *Dhamma*?« Seine Antwort war so einfach wie tiefgründig: »Das, was zum vollständigen Zurückweisen, Verblassen und Aufhören, zu Frieden, höherer Erkenntnis, Erleuchtung und *Nibbana* führt« (AN 7,83). Unter anderem ist hier Frieden genannt, *Upasama*. Frieden ist die wunderbare Gelassenheit, in der du ohne Störungen und Probleme nur so durch deinen Tag fließt. In allem, was du tust – meditieren, schlafen, essen, zusammen mit anderen oder allein –, ist etwas von Gleichmaß oder Ebenmäßigkeit, keine Probleme, keine Schwierigkeiten. *Sama* in *Upasama* bedeutet »eben«, ein ebener oder glatter, also nicht holpriger Weg. Das führt uns zu einer schönen Definition von Weisheit: Sie ist das Wissen, das uns ein gleichmäßiges, friedvolles und ausgeglichenes Leben zu führen erlaubt.

Vor langer Zeit, als ich noch Laie war, habe ich manchmal Mönche aufgesucht, die unglaublich inspirierende Unterweisungen von sich gaben. Aber wenn ich genauer hinsah, hatten sie keinen Frieden – was sollte mir dann ihre Weisheit? Sie konnten begeistern, und was sie sagten, klang vernünftig, aber nach den Maßstäben des Buddha genügt das nicht; wenn sich die Weisheit eines Menschen nicht entsprechend auf sein Leben auswirkt, kann es nicht wahre Weisheit sein. Wenn Weisheit die Schwierigkeiten eines Lebens nicht bereinigt, wenn sie nicht Gelassenheit, Wohlbefinden, Raum, Glück, Frieden und Freiheit in diesem Leben schafft, kann etwas mit ihr nicht stimmen. Auch in den Suttas finden wir ja, »dass ausgezehrte, abgehärmte« Mönche und Asketen »von schlechter Farbe und mit hervorstehenden Adern« entweder krank sind oder falsch praktizieren, während Mönche von echter Weisheit, die richtig praktizieren, »munter lächeln, voll echter Freude sind, an allem Gefallen finden, immer frisch und von heiterer Gelassenheit sind« (MN 89). Aus buddhistischer Sicht muss Weisheit also unbedingt zu allgemeiner Gemütsruhe und Wohlbefinden führen.

Außerdem begründet Weisheit ein sittlich einwandfreies Verhalten. In meinen frühen Jahren in Thailand, als der Buddhismus im Westen noch zu den ganz alternativen Dingen zählte, traten ein paar sehr radikale Leute in unser Kloster ein. Einige bezogen gegen einen Teil der Klosterregeln Stellung und sagten, sie seien einfach nur repressiv und hätten nichts mit Weisheit zu tun. Aber nach vielen Jahren der meditativen Praxis, wenn man zu tiefen Einsichten gekommen ist, stellt sich heraus, dass hinter all den Regeln Erfahrung steht, nämlich ein Wissen um die Bedingungen des friedlichen Zusammenlebens in einer Gemeinschaft.

Ich will darauf hinaus, dass man die Weisheit eines anderen nicht unbedingt an seinen Worten erkennt, sondern an dem Frieden, den er gewonnen hat. Auf dem Pfad des Buddhismus geht es darum, den Geist still werden zu lassen, mit dem Körper in Frieden zu leben und in dieser Welt frei zu sein. Das zeichnet einen weisen Menschen aus. Wer wahre Weisheit besitzt, ist friedvoll und glücklich, er hat die Probleme des Lebens gelöst.

## Ursache und Wirkung

Durch Meditation und Stille kommt ihr an die tiefen Einsichten heran, die euch das Wesen der Beziehung von Ursache und Wirkung zu erkennen erlauben. In den Lehren des Buddha geht es sehr viel um Ursache und Wirkung, um die Frage, woher die Dinge kommen und wodurch sie entstehen. Wenn Probleme auftauchen, sind wir als Schüler des Buddha gehalten, sie genau zu untersuchen. Wir setzen Verstand und Erfahrung ein, um herauszufinden, woher ein Problem kommt und zu was es führt. Was zu einer ungesunden Verfassung von Körper und Geist führt, kann nicht gut sein, kann nicht der Weisheit entspringen. Wenn wir das festgestellt haben, forschen wir weiter zurück, um uns anzuschauen, wie es zu diesem Problem gekommen ist.

Wer Achtsamkeit, Frieden und Weisheit hat, wird die Verkettung von Ursachen und Wirkungen erkennen können. Er erkennt, woher Wut, Schuldgefühle, Depression und Angst kommen und wie sie in einem Menschen wachsen. Wenn ihr diese Dinge seht, tut ihr euch natürlich leichter, sie rechtzeitig abzufangen, und da ihr sie als ungesund und unproduktiv erkennt, seid ihr in der Lage, etwas gegen sie zu unternehmen.

Wenn sich ein unguter Geisteszustand einmal bei euch eingenistet hat, könnt ihr nicht mehr viel tun; am besten mischt ihr euch dann nicht ein, sondern wartet ab, bis der Zustand von selbst vergeht. Wichtiger als alles andere ist es, sich dieser Verfassung bewusst zu sein, damit sie nicht mehr gar so schlimm ausfällt, wenn sie wieder einmal akut wird.

So hat es einer meiner Mönchsgefährten damals in Thailand gemacht. Er hatte es die ersten Jahre wirklich sehr schwer, aber ich bewunderte ihn, einfach weil er zu seinen geistigen Verunreinigungen stand. Er litt mitunter so furchtbar, dass er durchzudrehen glaubte und sogar meinte, er müsse das Kloster verlassen – aber er blieb. Als er es das erste Mal so schwer hatte, dachte er, es würde immer schlimmer werden, doch dann nahm er ebenso überrascht wie erleichtert wahr, dass sich das Problem allmählich verzog. Es verging, weil er es nicht mehr fütterte. Und von da an wusste er aus eigener Erfahrung um die Vergänglichkeit aller Zustände, auch der schlimmsten.

Außerdem sah er, dass sich seine finstere Verfassung nicht einfach ein für alle Mal verabschiedet hatte. Er verstand ihren Prozesscharakter, nämlich wie sie entstand und was sie in Gang hielt. Dann brauchte er nichts mehr zu tun, um das Geschehen anzuhalten; er musste sich nur noch vom Feuer fernhalten und es allein ausbrennen lassen. Als er zu dieser Einsicht gekommen war, konnte er mit dem nächsten Anfall dieser finsteren Verfassung viel besser umgehen. Er musste sich nur an das letzte Vorkommnis dieser Art erinnern und wusste, dass der Zustand auch diesmal wieder von selbst vergehen würde. Er bauschte ihn nicht auf, er hatte keine Angst vor ihm, er ließ sich nicht ins Bockshorn jagen. Dadurch war der Zustand leichter zu ertragen, wurde nicht mehr so ernst wie zuvor und hielt nicht mehr so lange an. Und wenn er dann verging, war die Weisheit dieses Mönchs wieder ein wenig stärker geworden. Immer kürzer und erträglicher wurden diese Ausfälle, bis das Problem schließlich ganz überwunden war. Das ist ein schönes Beispiel für Weisheit in Aktion – einfache Weisheit, aber eben doch Weisheit. Wenn wir Probleme verkleinern oder überwinden, ist das immer Weisheit in Aktion.

## Schlangen

Die Dynamik dieser unguten Geisteszustände sollte sich unserer Achtsamkeit mitteilen. Wenn wir achtsam sind, sehen wir diese seelischen oder auch körperlichen Zustände kommen und können dann schon eingreifen, bevor sie sich festsetzen. Ein anderer Mönch in meinen frühen Jahren hatte als Soldat am Vietnamkrieg teilgenommen. Er erlitt eine Schussverletzung am Hinterkopf, die auch sein Gehirn verletzte und ihn zum Epileptiker machte. Als Mönch lernte er seine Achtsamkeit so einzusetzen, dass er einen Anfall immer früher vorhersehen konnte. Wenn er schon auf die allerersten Anzeichen reagierte, war es ihm möglich, noch gegenzusteuern – durch Ruhe, Rückzug in sein Zimmer oder andere bewährte Mittel –, sodass der Anfall nicht zum Ausbruch kam. Im Laufe der Zeit wurden die Anfälle nach und nach seltener, und schließlich war er in der Lage, die Anzeichen so früh zu erkennen, dass es überhaupt nicht mehr zu epileptischen Anfällen kam. Mit seiner Achtsamkeit hatte er die Weisheit geschaffen, die eine Lösung des Problems erlaubte. Und genau darauf möchte ich hinaus: Nutzt Achtsamkeit und Weisheit zusammen, um die Probleme abzufangen, bevor sie euch beim Wickel haben.

Wir hatten damals in der Umgebung des Klosters Wat Pah Pong massenhaft Schlangen, und wir selbst besaßen oft genug nicht einmal Sandalen. Die fielen immer ziemlich schnell auseinander, und wir flickten sie zwar notdürftig mit Schnüren oder Stoffstreifen, aber das half auch nicht lange. Taschenlampen hatten wir ebenfalls nicht immer. Wir benutzten die Batterien, bis die Lampen wirklich nur noch müde funzelten, und danach war es finster. Also mussten wir dann am Abend barfuß und im schwachen Licht des Sternenhimmels über diese von Schlangen wimmelnden Pfade zu unseren Hütten gehen. Ich wusste, dass da überall Schlangen sein würden, und weil ich es wusste, konnte ich meine Achtsamkeit darauf einstellen, sie rechtzeitig zu bemerken. Ich bin nie gebissen worden. Ich hatte meiner Achtsamkeit einen Auftrag erteilt, und mit dieser sehr schlichten Weisheit gelang es mir, allen Schlangen auszuweichen.

So könnt ihr es auch vermeiden, von unerfreulichen Gemütszuständen »gebissen« zu werden. Stellt eure Achtsamkeit darauf ein, das Nahen solcher Dinge rechtzeitig zu bemerken. Jeder weiß, dass diese Zustände keinen Frieden, sondern nur Unruhe versprechen. Es sind schlechte Angewohnheiten, die kein Glück zulassen und immer Leid nach sich ziehen. Es ist wie bei Schlangen: Wenn man es so weit kommen lässt, dass man gebissen wird, kann es richtig unangenehm werden. Benutzt also eure Achtsamkeit, um solche Störungen schon im Keim zu erkennen, und seht zu, dass ihr sie umgeht. Dann liegen einfach weniger Schwierigkeiten auf eurem Weg. Die Weisheit sorgt für ein friedliches, glückliches und gesundes Leben, das euch mit

Leichtigkeit und im Fluss mit allen Dingen durch die Welt trägt.

Ein glückliches und gesundes Leben ist sicher in sich selbst erstrebenswert, aber das Überwinden unguter Gemütszustände hat durchaus noch tiefere Auswirkungen. Solche Zustände sind eine Form des Leidens, und das macht uns dann manchmal noch negativer, nämlich wütend, deprimiert oder schuldbewusst. Schuldgefühle könnten gar nicht erst aufkommen, hätten wir uns nicht zuvor auf einen negativen und dadurch leidvollen Anstoß eingelassen. Nutzt Achtsamkeit und Weisheit zur Linderung oder sogar Lösung solcher Leiden, dann braucht ihr keine Fantasien und Tagträume als Fluchtwege und es fällt euch viel leichter, die Gebote zu halten und einen reinen Geist zu wahren. Natürlich erfahrt ihr dann auch mehr Freude, ihr findet leichter in die Stille hinein und eure Weisheit nimmt zu. Das ist ein geschlossener Kreislauf, der sich selbst fortsetzt, der euch trägt und immer mehr Kraft entfaltet – und alles, weil ihr eure Weisheit einsetzt.

## Das Haar in der Suppe

Behaltet das negative Denken im Auge, es ist der Treibstoff für den nörgelnden Geist. Das Nörgeln meldet sich als leise Unzufriedenheit an und setzt sich dann in euch fest. Es vergiftet euren Geist. Und wenn sich das Nörgeln einmal eingenistet hat, findet es immer neue Anlässe. In den Suttas ist ja nachzulesen, dass die Leute selbst am Buddha einiges auszusetzen fanden. Wenn ihr im besten Kloster der Welt lebt, einen stets einsatzfreudigen Lehrer habt, das beste Essen überhaupt bekommt und in der denkbar behaglichsten Hütte wohnt, wird es doch immer etwas geben, woran man herumnörgeln kann. Als junger Mönch habe ich gelegentlich sogar Ajahn Chah kritisiert, und danach kam ich mir richtig blöd vor. Wenn ich an ihm etwas auszusetzen fand, dem weisesten und selbstlosesten Menschen, dem ich je begegnet bin, dann musste das Problem wohl bei mir liegen …

Wenn du dem Nörgel-Geist das Feld überlässt, fällt er am Ende über dich selbst her. Bei Retreats finden die Leute häufig etwas an ihrer Praxis auszusetzen: »Ich habe immer noch nichts erreicht, die letzten Tage habe ich eigentlich nur geschlafen.« Hütet euch, dieses Herumkritisieren beschert euch am Ende nur Schuldgefühle. Die Schuldgefühle bedingen dann eine Art Selbstbestrafung, und dann klemmt es in der Praxis erst recht.

Haltet euch lieber an die buddhistischen Lehren und wendet das EVL-Verfahren an: Erkennen, Verzeihen, Lernen. Wenn wir einen Fehler begehen, machen wir uns deswegen nicht fertig, sondern sagen uns nur: »Aha, ich bin zu spät gekommen, ich habe verschlafen.« Dann verzeihen wir uns das. Bestrafung ist sinnlos. Echte Weisheit erkennt ohne Weiteres, dass Strafe das Problem nur verschlimmert, weil sie im Geist noch zusätzliche Dinge auslöst, die ebenfalls nicht taugen. Wir verzeihen. Dann können wir loslassen und haben wieder Frieden. Nur was zu Frieden, Freiheit und Erleichterung führt, ist wirklich weise. Wenn du erkannt hast, dass Krittelei dich in die falsche Richtung führt, wirst du nach und nach lernen, sie ganz wegzulassen.

Ich habe vor Kurzem ein Buch über Therapieformen gelesen, die die Ursachen derzeitiger Probleme in früheren Leben aufzuspüren versuchen. Man findet da kein Ende, das ist das Dumme an diesen Ansätzen. Die Vergangenheit einfach loszulassen oder, noch besser, sich an Schönes in der Vergangenheit zu erinnern, das bringt viel mehr. Von schönen Erinnerungen an frühere Erfolge und früheres Glück lernt ihr viel mehr als aus euren Leiden. Denkt an alles, was in der Vergangenheit gut lief und schön war – das richtet euch auf, lässt das Nörgeln einschlafen und macht euch klar, wie die Ursachen für Erfolg aussehen. Vergesst einfach alle eure müden und unruhigen Meditationen, denkt nur an die guten und zieht eure Lehren aus ihnen. Wenn es nur eine einzige gute Meditation gab, wenn ihr nur fünf Minuten beim Atem bleiben konntet, dann denkt einfach ausschließlich daran. Das richtet euch auf, zeigt euch die Richtung, führt euch zu mehr und mehr Frieden. Es ist der Weg der Weisheit.

Es ist gut, den nörgelnden Geist als Problem zu erkennen, als eine Schlange, als Gefahr, der es auszuweichen gilt. Gerade im Westen bilden sich die Leute gern viel auf ihr »kritisches Bewusstsein« ein. Sie schreiben ganze Bücher in diesem Bewusstsein, Fehler aufspüren zu wollen, sie wettern gegen Autoritäten, Traditionen und Institutionen. Vor Jahren war einmal jemand für drei oder vier Wochen im Wat Pah Nanachat und schrieb dann ein Buch über seine Erlebnisse. Er zog gewaltig über das Kloster und Ajahn Chah her. Er nahm alles aufs Korn, was seiner Meinung nach falsch war, und dabei kam natürlich ein sehr unausgewogenes und unfaires Buch heraus. Weshalb tut man so etwas? Nun, für viele hat das Nörgeln und Kritteln etwas Befriedigendes. Aber Vorsicht, die Gefahren sind weitaus größer als die Befriedigung. Wenn ihr das einmal gesehen habt, wisst ihr, dass der Geist des Ankreidens eine Schlange ist, der ihr künftig besser ausweicht.

Nach meiner Erfahrung geht es im Klosterleben – und bei jeder ernsthaften buddhistischen Praxis – zu neunzig Prozent um das Durchschauen des Nörgel-Geistes. Woher kommt er, wie kann man ihm ausweichen, wie kommt man zu einer positiven Haltung, in der man die neunhundertachtundneunzig sauber gefügten Ziegel in einer Mauer sieht und nicht nur die beiden, die nicht ganz richtig sitzen? Sucht nicht die Fehler, versucht lieber die Menschen zu verstehen, euch selbst eingeschlossen, seid nachsichtig und gütig. Seht euch als eben dieses Menschlein auf dem Weg, das schon eine Menge gelitten hat und nicht noch mehr Leid braucht. Wenn ihr mit all dem in Frieden sein könnt, werdet ihr feststellen, dass die Lust auf Fehlersuche einfach nachlässt.

Dass ich in Frieden meditieren kann, kommt daher, dass ich alles, was mir begegnet, als »gut genug« sehe. Diese Einstellung ist für die Meditation wichtiger als alles andere. Wenn ich beim Atem bleiben kann, ist das gut genug für mich, und die *Jhanas* sind dann einfach ein zusätzliches Geschenk. Seid beim Meditieren leicht zufriedenzustellen. Das ist nicht Faulheit, ihr folgt darin einfach den Anleitungen des Metta-Sutta, von denen ich im vierten Kapitel gesprochen habe. Ihr entzieht dem Nörgel-Geist den Boden. Das schwächt zwei der wichtigsten Verunreinigungen, Ärger und Schuldgefühle, ganz beträchtlich und beschert euch ein Gefühl von zunehmender Freiheit.

## Rechtes Denken, rechte Absicht

Da ihr einen Geist besitzt, habt ihr Gedanken. Rechtes Denken, darauf hat Ajahn Sumedho schon vor langer Zeit hingewiesen, bedeutet nur in der tiefen Meditation, dass man gar nicht denkt. Ansonsten besteht rechtes Denken in Gedanken des Verzichts, der Güte und Milde gegenüber allen Wesen einschließlich euch selbst. Selbst der Buddha hatte solche Gedanken. Wenn sich das Herz frei fühlt, dann weil ihr diese drei Arten des rechten Denkens geübt habt. Und da solche Gedanken Frieden und Stille nach sich ziehen, wisst ihr, dass sie aus Weisheit kommen.

Weisheit ist immer an der aus ihr folgenden Geistesverfassung zu erkennen – und eine aus Weisheit hervorgegangene gute Geistesverfassung erzeugt natürlich wieder mehr Weisheit. Was ich als Lehrer an Weisheit zu bieten habe, kommt aus einem stillen Geist. Stille erschließt euch die tieferen Dinge und die Fähigkeit, klar zu denken. Sie erweitert euer Wissen um den Weg zur Abkehr von der Welt der Sinne, zum Lassen von den Dingen, zu *Nibbida*, zur Stille, zu *Upasama*, zu Frieden und Freiheit. Dann wisst ihr: Dies ist der *Dhamma*, dies ist die Anleitung des Buddha.

Ruft euch beim Meditieren in Erinnerung, was Weisheit ist. Die Lehren des Buddha sind dazu da, euch im richtigen

Fahrwasser zu halten und dafür zu sorgen, dass ihr unterscheidet, was Weisheit ist und was nicht. Wenn etwas Wohlbefinden, gelassene Ruhe, Glück, Frieden und Freiheit schafft, muss es wohl eine Weisheitspraxis sein. Kommt dagegen Negatives auf, seid ihr irgendwie abgewichen und es fehlt in eurer Praxis an Weisheit. Untersucht die Sache, findet heraus, welcher Weg der falsche ist, und schlagt ihn einfach nicht mehr ein, weicht der Schlange aus. Wenn ihr eben jetzt auf dem Holzweg seid, dann bleibt einfach geduldig und seid still – der richtige Weg wird sich schon wieder auftun. Versucht euren Geist nicht mit Übelnehmen, Krittelei, Gewissensbissen, Strafe und Angst zu erziehen, es gibt etwas weitaus Wirkungsvolleres: Güte, Freundlichkeit, Nachsicht und Friedensschluss mit dem Leben, kurz, den *Dhamma* des Buddha. Richtet euer Leben und eure Praxis danach ein, und die Reinheit des Herzens wird sich euch erschließen.

Das also ist der Weg. Es ist nicht gar so schwierig, ihm zu folgen. Ihr besitzt Intelligenz – benutzt sie. Ihr habt schon ein bisschen Achtsamkeit – macht sie stärker. Ihr habt natürliche Freundlichkeit in euch – baut sie aus. Wirklich, ihr habt alles, was man braucht, um diesen Weg zu gehen. Irgendwann werden sich große Weisheit und tiefes Verstehen einstellen. Tiefes Verstehen ist so, als hättet ihr große Höhen erklommen. Ihr seht mehr, ihr habt mehr Überblick und Klarheit als je zuvor. Und immer besser versteht ihr, was der Buddha lehrt.

# 9 Die Seligkeit des Verschwindens

Noch während der Buddha seine erste Lehrrede hielt, das Dhammacakkappavattana-Sutta (SN 56,11), wurde Anna Kondanna ein in den Strom Eingetretener. Dieses Sutta konzentriert sich unter anderem auf das ganze Ausmaß des Leidens, das, wie der Buddha sagte, »gänzlich verstanden werden muss«. Anna Kondanna, einer der fünf Mönche, zu denen der Buddha bei dieser Gelegenheit sprach, war der Einzige, der gänzlich verstand. Das ganze Ausmaß des Leidens zu erkennen ist schwierig, etwas in uns will es einfach nicht wahrhaben. Deshalb scheint mir der leichtere Weg zum Stromeintritt darin zu bestehen, dass wir uns auf *Anatta* oder »Nicht-Ich« und die Herkunft unseres Ich-Gefühls besinnen.

## Alles ist bedingt

Im Sammaditthi-Sutta (MN 9) ergeht sich der Mönch Sariputta in epischer Breite über die Lehre des Nicht-Ich. Er geht von den Vier Edlen Wahrheiten als Bezugsrahmen aus und betrachtet unter diesem Gesichtspunkt jeden nur erdenklichen Aspekt von Körper und Geist, um zu zeigen, wie sie alle ganz und gar von Ursachen und Bedingungen abhängen. Dann geht es um die Frage, wie diese Ursachen bereinigt werden können. Die grundsätzliche Bedingtheit aller Phänomene bedeutet, dass alles seine Ursache hat und es folglich nichts aus sich selbst Existierendes und Dauerhaftes gibt, weder ein Ich noch einen Gott oder sonst etwas. Wenn erkannt wird, dass alles eine Ursache hat – etwas, woraus es hervorgeht und wovon es aufrechterhalten wird –, ist auch klar, dass jedes Ding oder Phänomen vergehen muss, sobald seine Ursache nicht mehr besteht.

Sariputta behandelt in diesem Sutta die gesamte Kette des bedingten Entstehens und zeigt auf, dass selbst Bewusstsein eine Ursache hat und es ohne diese Ursache kein Bewusstsein gäbe. Diese Aussage ist von großem Gewicht, denn praktisch alle Menschen – außer den *Ariyas* – sehen das Bewusstsein, das Erkennende, als ihr Ich an. Und da sie ihr Ich als den Erkennenden ansehen, mögen sie nicht von ihm lassen.

## Das Nicht-Ich der fünf Sinne

Eure Unfähigkeit loszulassen erkennt ihr beim Meditieren. Wieso könnt ihr ein Jucken oder ein wehes Knie nicht einfach ignorieren? Weshalb könnt ihr Geräusche nicht einfach lassen, wie sie sind? Weshalb könnt ihr Vergangenheit und Zukunft nicht loslassen? Und weshalb könnt ihr den unruhigen Geist nicht anhalten? Aber anstatt nur still sein zu *wol-*

*len*, seht lieber nach, weshalb ihr es nicht seid. Worin liegt die Ursache für die Unrast, woher kommt sie? Erinnert euch, dass ihr auf dem buddhistischen Pfad seid, dem Weg des Erforschens. Ihr könnt euch nicht mit Willenskraft zum Loslassen bewegen, dazu müsst ihr die Dinge vielmehr verstehen und bis zu ihrem Ursprung zurückverfolgen. Wie entsteht Ruhelosigkeit? Da gibt es natürlich viele Gründe, aber bleibt ihnen auf der Spur, und ihr werdet sehen, dass am Ende alles auf dieses Gefühl hinausläuft, dass ihr ein dauerhaftes Ich habt.

Wir können nicht loslassen, weil wir uns an Körper und Geist klammern, wir fühlen uns als ihre Besitzer. Niemand lässt sich gern von einem Dieb die Brieftasche abnehmen, und genauso halten wir an Körper und Geist fest. Von Dingen, die euch nicht gehören, könnt ihr dagegen ohne Weiteres lassen. Wenn etwas nichts mit euch zu tun hat, kann es ruhig weg sein, es macht euch nichts aus. Wenn Bewusstsein also nicht euer Besitz wäre, schon gar nicht euer wichtigster Besitz, würde euch sein Verblassen bei der Meditation keine Sorgen machen. Wenn das Hörbewusstsein dann schwindet und ihr nichts mehr hört, werdet ihr den Geist nicht mehr wachrütteln wollen, damit er sich auf das Hören besinnt. Ihr seid nicht mehr interessiert, ihr habt davon gelassen. Auch wenn Teile des Körpers verschwinden und nicht mehr gefühlt werden, habt ihr keine Bedenken. Ihr schaltet den Körpersinn nicht eigens wieder ein, ihr kommt ganz gut ohne ihn aus.

Dazu gehört anfangs eine gewisse Bereitschaft, die Zone des Gewohnten und Vertrauten zu verlassen, einfach weil die normale Art der Weltwahrnehmung über die Sinne nicht mehr so zur Verfügung steht. Ihr seid aber bereit dazu, ihr vertraut und ihr versteht auch zunehmend besser, dass die Sinne nicht zu euch gehören. Je besser ihr versteht, dass die verschiedenen Arten von Sinnesbewusstsein nicht euer Sein ausmachen, desto weniger zerbrecht ihr euch den Kopf über sie. Solange wir davon ausgehen, dass diese Dinge uns gehören, beziehen wir unsere Identität von ihnen. Sehen und Essen sind dann Dinge, die unsere Existenz ausmachen, unser Sein scheint durch unsere Sinneserfahrung gegeben zu sein. Es gehört schon ein wenig Vertrauen und Experimentierfreude dazu, diese äußere Schicht abzulegen, die aus den fünf Arten von Sinnesbewusstsein besteht. Wenn das Sinnesbewusstsein anfängt zu verblassen, ändert sich unsere gesamte Selbstwahrnehmung, und wir sehen uns nicht mehr als Menschen, die in der Welt leben. Mit »in der Welt leben« meine ich nicht Geschäftemacherei, Hausbau, Sex, Kino und all das. Ich meine das Leben in der Welt der fünf Sinne – sehen, fühlen, sich um die Meinung der Leute sorgen und jede andere Beschäftigung mit Sinnesobjekten dieser oder jener Art.

Weshalb betone ich das so? Wenn ihr sehen könnt, dass ihr nicht euer fünffaches Sinnesbewusstsein seid, dass es nichts mit euch zu tun hat, ist sofort klar, dass es nicht eurer Kontrolle unterliegen kann. So viele Menschen verbringen ihr ganzes Leben in dem Bemühen, unangenehme Erfahrungen möglichst zu verhindern und nur ja nichts Hässliches sehen zu müssen, keine unfreundlichen oder groben Worte hören zu müssen, keine Schmerzen zu haben. Sie gehen zu Ärzten und Zahnärzten und nehmen milde oder starke

Schmerzmittel ein, sie tun alles, um körperliche Schmerzen zu verhindern, aber viel Erfolg haben sie damit nicht. Es kann nicht gelingen, einfach weil diese unerfreulichen Erfahrungen ihre ganz eigenen Ursachen haben, zum Beispiel Natur und *Kamma*. Die Ursache von Alter, Krankheit und Tod ist das Geborenwerden. Ihr seid geboren worden, und da hilft jetzt nichts mehr: Ihr werdet Schmerz und Alter erleben, ihr werdet krank und schwach werden und sterben. Und da diese Dinge doch nicht zu vermeiden sind, müsst ihr sie akzeptieren und den Kampf aufgeben.

Wenn ihr verstanden habt, dass die Sinne nichts mit euch zu tun haben, werden sie ganz von selbst ihre Wichtigkeit für euch verlieren, ihr lasst sie verblassen, sogar die Gebrechen und Schmerzen des Körpers. Große Schmerzen haben und doch lächeln, geht das? Wenn die Sinne nichts mit euch zu tun haben, muss das auch für Schmerzen gelten. Und wenn Schmerz nicht mit euch zu tun hat, nehmt ihr ihn nicht mehr wichtig und lasst ihn unbeachtet. Ihr achtet nur auf das, was ihr wichtig nehmt.

Ich finde es sehr interessant zu beobachten, was die Leute wichtig nehmen. Wenn sie sich im Fernsehen einen Film oder ein Fußballspiel ansehen, essen sie ganz gern etwas dazu, aber sie merken eigentlich nicht viel davon. Der Geschmack des Essens ist jetzt nicht wichtig, was zählt, ist das Spiel oder der Film. Vielleicht wissen sie nicht einmal, was sie da essen. Könnt ihr so konzentriert beim Atem bleiben, dass ihr nicht wisst, was ihr gerade esst? Könnt ihr Vergänglichkeit, Leid und Nicht-Ich so intensiv betrachten, dass ihr den Geschmack eurer Speisen nicht mehr wahrnehmt? Ihr bemerkt den Geschmack oder Duft nur dann, wenn ihr ihn wichtig nehmt. Und ihr nehmt ihn wichtig, weil euer Ich-Gefühl, euer Gefühl von Identität und Sein, aus Sinneserfahrung gebaut ist.

In eurer buddhistischen Praxis wendet ihr euch in die Gegenrichtung. Ihr bedenkt und versteht die Lehren des Sammaditthi-Sutta (MN 9) oder Anattalakkhana-Sutta (SN 22,59) und gewinnt eine andere Sicht der Dinge. Die fünf Sinne haben nichts mit euch zu tun. Sie werden aufgrund von Ursachen aktiv, und wenn diese Ursachen ausgeschaltet sind, sind auch die Sinne abgeschaltet. Wenn es dann so weit ist, dass sie verblassen, nehmt ihr das nicht so wichtig, es geht euch nichts an. Ihr schaltet die Sinne nicht wieder ein, ihr lasst sie los.

Bleiben die fünf Sinne für längere Zeit aus, seid ihr in ein *Jhana* eingetreten. In der Pali-Beschreibung des ersten *Jhana* kommt der Ausdruck *vivicc'eva kamehi* vor – getrennt, entfernt und losgelöst von der Aktivität der fünf Sinne. Ihr fühlt den Körper nicht, weil der Geist für die Dauer des *Jhana* über den fünf Sinnen steht. Danach ist euch klar, dass die fünf Sinne nicht zu euch gehören, und das ist eine wichtige Erkenntnis, die erste klare Bestätigung der buddhistischen Nicht-Ich-Lehre. Wenn ihr noch kein *Jhana* erlebt habt, weil ihr noch nicht so weit lassen könnt, fragt euch nach dem Grund. Was ist der Grund für euer Haften? Weshalb nehmt ihr den Körper oder Geräusche, Gefühle, Fantasien, Träume und innere Dialoge so wichtig? Macht euch erneut bewusst, dass sich all das im Raum der fünf Sinne abspielt und folglich nichts mit euch zu tun hat. Sinnesbewusstsein spinnt sich aufgrund von Ursachen fort, und eine der Hauptursachen liegt darin, dass ihr euch dafür interessiert und darauf einlasst – kurzum, ihr haftet daran. Schneidet es ab, lasst es auf sich beruhen.

Hier gilt es außerdem zu bedenken, dass dieses Haften wie ein Seil ist. Am einen Ende hängt das, woran ihr haftet, am andere der Ursprung und Grund eures Haftens. In Gesprächen über das »Haften« sagen wir gern etwas vorschnell, dass wir an Essen, Sex, Kino oder Schlaf haften, denken aber nicht an das, was da haftet. Was befindet sich am diesseitigen Ende des Seils? Es ist eure Identifikation mit den Dingen. Das Problem ist das »Ich« da drinnen: Ich brauche Schlaf, ich muss Bücher lesen, ich muss Radio hören – *ich* brauche das. Wenn eure Meditation nicht tief ist, liegt es an diesem Ich, das an den fünf Arten von Sinnesbewusstsein festhält.

Erfolg in der Meditation schafft man nicht einfach dadurch, dass man Stunde für Stunde den Atem betrachtet, sich ein stilles Plätzchen im Wald sucht, die Temperatur in seinem Zimmer richtig einstellt oder genau die richtige Anzahl Stunden schläft. Perfekte physischer Umstände genügen nicht, es gehört mehr dazu. Und dieses Mehr liegt in dem klaren Sehen, dass die fünf Arten von Sinnesbewusstsein nichts mit euch zu tun haben. Sie sind nicht eure Angelegenheit, und wenn ihr das erkennt, spielt ihr nicht mehr mit ihnen, sondern lasst sie einfach stehen und seht zu, wie sie vergehen. In ihrem Verblassen wird euch eine wichtige Einsicht zuteil: Das Glück des *Jhana* liegt darin, dass dieses ganze Leid, die fünf Sinne, verschwunden ist.

## Zuletzt das Geist-Bewusstsein

Der nächste Schritt – und es ist ein Schritt, der vielen sehr schwer fällt – besteht darin, auch den Geist, *Citta*, als das zu sehen, was er ist. Ursache und Herkunft dieses sechsten Bewusstseins, des Geist-Bewusstseins, ist wie bei den übrigen fünf Arten von Sinnesbewusstsein *Namarupa*, Name-und-Form. Davon spricht Sariputta im Gleichnis von den beiden Schilfgräsern, die sich gegenseitig stützen (SN 12,67). *Namarupa* stellt den Gegenstand des Bewusstseins dar, denn das Bewusstsein ist sich der Gefühle und Wahrnehmungen und des Willens bewusst – das sind die universalen Inhalte der Erfahrung. *Namarupa* und das Bewusstsein stützen sich gegenseitig; nimmt man eins weg, hat das andere keine Stütze mehr und verschwindet ebenfalls. Bewusstsein kann nicht für sich allein bestehen, das heißt ohne Inhalte. Wenn *Namarupa* verschwindet, hört auch das Bewusstsein auf. Und genau das erlebt ihr in den tieferen *Jhanas*: Anteile des Geist-Bewusstseins verschwinden. Wenn euch das offenbar wird, besteht keine Gefahr, dass ihr im ersten *Jhana* stecken bleibt, einfach weil ihr jetzt wisst, dass sogar Geist-Bewusstsein nichts mit euch zu tun hat.

Im Sammaditthi-Sutta (MN 9) sagt Sariputta über das Bewusstsein, es existiere in sechs Formen, habe eine Ursache und folglich ein Ende. Der Weg zum Aufhören des Bewusstseins sei der achtfache Pfad. Zum Ende des Leidens gehört demnach das Ende des Bewusstseins. Damit spricht Sariputta ganz direkt das aus, was der *Dhamma* eigentlich besagt. Das Gefühl in den Händen zu verlieren, wie es bei der

Frau in einem meiner Retreats war, von der ich schon erzählt habe, das ist eine Sache; aber das Bewusstsein zu verlieren, das zielt wirklich auf des Pudels Kern. Und es ist tatsächlich, wie der Buddha sagte, unabdingbar für die Beendigung des Leidens. Da horcht man einmal richtig auf, nicht wahr? Da offenbart sich die ganze Tiefe dieser Lehre.

Nicht nur das Bewusstsein endet, sondern natürlich auch das Fühlen und alle weiteren Glieder des bedingten Entstehens. Wenn ihr den achtfachen Pfad übt, sagt der Buddha, hören alle Gefühle auf, Schmerz, Lust und schließlich sogar das neutrale Empfinden, der Gleichmut. Damit ist klar, dass es im Buddhismus am Ende nicht um Gleichmut in immerwährender Glückseligkeit geht, sondern um volles *Parinibbana.* Das geht euch vielleicht ein bisschen weit, aber eigentlich verliert ihr damit gar nichts. Dieses Ich, das anscheinend verloren geht, gibt es nämlich gar nicht. Es zeigt sich jetzt, dass die ganze Ich-Illusion – dieses Ich als Besitzer der Gefühle, als Täter oder Macher, als Zentrum dieses Seins – einfach nur eine Verknüpfung von Ursachen und Wirkungen ist, ein Kausalzusammenhang. Im denkbar klarsten Geisteszustand erlebt ihr unmittelbar, dass hier drinnen niemand ist, kein Ich, und von hier an ist der Weg zum *Nibbana* ein zutiefst glückseliger.

## Das Problem des Leidens

Das Ende des Bewusstseins – für die meisten Menschen klingt das nach spirituellem Selbstmord. Die Sache ist aber die: Solange das Bewusstsein nicht aufhört, leidet ihr. Ihr habt also die Wahl, weiter zu leiden oder *Parinibbana* zu erlangen. Wenn ihr die Vier Edlen Wahrheiten und das in der Natur des Daseins liegende Leid erfasst habt, wird euch klar, dass *Parinibbana* wirklich die einzige Möglichkeit ist.

Wo Leid erfahren wird, meldet sich Verlangen. Leid bringt euch in Bewegung, ihr habt das Gefühl, etwas unternehmen zu müssen. Ich wechselt den Standort – von hier nach da, vom Laien zum Mönch oder umgekehrt. Leid bewegt die Welt. Ohne Leid wäret ihr völlig zufrieden und hättet keinen Grund, euch zu bewegen. Deshalb werdet ihr umso stiller, je zufriedener und glücklicher ihr seid. Die *Jhanas* sind so unglaublich still, weil sie so viel Glückseligkeit bieten und es daher keinen Grund gibt, sich zu bewegen und anderswo das Glück zu suchen. Das Ausmaß eurer Leiden ist direkt daran abzulesen, wie viel ihr euch äußerlich und innerlich bewegt. Je mehr ihr beim Meditieren leidet, desto unruhiger seid ihr. Ohne Leid oder mit wenig Leid könnt ihr stundenlang in Frieden und Stille sitzen. Wo keine Probleme sind, was gäbe es da zu tun?

Leid ist also das, was euch auf der Suche nach Lösungen von Ort zu Ort und von Geburt zu Geburt gehen lässt. Alles im Leben dreht sich um Beendigung des Leidens, aber Lösungen sind in der Welt, im *Samsara,* nicht zu finden. Und es gibt keinen Himmel, in dem ihr für immer glücklich und zufrieden existieren könnt. Wenn ihr einmal nachdenkt, wird euch auffallen, dass es einen solchen Himmel gar nicht geben kann. Das köstlichste Essen, die unglaublichsten Sexabenteuer – wenn ihr das ständig haben könnt, wird es bald langweilig. Es ist einfach immer wieder dasselbe. Man kann nicht immer nur Lust und Vergnügen haben, jedes Glück hängt von etwas Vorausgehendem ab. Wenn ihr euch sehr genau anseht, was Lust ist, werdet ihr sehen, dass sie einfach eine Pause zwischen zwei Leidenszuständen ist. Das Essen ist herrlich, weil ihr eine Weile nichts gegessen habt und hinterher auch wieder eine Weile nichts essen werdet. Wenn ihr den ganzen Tag ununterbrochen futtern würdet, könntet ihr dann noch etwas schmecken, geschweige denn genießen? Einen immer und ausschließlich glücklichen Himmel kann es nicht geben, denn Lust könnt ihr nur aus der Erfahrung des Leidens erleben. Anders gesagt, es kann in dieser Welt keine vollständige und endgültige Befriedigung geben.

Wenn ihr die Leute fragt, ob sie zufrieden sind, dann verlasst euch nicht einfach auf die Antworten. Seht genau hin: Sind sie wirklich ans Ende des Leidens gekommen oder haben sie es nur für eine Weile beschwichtigt? Ich sehe kranke Menschen, Sterbende, Leute mit Problemen jeglicher Art. Ich sehe auch glückliche Menschen, aber ich weiß, dass ihr Glück nur ein vorübergehender Zustand zwischen zwei Leidensphasen ist. Auch sie werden irgendwann krank und sterben. Ehepaare sind eine Zeit lang glücklich, aber dann streiten sie doch und vielleicht kommt die Scheidung mit Enttäuschung, Ärger und der ganzen Niedergeschlagenheit. Manche hatten eine glückliche Kindheit, aber beim nächsten Mal kann es ganz anders aussehen. Andere hatten eine furchtbare Kindheit und werden vielleicht im nächsten Leben genauso schlimme oder noch schlimmere Eltern bekommen. Solche Überlegungen sollten ausreichen, euch die Wiedergeburt zu verleiden. Dass ihr klug seid und in diesem Leben nur gutes *Kamma* anhäuft, heißt noch lange nicht, dass euch künftige Leiden erspart bleiben. Jeder verfügt über einen gewaltigen Vorrat an gutem und schlechtem *Kamma*, die Zukunft ist immer ungewiss.

Eine der aussagekräftigsten Lehren des Buddha finde ich in seinem Stock-Gleichnis (SN 15,9; 56,33). Als ich es das erste Mal las, fröstelte es mich regelrecht. Das Gleichnis besagt Folgendes: Welches *Kamma* gerade ausreift, wenn wir sterben, ist so ungewiss wie die Antwort auf die Frage, welches Ende eines in die Luft geworfenen Stocks zuerst auf dem Boden auftreffen wird. Sicher, ein Stock kann ein schweres und ein leichteres Ende haben, und die Wahrscheinlichkeit, dass er mit dem schwereren Ende aufschlägt, ist größer. Aber da wirbelt er nun in der Luft, und es besteht immer die Möglichkeit, dass er doch mit dem leichteren Ende aufschlägt. Selbst wenn ihr also viel gutes *Kamma* ansammelt – ihr seid gebefreudig, haltet die Gebote, seid freundlich, haltet den Geist rein und meditiert –, es kann trotzdem sein, dass gerade das schlechte *Kamma* ausreift, wenn ihr sterbt. Einen Vorrat an schlechtem *Kamma* hat jeder, wenn nicht aus diesem Leben, dann aus einem früheren. Selbst wenn es nicht bei eurem nächsten Tod ausreift, irgendwann stehen euch große Leiden bevor, wenn ihr im *Samsara* bleibt – in der Hölle, im Bereich der Tiere oder unter den schwierigen Bedingungen des Menschenlebens. Sicher seid ihr erst, wenn ihr das Nicht-Ich ganz durchdringt und in den Strom Eingetretene werdet.

## Die Wurzel aller Probleme: das Ich-Gefühl

*Samsara* ist furchtbar. Ihr habt keine Zeit zu verlieren, ihr könnt es euch nicht leisten herumzutrödeln. Die bloße Vorstellung, in die Welt zurückzugehen – oder gar aus dem Kloster auszutreten –, wenn ihr gerade angefangen habt, von ihr zu lassen, ist der schiere Wahnsinn. Das einzig Vernünftige ist, den Weg weiterzugehen und endlich richtig in Schwung zu kommen. Ihr wollt ja nicht nur ins *Jhana* kommen oder still werden, so wichtig das ist; ihr wollt sehen und verstehen, wer oder vielmehr was diese Person da drinnen eigentlich ist. Was sorgt da immer für Umtrieb, was kommt und geht da ständig? Was ist frustriert? Was besorgt all dies Denken? Was regt sich auf? Was wird wütend? Woher kommt das alles? Schaut in die Richtung dessen, der erfährt: Was ist es, das Schmerz und Lust erfährt? Woher kommt der Wille, wenn »ich« eine Wahl treffe? Wenn sich der Geist regt und auf etwas hinaus will, was will da? Je mehr ihr euch bei der Erforschung dieser Vorgänge auf die in der Meditation gewonnene Einsicht und Stille stützt, desto klarer werden sie euch.

Seht euch nicht da draußen um, sondern hier drinnen, blickt nicht auf das, woran ihr haftet, sondern auf den Ursprung und den Ablauf des Haftens. Seht euch an, woher die Dinge kommen, und achtet besonders auf die Ursache-

Wirkung-Beziehungen. Woher kommen Gedanken? Seht es euch gut an, und ihr werdet erkennen, dass sie von eurem Identitätsgefühl ausgehen beziehungsweise von dem Wunsch, diese Identität auszubauen und abzusichern. »Ich denke, also bin ich« – nein, so ist es nicht, sondern anders herum: Ihr wollt sein, deshalb denkt ihr. Ihr seid in Bewegung, um eure Welt, eure Identität zu bauen.

Wenn ihr etwas erschafft, ist es zuerst sehr schön, aber wie in allen Märchen wenden sich die Geschöpfe am Ende gegen ihren Schöpfer. Ich habe sehr viel getan, um das Kloster Bodhinyana aufzubauen, es ist meine Schöpfung, wenn man so will. Aber wenn ich nicht aufpasse, kann diese Schöpfung am Ende mein Zuchtmeister werden, ich könnte mir Tag und Nacht Gedanken und Sorgen um das Kloster machen. Wenn du einen Partner findest und er dein wird, denkst du zuerst auch, dass er wirklich dein ist, aber später findest du heraus, dass du in Wirklichkeit sein Besitz bist. Wenn deine Macht und Freiheit dahin sind, verwandelt sich deine Schöpfung in einen Dämon, der von dir zehrt. Erschafft also nicht, seid nicht so darauf aus zu sein, strebt lieber nach Stille. In Ruhe und Frieden findet der Geist zu seinem Gleichmaß – keine Schlaglöcher, keine Probleme, keine Leiden, kein Wunsch, ein Identitätsgefühl aufzubauen. Wenn das Begehren verblasst, das Wünschen, Wollen und Wählen, verschwindet auch alle Aufregung.

## Wenn du wahres Glück suchst, verschwinde

Ich bin jedes Jahr dabei, wenn die Curtin University ihre Auszeichnungen vergibt. Mir machen diese Feiern einfach Spaß, man hört anregende Geschichten über Leute, die dem Gemeinwohl in besonderer Weise gedient haben. Vor ein paar Jahren habe ich sogar selbst eine solche Medaille bekommen. Mir scheint, dass man als Mönch umso mehr Anerkennung bekommt, je mehr man verschwindet. Allerdings, wenn man verschwindet, ist nichts mehr da, wohin man die Medaille hängen könnte. Sie stecken sie einem hin, aber sie fällt irgendwie durch, es ist nichts da, woran sie halten könnte.

Wenn ihr diesen Weg geht, verschwindet ihr nach und nach. Wenn ihr das mit dem Verschwinden in die Stille und Ruhe verstanden habt, geht euch allmählich auf, was mit *Anatta* oder Nicht-Ich gemeint ist. Je mehr Ruhe ihr habt, desto weniger existiert ihr nämlich und desto weniger Ich-Gefühl und Seins-Gefühl bleibt zurück. Das mag beängstigend wirken, aber es ist in Wirklichkeit sehr schön. Es ist sogar das einzige Glück, das es gibt, denn mit dem Ich-Gefühl verschwinden auch Leiden jeglicher Art. Und das Bestreben, von Leiden frei zu sein, treibt euch auf diesem Weg weiter. Es mag viele Jahre dauern oder nur ein paar, jedenfalls ist Geduld das einzig Vernünftige: Bleib auf dem Weg, und finde im Glück des Verschwindens Erlösung.

Im Klosterleben liegt ein Teil dieses Verschwindens bereits in der einheitlichen Tracht und ... Haartracht. Wir haben keine Insignien, die einem Mönch vom anderen unterscheiden. Äußerlich bin ich nicht als der leitende Mönch zu erkennen. Wir haben auch nicht viel zu sagen. Weshalb reden die Leute? Um zu sagen: »Hier bin ich.« Durch unser Schweigen verschwinden wir, verschmelzen mit dem Hintergrund, bis kaum noch jemand merkt, dass wir überhaupt da sind, wir selbst auch nicht. Verschwindet, und ihr seid glücklich, je weniger von euch da ist, desto mehr Freude habt ihr: Tauscht Existenz gegen Glückseligkeit. Nur darum geht es im *Dhamma.* Aber die Worte bedeuten nichts gegen die Tiefe der eigentlichen Erfahrung.

## Wenn das Wollen abdankt

Irgendwann werdet ihr so still, dass sich der Geist nicht mehr regt. Das Wollen bedrängt euch nicht mehr, ihr seid glücklich. Von solchen Erfahrungen aus, vor allem im zweiten *Jhana*, seht ihr deutlich, dass der sogenannte Wille oder die Entscheidungsfreiheit Folterknechte sind – ganz ähnlich den Leuten, die andere schlagen, ihnen Brandverletzungen zufügen oder ihnen die Nägel ausreißen. Die allermeisten Menschen erachten den Willen als etwas Wertvolles, sie wünschen sich Wahlfreiheit, sie möchten ihren Wünschen nachgehen können. Sie merken nicht, dass sie von ihrem Ich-Gefühl in die Falle gelockt werden.

Aber wie wunderbar ist es, wenn man in seiner Hütte oder Höhle oder in seinem Zimmer sitzt und gar nichts haben möchte. Wenn jemand fragt, ob du etwas brauchst, sagt diese Frage dir nichts. Stellt euch vor, ihr habt drei Wünsche frei, ohne jede Einschränkung, und euch fällt keiner ein! Ihr sagt ohne falsche Bescheidenheit: »Nein, danke.« Das wäre wahre Freiheit von allem Begehren. Und diese Freiheit ist ein wunderbarer Geisteszustand. Vielleicht habt ihr das schon bei einem Retreat erlebt: Ihr sitzt in eurem Zimmer oder geht auf eurem Meditationspfad, und es gibt keinen Wunsch, irgendwo anders auf der Welt zu sein. Ein herrliches Gefühl. Ihr verdankt es der Freiheit vom Begehren. Ihr möchtet nirgendwohin, ihr braucht nichts, nichts fehlt. Wenn das Wünschen verschwindet, ist alles, wie es ist, vollkommen.

Ihr seht also, dass Wünsche und das aus ihnen folgende Wollen, *Cetana*, zu den Ausdrucksformen des Leidens gehören. Der Wille hetzt euch hin und her und im Kreis herum. Manche versuchen den Willen oder das Denken überhaupt anzuhalten, aber solche Versuche stacheln den Willen erst recht auf. Den Willen abschalten zu wollen, bringt nur noch mehr Unruhe, es verhindert Stille, Frieden und echte Meditation.

Ihr habt bestimmte Aufgaben in der Welt, damit müsst ihr euch abfinden. Aber je mehr Pflichten ihr loswerden könnt, je mehr ihr nichts tut, desto besser. Das mag euch nach Faulheit klingen, aber richtige Faulheit, richtiges Nichtstun, ist noch einmal etwas anderes. Echte Faulheit, Ausruhen, besteht nicht darin, dass ihr euch hinlegt; vielmehr legt sich der Geist hin und tut nichts, beschwört nichts herauf. Das ist ein Geist, dessen Wollen still geworden ist und aufgehört hat. Wer es erlebt, der weiß, dass echte Faulheit Stille des Geistes ist, die tiefen *Jhanas*, in denen sich stundenlang gar nichts mehr regt. In dieser Verfassung ist das Ich-Gefühl zu neunundneunzig Prozent verschwunden und es herrscht massive, nicht störbare Stille. Später, wieder im Normalzustand, wird euch klar, dass der Wille geschwiegen hat, denn nur dann ist es möglich, dass überhaupt keine Regungen mehr auftauchen. Keine Regung mehr – das ist ein unbeschreibliches Glück, so tief, so frei. Jetzt seht ihr: Der Wille ist ein Folterknecht, der kein Glück und keinen Frieden zulässt.

## Die Erfahrung des Nicht-Ich

Es gibt zwei Zitadellen der Selbstverblendung, nämlich euer Glaube, der Macher zu sein, und euer Glaube, der Erkennende zu sein. Die meisten sehen das Erkennen und Tun als ihre Domäne, in der sie sich auskennen und alles unter Kontrolle haben. Aber dabei bleibt euch nicht verborgen, dass das Streben nach Kontrolle sogar in diesen Bereichen nur immer mehr Schmerz, Leid und Schwierigkeiten nach sich zieht. Irgendwann erkennt ihr dann, dass auf dem Weg der Kontrolle kein Genügen zu erwarten ist.

Sobald euer Sinn für diese Dinge ein wenig entwickelt ist, schlagt ihr eine andere Richtung ein. Das Wollen verblasst und ihr fühlt euch sehr gut dabei; die Sinne schwinden und es ist einfach herrlich. Versteht ihr? Fällt der Groschen? Die Erfahrung wird nach und nach tiefer, ihr werdet stiller und immer mehr Dinge verblassen. Ihr seid auf dem Weg des Buddha, dem Weg, den der Tathagata ging. Je mehr Dinge verschwinden, desto klarer zeigt sich, dass sie euch sowieso nicht gehört haben. Dann sehr ihr: Das Wünschen ist die Ursache des Leidens, nicht der Ausweg; die Bemühungen, eure Welt zu beherrschen, sind die Ursache des Leidens und nicht die Lösung. Also gebt ihr die Kontrolle ab, das Ego verblasst, das Ich-Gefühl vergeht, alles wird still und ihr verschwindet. Endlich Frieden, welche Freude! Ihr habt *Anatta* verstanden.

Wenn wirklich verstanden ist, dass kein Ich existiert, bist du ein in den Strom Eingetretener, ein *Ariya* oder »Edler« auf dem Weg aus dem *Samsara.* Du siehst, dass niemand da ist, und wirst es nie wieder vergessen, und dieses Wissen teilt sich jetzt allen körperlichen und geistigen Prozessen mit. Du weißt, der Wille hat nichts mit dir zu tun, und das gilt auch für die fünf Arten von Sinnesbewusstsein und das Geist-Bewusstsein. Du hast kein Verlangen mehr, bewusst zu sein, um dies oder das zu erleben, um hierhin oder dorthin zu gehen.

Weshalb solltest du noch auf weitere Erfahrung aus sein? Du möchtest einen Wald sehen? Schau aus dem Fenster. Bäume sind einfach Bäume – mehr nicht. Neulich hat mir jemand ein altes Foto von ein paar Mädchen gezeigt, die mich seinerzeit sicher angemacht hätten. Jetzt sahen sie irgendwie doof aus, so läuft heute niemand mehr herum. Irgendwann in ferner Vergangenheit habe ich einmal ein Foto von der Hochzeit meiner Großeltern gesehen. Meine Großmutter war auf eine Weise aufgemacht, die man damals gewiss als sexy empfunden hat, aber heute würde man damit niemanden mehr antörnen. Das ist alles einfach Konditionierung und nichts, was wirklich so ist. Rennt nicht einfach dem nach, was andere sagen und tun. Verweigert euch. Macht euch selbst ein Bild – wer ihr seid und was Glück ist.

Der Buddha sagte: Was gewöhnliche Menschen als Glück ansehen, ist für die Edlen, die in den Strom Eingetretenen, Leid; und was die Edlen als Glück erkannt haben, gilt den gewöhnlichen Menschen als leidvoll (Sn 762). Frieden, Stille und Aufhören sind das Glück der Edlen. Nehmt das Klosterleben. Ihr steht früh auf, esst eine oder zwei Mahlzeiten pro Tag, kein Sex, kein Fernsehen, kein Kino. Wenn jemand fragt, wie man so leben kann, lautet die richtige Antwort: weil es das reine Glück ist. Tage, Wochen oder Monate allein in einer Hütte zu verbringen und mit niemandem zu sprechen, das würde manch einer als Einzelhaft bezeichnen. Aber was sie als Strafe ansehen, ist für den *Ariya* Glückseligkeit. Wenn ihr einmal mit den Augen des in den Strom Eingetretenen geschaut habt, seht ihr das Leben vollkommen anders, nämlich so, wie es der Buddha sah.

Wenn ihr einmal gesehen habt, dass ihr nirgendwo – in irgendeiner Bewusstseinsform oder sonst wo – einen Kern besitzt, bleibt nichts mehr, was ihr noch als ein Ich aufrechterhalten könntet. Ihr habt gesehen, dass alles Verlangen dem Ich-Gefühl entspringt, und so fällt es euch jetzt nicht mehr schwer, vom Wollen zu lassen. Ist es um das Wollen still geworden, stellt sich Frieden ein. Die dauerhafte Befriedung des Willens – *Sabbasankharasamatha* – ist eigentlich ein anderer Ausdruck für *Nibbana.* Wie der Buddha sagte, gibt es nur ganz wenige Menschen auf der Erde, die um die vollständige Befriedung des Willens wissen – dazu muss man ein in den Strom Eingetretener sein. Lebt zurückgezogen, sitzt und tut nichts, lasst alles Wünschen und seid in Frieden – dann seht ihr den Weg des verblassenden Bewusstseins. Da ihr euch im Glück eines verblassenden Bewusstseins sonnt, zieht ihr das Alleinsein vor. Im Alleinsein gibt es nicht viel zu wünschen, nicht viel, dessen man sich bewusst sein müsste. Man ist jemand mit wenig Wünschen, anspruchslos, man hinterlässt kaum eine Fußspur in der Welt. Das Begehren und Wünschen hinterlässt deutliche Spuren, das ist nicht eure Art zu gehen. Ihr lasst los, ihr verschwindet.

Irgendwann verschwindest du ganz. Wenn du ganz und gar und in allen Einzelheiten erfasst hast, dass du ein Prozess ohne Inhalt bist, legst du alles Haften am Willen und am Bewusstsein ab. Da ist nichts mehr, nichts, was wiedergeboren werden könnte. Die Saat der Wiedergeburt ist zerstört. Im Ratana-Sutta heißt es: »Die Saat ist zerstört, nichts Neues kann erschaffen werden« (Sn 235). Und das ist die *Nibbana*-Erfahrung, endgültige Befreiung, Frieden.

Wendet den Geist also ab von der Welt, erzieht ihn so, dass er frei sein kann. Wie Ajahn Chah gern sagte, spricht nichts dafür, in der Welt herumzuwandern und sein Glück zu suchen, nach der Schildkröte mit dem Schnurrbart zu suchen. Wer loslässt, kann überall still und in Frieden sein. Wer die Stille nicht fürchtet, zu dem kommt sie. Du fürchtest das Verschwinden nicht mehr, und so hast du jetzt Frieden und Freiheit. Das ist der Weg zur Erfahrung des Nicht-Ich, zum Lassen von allen Dingen, zum Aufhören aller Leiden.

# 10 Lasst dies das letzte Mal sein

*»Mir ist es bestimmt zu altern, ich bin davon nicht ausgenommen. Mir ist es bestimmt, krank zu werden, ich bin davon nicht ausgenommen. Mir ist es bestimmt zu sterben, ich bin davon nicht ausgenommen. Ich werde von allem gerissen und getrennt, was mir lieb und teuer ist« – das sollte eine Frau, sollte ein Mann häufig erwägen, ob sie einen Haushalt führen oder sich auf den Weg gemacht haben.*

Der Buddha (AN 5,57)

ALTER, KRANKHEIT UND TOD stehen uns allen bevor. Je jünger und gesunder ihr seid, desto wichtiger ist diese Überlegung, denn für viele sind diese Realitäten schwer vorstellbar. Tatsächlich ist es so, dass man mit fünfzig allmählich schadhaft wird, und mit sechzig geht es dann richtig den Bach hinunter. Mit siebzig wartet man eigentlich nur noch auf den Abgang.

## Die Kuh, die zum Schlachthof geführt wird

2011 ist mein sechzigstes Jahr. Aber es kommt mir vor wie gestern, dass ich zwanzig war, mit Mädchen herumzog, wie besessen Fußball spielte und mir eigentlich keine Sorgen um meine Gesundheit machte. Wahrhaftig, ein Leben vergeht schnell. Nicht lange, und ich schrecke wieder hoch und bin siebzig. Solche Überlegungen rücken euer Leben ins rechte Licht. Wenn wir immer nur an das denken, was jetzt gerade ist, verlieren wir das Gesamtbild aus den Augen und handeln wie im Rausch.

Ich hatte in jungen Jahren einen wiederkehrenden sehr lebhaften Traum. In diesem Traum lebte ich mit meiner Frau in einer Hütte, bis ich eines Morgens aufwachte und blitzartig realisierte, was passiert war. Ich hatte all die Jahre meine Zeit vergeudet, und jetzt war ich alt. Mit dieser Erkenntnis kam plötzlich ein starkes Gefühl von *Nibbida* auf, Abscheu vor dem, was ich bisher gemacht hatte. Das ist wie die Geschichte von dem Blinden, die in den Suttas erzählt wird (MN 75). Er kaufte einem Gauner ein schmutziges Stück Tuch ab, als dieser behauptete, es sei von reinem Weiß. Später erhielt der Betrogene sein Augenlicht zurück und erkannte dann erst, wie sehr er sich hatte täuschen lassen.

Eine meiner Lieblingsgeschichten aus den außerkanonischen Palischriften findet sich im *Mahavamsa* und erzählt von Kaiser Asokas Bruder. Ihm ging es wie vielen Menschen, die ganz den Sinnen ergeben sind, er wollte Macht, denn mit Macht kann man sich immer weitere Wünsche erfüllen. Er träumte stets davon, dass eines Tages die Herrscherwürde an ihn fallen würde. Doch der Kaiser, der ein engagierter Buddhist war, hatte längst erkannt, dass sein Bruder nichts vom *Dhamma* wusste und auch gar nicht wissen wollte. So kam er auf den Gedanken, ihm eine Lehre zu erteilen.

Einmal, als er zum Bad ging, ließ er seine kaiserlichen Gewänder und Insignien draußen vor dem Badehaus, nachdem er einen seiner Minister beauftragt hatte, mit seinem Bruder wie zufällig am Badehaus vorbeizuspazieren. Das geschah, und vor dem Badehaus sagte der Minister zu Asokas Bruder: »Seht nur, da liegen die Kleider des Kaisers, sicher badet er. Wollt Ihr sie nicht anprobieren? Schließlich werdet Ihr irgendwann einmal Kaiser sein!« Asokas Bruder erwiderte: »Das kann ich nicht, es ist gegen das Gesetz, ein todeswürdiges Vergehen.« Der Minister drängte ihn: »Nein, Ihr könnt die Sachen ruhig anprobieren, niemand erfährt davon.« Da konnte der Bruder nicht länger widerstehen und tat es, und natürlich trat der Kaiser in diesem Augenblick wie abgesprochen aus dem Badehaus und fuhr auf: »Was machst du da? Das ist ein todeswürdiges Vergehen! Du bist zwar mein Bruder, aber ich muss Gerechtigkeit walten lassen. So leid es mir tut, Bruder, du wirst hingerichtet.«

Dann tat er so, als müsste er sich besinnen, und fuhr fort: »Aber da du so gern Kaiser sein möchtest und mein Bruder bist, darfst du sieben Tage lang Kaiser sein. Du darfst die Freuden des Harems genießen, du darfst essen, was die Küche hergibt, du verfügst über meine Hofmusikanten und alles, was du möchtest. Nur dein Urteil kannst du nicht aufheben und nach sieben Tagen wirst du hingerichtet.«

Nach den sieben Tagen musste der Bruder vor ihn hintreten, der Scharfrichter wartete bereits. Asoka fragte seinen Bruder: »Ist es dir gut ergangen in dieser Woche?« Der erwiderte: »Wie hätte ich es mir gut gehen lassen können, wo ich doch wusste, dass ich in wenigen Tagen sterben werde? Nicht einmal schlafen konnte ich, von Vergnügen ganz zu schweigen.« Natürlich ließ Asoka seinen Bruder frei, aber vorher sorgte er noch dafür, dass er seine Lektion wirklich lernte. Er sagte: »Ob es sieben Tage, sieben Monate, sieben Jahre oder siebenundzwanzig Jahre sind – wie kannst du dich gedankenlos der Sinnenlust ergeben wollen, wenn dich doch der Tod erwartet?«

Das ist eine nachdrückliche Lehre für uns alle. Wir sind, wie es in den Suttas heißt, wie Kühe, die zum Schlachthaus geführt werden (Sn 580; AN 7,74), wir gehen auf unseren unausweichlichen Tod zu. Solche Gedanken sollten uns wirklich aufwecken.

## Alter, Krankheit und Tod

Das Gesamtbild zu sehen und dadurch zu erkennen, was es mit dem Leben wirklich auf sich hat, das gehört zu den Dingen, die unsere Augen für den *Dhamma* öffnen können. Wenn man richtig hinschaut, entsteht ein Widerwille. Unlängst habe ich einen Bericht über den Aufstand in Birma 2007 gelesen. Da wurden Mönche vor einer Ziegelmauer aufgestellt, und dann kamen Soldaten, die ihnen die Köpfe mit aller Kraft an die Mauer schlugen. Sie erlitten Schädelbrüche, einige starben, vielleicht nach stundenlangen Qualen. So etwas mag uns sehr fern erscheinen, aber vor Gewalt ist niemand sicher. Es genügt, zur falschen Zeit am falschen Ort zu sein. Als junger Mönch war ich in der Provinz Ubon in Thailand, und gleich jenseits der Grenze zu Kambodscha lag die Armee der Kommunisten. Eines der thailändischen Klöster in Grenznähe wurde sogar beschossen. Ajahn Chah hatte vorgehabt, mich dorthin zu schicken, aber er änderte seinen Plan. Er dachte mit Schaudern an die Möglichkeit, dass ein westlicher Mönch womöglich von den Roten Khmer entführt oder getötet werden könnte. Es war durchaus denkbar, dass die kommunistischen Verbände nach Ubon eindringen würden – alles war möglich. Jedenfalls war der Tod damals eine reale Möglichkeit für mich. Ich wurde nachdrücklich an die Unsicherheit des Lebens erinnert.

Hier oder in eurer Heimat mag es solche Probleme nicht geben, aber denkt auch daran, dass es einfach in der Natur des Körpers liegt, krank zu werden. Du könntest Krebs haben, nur dass er noch nicht entdeckt worden ist. Wie würdest du solche Neuigkeiten aufnehmen? Wenn du jetzt nicht krank bist, irgendwann wirst du es sein – falls du es erlebst. Das sind die Realitäten, die ihr betrachten solltet.

Bei solchen Betrachtungen seht ihr die Begrenztheit, aber auch die Chancen des Lebens, eben das Gesamtbild. Wenn wir unsere Begrenztheit erkannt haben – Alter, Krankheit und Tod –, ist auch gleich klar, was zu tun ist. Die Begrenztheit lässt sich leicht erkennen, seht euch den Körper nur an. Er ist sehr verletzlich und bringt nie endenden Ärger mit sich, daran ist nichts zu ändern. Identifiziert euch also nicht mit ihm, verhätschelt ihn nicht, treibt nicht zu viel Aufwand mit ihm, sondern seht einfach zu, dass dies euer letzter Körper ist und ihr euch nicht noch einmal auf diesen Schlamassel einlasst. Die Chance dazu habt ihr.

Leider hält unsere Verblendung uns eher davon ab, diese Chance wirklich zu nutzen. Die meisten jungen Leute ergeben sich einfach dem Wahn und Rausch ihrer Jugend und Gesundheit. Wenn ihr gesund seid, haltet ihr das für normal. Seid ihr jung, bildet ihr euch ein, es werde immer so bleiben. Wenn ihr dann nicht ganz bewusst die wahre Natur des Körpers unter die Lupe nehmt, werdet ihr wohl vergessen, dass euer Handeln seine Folgen hat, und gebt euch mit lauter dummem Zeug ab. Die Freuden des Lebens sind eher am Anfang zu finden, und wer nicht aufpasst, bezahlt am Ende teuer dafür.

Außerdem wird alles Schöne – eine Blume, ein Körper, ein Kloster – irgendwann alt und grau und schließlich sogar schmutzig und abstoßend. An manchen Gebäuden des Klosters Bodhinyana sind schon Risse zu sehen. Das ist der Beginn des Welkens, des Verfalls, des Verschwindens. Und so sind alle Dinge. Eine Ehe mag lange halten, aber häufig bleiben die Partner nur aus Bequemlichkeit zusammen und von Lust ist längst keine Rede mehr. Wenn erkannt wird, dass die Lust am Anfang steht und man später dafür bezahlen muss, entsteht *Nibbida* gegenüber diesem ganzen Reich der Sinne: gegenüber dem Körper, gegenüber Beziehungen, gegenüber jeglichem Kommen und Gehen, sogar gegenüber dem Bau von Klöstern. Alles wird vergehen. Selbst diese Erde wird irgendwann von der Sonne verschluckt, und dann ist nichts mehr da, keine Zeugnisse der Menschen, keine chinesische Mauer, kein Tadsch Mahal, gar nichts. Alles ist dann weg, auch die Lehren des Buddha. Das ist einfach der Lauf der Natur.

Leiden und Tod naher Verwandter gehören ebenfalls zu den Dingen, die uns die Natur des Lebens sehr deutlich vor Augen führt. Als ich meine Mutter das letzte Mal sah, hatte sie Alzheimer. Da war sie mir schon genommen, ihr Körper war noch da, aber ihr Geist nicht mehr. Als Halbwüchsiger habe ich meinen Vater sterben sehen. Meine Mutter weckte mich in der Nacht und sagte, sie bekomme ihn nicht wach. Ich schüttelte ihn, doch sein Körper war bereits eine Leiche. Das war mein Vater, den ich liebte. Ich wusste damals schon, dass es mit dem Tod eben so ist. Ich konnte ihn ganz einfach und ohne Zögern loslassen. Ich schätze mich glücklich, dem Tod damals schon so nahe gekommen zu sein. Da sieht man, dass die Eltern einem eben doch nicht gehören, es sind einfach zwei Leute, die sich in der frühen Phase deines Lebens um dich kümmern. In früheren Leben hast du schon viele Eltern gehabt, das hier sind einfach die aktuellen Eltern. Weshalb sollte man so ganz besonders mit ihnen befasst sein? Vielleicht verdanke ich es dieser Sicht des Todes, dass ich nicht besonders an meinem Körper hänge und meine Meditation im Allgemeinen ganz gut läuft.

Man Vater war erst siebenundvierzig, als er starb. Ich lebe jetzt schon mehr als zehn Jahre über dieses Alter hinaus, es fühlt sich ein bisschen wie geborgte Zeit an. Wenn man es so sieht, steht einem die Realität des Todes sehr klar vor Augen und man betrachtet das Leben ein wenig nüchterner. Wer nicht so denkt, und das sind die allermeisten, sieht den Tod als etwas, das in weiter Ferne liegt – damit wird man sich befassen, wenn es so weit ist. Und genau diese Leute kommen dann überhaupt nicht mit dem Sterben zurecht.

Sehr viele blicken im Alter zurück und denken an das gelebte Leben. Da gibt es für mich nicht viel Aufregendes zu sehen, ich habe die letzten fünfunddreißig Jahre als Mönch verbracht. Das sind fünfunddreißig Jahre eines reinen Lebens, der geistigen Schulung, erfüllt von dem Frieden und Glück, die man im Dienst an anderen findet. Unter Menschen meiner Altersgruppe gehöre ich sicher zu denen, die gut auf das Altwerden vorbereitet sind. Rückblickend kann ich nur sagen: »Ja, ich habe meine Zeit klug genutzt.« Nach einem Leben als verheirateter Geschäftsmann hätte ich sicher nicht diesen Frieden und diese Geborgenheit, die man findet, wenn man etwas getan hat, das wirklich der Mühe wert war. Wie in meinem wiederkehrenden Traum wäre ich dann eines Tages aufgewacht und hätte mich fragen müssen: »Was um Himmels willen habe ich nur gemacht? All die Zeit – vergeudet!« Das Nachdenken über Alter, Krankheit und Tod lässt uns das Leben anders sehen. Wir sollten es öfter tun und mehr in die Tiefe gehen. Versucht es einmal bei der Meditation im Gehen mit einem Mantra wie diesem: »Ich werde sterben, so viel ist sicher. Ich werde sterben, so viel ist sicher.« Auch wenn ihr schon meditationserfahren seid, unterschätzt die Kraft solcher Betrachtungen über den Tod nicht. Wenn ihr noch nicht in den Strom eingetreten seid, können solche Betrachtungen und Meditationen euer gesamtes Weltbild verändern. Die Sinnenwelt verliert ihre

Anziehungskraft und stattdessen empfindet ihr *Nibbida* für sie. Das Haften an ihr, das Verlangen, lässt nach und an seine Stelle tritt eine natürliche Neigung, sich von ihr abzuwenden.

## Sterben lernen

Das letzte Kapitel meines Buchs *Die Kuh, die weinte* erzählt von einem Wurm, der so an dem Misthaufen haftet, den er sich als Behausung gewählt hat, dass er selbst gegen das Versprechen, einen Platz im Himmel zu bekommen, nicht von ihm lassen mag. Ich habe manchmal das Gefühl, dass meine Hauptaufgabe als Lehrer darin besteht, die Menschen aus ihren selbst gewählten Misthaufen zu ziehen. Ich gebe mir wirklich alle Mühe, ich schreibe Bücher, halte Vorträge und stehe für persönliche Gespräche bereit, aber viele bevorzugen es, in ihrem Misthaufen zu bleiben. Du ziehst sie ein bisschen heraus, aber sie kriechen dann doch lieber wieder zurück.

Das Klosterleben bietet Schönheit und Frieden, doch die meisten Menschen erkennen das nicht, weil sie die Sache mit dem Leiden noch nicht richtig erfasst haben. In der Freiheit des Klosterlebens liegt wahres Glück: Du besitzt kaum Dinge und hast nur wenige Beziehungen, nichts hindert dich, nichts bindet dich. Viele würden sagen, genau das sei leidvoll, während die *Ariyas* eben dieses Verstricktsein in die Welt, in der man arbeiten gehen und sich um die Kreditraten sorgen muss, als das eigentliche Leid betrachten. Die Leute grübeln: »Liebt sie mich? Bedeute ich ihr etwas? Wird sie mich heiraten?« – und meinen dann auch noch, das sei Glück. Ich habe vieles davon gesehen und weiß, dass es einfach Leid und nochmals Leid ist. Die Leute glauben aber, sie müssten das selbst herausfinden, also halten sie die Hände ins Feuer und verbrennen sich natürlich die Finger. Das macht ihnen dann klar, dass ich recht hatte, dass der Buddha recht hatte. Nur ist es dann zu spät; sie haben sich zu weit auf die Welt eingelassen.

Seid klüger und leitet euer Leben in die richtigen Bahnen. Macht nicht nach, was andere tun. Macht euch selbst ein Bild vom wahren Weg zu Freiheit und Glück, und dann geht ihn. Die Entscheidung, die ihr trefft, prägt nicht nur heute euer Leben, sondern auch in zehn, zwanzig oder dreißig Jahren. Fragt euch, ob ihr auf Alter, Krankheit und Tod vorbereitet seid. Diese Vorbereitung hat nichts mit euren materiellen Mitteln zu tun – zum Beispiel mit der Frage, wie man ein gutes Altenpflegeheim findet –, dafür aber umso mehr mit euren spirituellen Mitteln. Könnt ihr von eurer Gesundheit lassen in dem Wissen, dass es ohnehin nicht *eure* Gesundheit war, sondern der Körper einfach seiner Natur nach krank und schwach wird? Ihr müsst lernen zu sterben, der Welt zu sterben, eurem Hab und Gut zu sterben, allen Hoffnungen und allem materiellen Glück zu sterben. Ihr müsst lernen, wie man von allem lassen kann. Und wenn ihr früh genug lernt zu sterben, seid ihr auf dem richtigen Weg.

Im Anattalakkhana-Sutta (SN 22,59) fragt der Buddha die Mönche, ob die fünf *Khandhas* – Körper, Gefühl, Wahrnehmung, Wille und Bewusstsein – vergänglich oder unvergänglich sind. Vergänglich, sagen die Mönche. Weiter fragt der

Buddha, ob Vergängliches Glück oder Leid sei. Es sei Leid, erwidern die Mönche. Ob es angemessen sei, möchte der Buddha weiterhin wissen, etwas Leidvolles als mich oder mein oder ein Ich zu betrachten. Nein, sagen die Mönche, das sei nicht angemessen. Wenn ihr erkennt, dass die *Khandhas* nichts weiter als *Dukkha* sind, wird euch klar, dass ein Satz *Khandhas*, eurer nämlich, schon zu viel ist und ihr euch nicht auch noch um den *Khandha*-Wust einer ganzen Familie sorgen mögt. Genau da liegt der große Anstoß zum Klosterleben.

Alter, Krankheit und Tod – wenn ihr sie klar seht, wisst ihr auch, dass da ein Problem liegt, das gelöst werden muss. Leider werden die meisten Menschen erst aktiv, wenn sich das Problem ernsthaft stellt. Erst wenn sie alt sind, kommen sie auf den Gedanken, etwas zu unternehmen; erst wenn sie krank sind, machen sie sich Gedanken über das Kranksein; erst wenn sie sterben, denken sie an den Tod. Sie sind wie diese Kids, die eigentlich seit Monaten hätten lernen sollen und dann alles in der Nacht vor der Prüfung nachzuholen versuchen. Alter, Krankheit und Tod sind auch Prüfungen. Macht eure Hausaufgaben jetzt, wo ihr noch jung, gesund und voller Leben seid.

## Betrachtungen zum sinnlichen Verlangen

Die Vorbereitung auf diese Prüfungen besteht darin, dass ihr euch nicht mehr so sehr um den Körper kümmert, weder bei euch selbst noch bei anderen. Seht euch einen wirklich anziehenden Menschen an, und es kann euch nicht verborgen bleiben, dass dieser Mensch auch nur ein Wesen im *Samsara* ist, wie ihr selbst Alter, Krankheit und Tod unterworfen. Ich sehe eine Frau nicht anders als einen Mönchsgefährten. Dass sie in einem Frauenkörper lebt, macht sie nicht zum Objekt der Begierde. Es ist herrlich, alle Menschen so betrachten zu können. Es bedeutet, dass du frei bist.

Manche Arten des Verlangens können uns derart in Wallung bringen, dass wir nur noch fantasieren und gar nichts anderes mehr denken können – wir investieren unsere ganze Zeit in solche Fantasien. Trotzdem finden die Leute das schön. Es ist wie das Lächeln des Aussätzigen, der seine juckenden Wunden ins Feuer hält, weil ihm dann ein wenig leichter wird (MN 75). Natürlich verbrennt er sich, aber die Natur seiner Krankheit ist so, dass er das als angenehm empfindet. Sinnliche Lust ist nicht anders. Würden wir ihre wahre Natur erkennen, hätten wir nicht mehr viel mit ihr im Sinn.

Ajahn Sumedo hat einmal die Geschichte eines Ehepaars erzählt, das in der Nähe des Klosters Chithurst in England lebte. Es sah aus wie die vollkommene Ehe. Sie hatten sich in jungen Jahren verliebt, und es hatte kaum je Streit gegeben. Dann bekam die Frau schwere Arthritis und hatte ständig starke Schmerzen. Sie wünschte sich nur noch loszulassen und zu sterben, aber ihr Mann sagte, er könne ohne sie nicht leben. Da musste sich also einer quälen, weil der andere nicht loslassen konnte. Das frühere Glück dieser Beziehung war wie eine Schuldenlast, die jetzt abbezahlt werden musste.

So sagte es der Buddha auch: Sinnliches Verlangen ist so, als würde man ein Darlehen aufnehmen (MN 39). Was man hier an Lust »abhebt«, zahlt man in der Münze von Enttäuschung, Überdruss und Leid zurück. Man sieht das schon bei Verliebten. Wird jemand zurückgewiesen, schon ist das Herz gebrochen, man ist wie vernichtet, am liebsten wäre man tot. Man mag wohl Glück erleben, wenn man sich verliebt, aber später muss man dafür bezahlen.

Sagt euch also, wie es im Motto zu diesem Kapitel heißt: »Ich werde von allem gerissen und getrennt, was mir lieb und teuer ist«, und ihr werdet nach und nach das Interesse an sinnlicher Lust und am Körper verlieren. Seht sie euch genau an, dann geht euch auf, dass einfach nichts dafür spricht, sein Glück in diesen Dingen zu suchen. Dann nehmt ihr euch vor, vom Körper frei zu werden und dafür zu sorgen, dass ihr nie wieder einen neuen bekommt. Ihr wisst: Es ist entscheidend wichtig, das Haften am Körper zu verstehen – und es aufzugeben.

## Betrachtungen über den Körper

Um das Haften am Körper zu überwinden, dienen uns Übungen wie die Betrachtung der einunddreißig Körperbestandteile. In Thailand sind Autopsien öffentlich, man kann hingehen und sie sich ansehen. Ich habe viele Autopsien gesehen, manche waren ziemlich krass, aber am meisten hat mich die Autopsie eines jungen Mannes in meinem Alter erschüttert. Wegen der Altersgleichheit habe ich mich unwillkürlich mit seinem Körper identifiziert. Was ich zu sehen bekam, war unbeschreiblich widerwärtig, und ich zog auch die Verbindung zu meinem Körper, der wohl genauso sein musste. Die Botschaft war deutlich: Es hat keinen Wert, am Körper zu haften.

Solch ein Anblick macht einem ganz klar, dass der Körper altert, krank wird und stirbt, das ist nun einmal seine Natur. Wenn das tief genug eingedrungen ist, habt ihr ein Bild von einigen der größten Leiden der Menschheit. Auch der Buddha wurde ja durch die Konfrontation mit Alter, Krankheit und Tod zum Mönch und machte sich dann auf, um Befreiung davon zu finden (MN 26). Er erkannte, dass Alter, Krankheit und Tod eigentlich Folter sind, und das gab ihm den Antrieb, einen Ausweg zu finden.

Wenn ihr euren Körper so betrachtet, kommt ein Widerwille auf, und das Haften an ihm, diese ganze Überfürsorglichkeit und Körperverliebtheit endet. Schwindet die Vernarrtheit in den eigenen Körper, bringt man sie auch für die Körper anderer nicht mehr auf. Du siehst ein hübsches Mädchen und weißt sofort, es ist einfach ein Körper mit Herz, Lunge und so weiter, wie deiner. Das dämpft dann gleich die Sinne, und sinnliches Verlangen kommt gar nicht erst auf.

Mit solchen Gedanken kann man auch dem Übelwollen begegnen. Ihr regt euch nicht so leicht über jemanden auf, der Krebs hat; ihr empfindet eine natürliche Sympathie für jemanden, der Schmerzen hat und leidet und dem Tod entgegensieht. Solche Empfindungen könnt ihr auf jedermann ausdehnen, schließlich gehen wir alle dem Tod entgegen. Denkt bei allem, was die Leute zu euch sagen oder euch antun, einfach daran, dass sie Sterbende sind. Seht andere Leute so, und das Hindernis des Übelwollens taucht gar nicht erst auf. Wenn Begierde und Übelwollen nicht auftreten und ihr euch nicht mehr mit dem Körper abgebt, könnt ihr euch in aller Ruhe hinsetzen, die Augen schließen und das Reich des Geistes betreten.

## Freiheit vom Körper

Eure Körperbetrachtung dient dem Zweck, die wahre Natur des Körpers zu erkennen und *Nibbida* aufkommen zu lassen, bis ihr euch schließlich von ihm lösen könnt. Wenn die Hände verschwinden, denkt ihr: »Ah, endlich«; wenn die Beine nicht mehr gefühlt werden, denkt ihr: »Zeit war's.« Dann ist der ganze Körper weg und ihr empfindet nur noch Erleichterung, und beim Verblassen des Atems würdet ihr jubeln, wenn nicht schon alles weg wäre. Der ganze Körper verschwindet, endlich seid ihr frei von ihm. Ihr habt gelernt, vom Körper zu lassen, und das ist eure Vorschau auf den Tod, auf die richtige Art zu sterben. Das ist eine der großen Lehren, die wir aus tiefer Meditation beziehen.

Wenn ihr den Körper nicht lassen könnt, solange ihr gesund seid, wie wollt ihr es dann nachholen, wenn Krankheit und Schmerzen euch plagen? Ist es nicht jetzt schon schwer zu meditieren, wenn ihr körperliche Schmerzen habt? Ist es nicht jetzt schon schwer, beim Atem zu bleiben? Wie soll es dann erst sein, wenn ihr richtig krank seid und unter Schmerzen sterbt, wenn ihr kaum noch Kraft habt? Dann ist es noch viel, viel schwieriger. *Jetzt* ist die Zeit, das Loslassen zu lernen, jetzt, wo ihr noch gesund seid und der Körper einigermaßen mitmacht. Dabei spielt es kaum eine Rolle, in welcher Verfassung er ist, denn es wird auf jeden Fall schlimmer werden.

Trainiert euch: Setzt euch hin, schlagt die Beine übereinander, schließt die Augen und übt Jetzt-Gewahrsein und Stille. Die meisten eurer Gedanken drehen sich um den Körper und die Welt der sinnlichen Freuden. Haltet das an! Bleibt beim Atem, erlaubt dem Atem schön zu werden und dem Körper zu verschwinden. Voll auf den Atem gesammelt, spürt ihr den Kopf oder die Beine nicht mehr. Ihr wisst nicht mehr, wo der Körper sich befindet, und es ist euch auch herzlich gleichgültig – er ist verschwunden und ihr habt nur noch den Atem. Der Atem wird schön, und dann taucht das *Nimitta* auf. Von da an ist außer dem Körper auch der Atem verschwunden.

Freiheit vom Körper tritt ein, wenn ihr sterbt. Das *Nimitta* ist genau das Licht, das die Menschen sehen, wenn sie sterben oder durch eine Nahtoderfahrung gehen. Die *Nimitta*-Stufe ist wunderbare Glückseligkeit, besser als Sex und jede Beziehung – und nicht gar so schwer zu erreichen, wenn ihr den Körper loslasst. Schwierig ist es nur, solange ihr am Körper hängt. Sollte noch ein Haften da sein, denkt einfach daran, dass ihr eigentlich am Leiden haftet, dass ihr heiße Kohlen festhaltet. Lasst den Körper abfallen und kommt aus dem Misthaufen heraus.

Solange ihr noch nichts davon erlebt habt, kann es ziemlich fantastisch klingen. Aber lasst eure Meditation tiefer werden, und ihr werdet allmählich erkennen, dass es sich nicht um Fantasiegebilde handelt, sondern dass es diese Zustände wirklich gibt und ich euch reinen Wein eingeschenkt habe. Dazu ist nichts weiter erforderlich, als die Meditation zu vertiefen und den Körper immer weiter loszulassen. Dass es gelingt, erkennt ihr an den zunehmenden Glücksgefühlen. Und ihr erkennt, dass der Körper nicht nur wegen Alter, Krankheit und Tod mit Leid behaftet ist, sondern schon jetzt bei voller Lebendigkeit ein einziges großes Leiden darstellt. Das ist eine der großen Offenbarungen, die euch durch tiefe Meditation zuteilwerden. Ein *Nimitta* reicht schon, um das zu sehen, aber im *Jhana* wird es unmissverständlich klar.

Weil wir uns so ans Ungemach der Körperlichkeit gewöhnt haben, bemerken wir es unter normalen Umständen kaum. Ajahn Chah beschrieb als Beispiel die Geburt eines Menschen, der von Anfang an eine Schlinge um den Hals hat, an deren beiden Ende Dämonen ziehen. Er hat die Dämonen nie benannt, aber ich vermute, dass es sich um sinnliches Begehren und Übelwollen oder um den Willen und das Haften am Körper handelt. Jedenfalls ziehen die Dämonen ständig an den Enden der Schlinge, und da du nie etwas anderes gekannt hast als diese Enge und Beklemmung, erkennst du nicht, was da los ist. Du hältst es für normal, so ist das Leben nun mal. Dann kommst du eines Tages ganz hübsch in die Meditation hinein, kommst bis zum schönen Atem – und auf einmal lockert sich die Schlinge. Du atmest frei und denkst: »Donnerwetter, so was von Frieden, herrlich!« Später kommst du zur *Nimitta*-Stufe und die Schlinge löst sich fast ganz und du denkst: »Das ist ja wirklich höchst erstaunlich!«

Eine große Wahrheit des Buddhismus, vom Buddha selbst realisiert, geht dir auf, nämlich dass du glücklich bist, weil die ganze Riesenlast der Leiden weg ist. Die Dämonen haben das Seil losgelassen, endlich kannst du frei atmen. Das selbst zu erleben ist ganz wunderbar; du erkennst da ganz unmittelbar, was das ist, worauf wir hier hinauswollen. Weil der Körper von Natur aus mit Schmerz behaftet ist, streben wir ins Reich des Geistes, um uns vom Körper zu lösen, uns über ihn zu erheben. Wenn das ganz gelungen und unumkehrbar geworden ist, seid ihr Nicht-Wiederkehrer und werdet nie wieder in der Welt der Körperlichkeit geboren. Bekommt ihr eure Meditation nicht auf die Reihe – wer weiß, wo eure nächste Geburt dann sein wird.

## Die Tür zum Todlosen steht offen

Das Glück der Freiheit könnt auch ihr erleben. Da versteht ihr die Lehren des Buddha und werdet unabhängig. Ihr braucht niemanden mehr, und was irgendein anderer sagt oder tut, berührt euch nicht mehr. Ihr setzt euch ganz für euch allein hin, überlasst euch der Glückseligkeit und seid frei. Hättet ihr das nicht gern? Es steht euch frei, ihr könnt es. Wenn ihr noch nicht so weit seid, ist es nur eine Frage der Zeit. Die Tür zum Todlosen steht offen. Es steht euch frei, durch diese Tür zu gehen und nie wieder alt und krank zu werden und zu sterben. Lasst dies das letzte Mal sein.

# 11 Die Samadhi-Pyramide

EINER DER MÖNCHE, die ich ganz besonders mochte, war Ajahn Tate. Er sah auch wirklich aus wie ein *Arahant.* Ich werde nie den Augenblick vergessen, in dem ich ihn das erste Mal in seinem Kloster in der Provinz Nong Kai am Mekong sah. Der thailändische König hatte hier eine Halle für ihn bauen lassen, *Mandapa* auf Thai, die in einer für ein Waldkloster geradezu verschwenderischen Weise gestaltet war. Ich habe den Augenblick, in dem ich diese Halle betrat, noch deutlich vor Augen. Sie war wunderschön gestaltet, man hatte einen herrlichen Blick über den Fluss, und da saß in einer Ecke in einem Sessel dieser alte Mönch. Dieser Anblick und seine ganze Ausstrahlung machten gleich deutlich, dass er vollkommen in Frieden war, ein heiliger Mönch. Eigentlich, dachte ich, gehört er unter einen Baum mit nichts als der belaubten Krone über sich. Aber der König hatte nun einmal diesen Platz für ihn bestimmt, das war sein Schicksal, wenn man so will.

Ich hatte mir alle möglichen Fragen zurechtgelegt, die ich dem großen alten Mönch stellen wollte. Sie entfielen mir, als ich an ihn herantrat – was die ganze Reise eigentlich gegenstandslos machte, so könnte man denken. Ich fragte nichts. Stattdessen kam ein Satz heraus, der schon geradezu etwas Weises hatte. Ich sagte, die Antworten selbst zu finden sei sicher besser, als Fragen zu stellen. Er lächelte. Er sagte: »Ja, das ist die richtige Einstellung.«

Anstatt uns an andere zu wenden, sollten wir uns bemühen, die Wahrheit selbst zu finden und zu erkennen, dass wir selbst für unseren Lebenswandel, unseren Frieden, unsere Weisheit zuständig sind.

## Die Dinge einfach halten

Wir leiden heute vielfach an Informationsüberflutung. Viele haben Unmengen von *Dhamma*-Vorträgen auf ihren iPods. Im Kloster haben wir sämtliche Suttas auf Pali, Chinesisch, Thai und Englisch, etliche sogar auf Deutsch. Auch über den Computer im Büro sind sie alle einsehbar. Wir haben so viel *Dhamma* greifbar, dass man sich manchmal fragt, wie viel überhaupt nötig ist. In der Zeit des Buddha haben die Leute vielleicht ein einziges Sutta gehört, und manchen genügte das, um die Wahrheit zu erkennen und zu einem ausgeglichenen, glücklichen Leben zu finden. Heute stopfen wir uns geradezu mit Information voll. Immer mehr Menschen sind übergewichtig, weil sie zu viel essen, und genauso werden die Gehirne zu »dick«, weil wir einfach zu viele Informationen aufnehmen. Wenn wir sie nicht verarbeiten können, bringen sie uns nur durcheinander. Rufen wir uns also in Erinnerung, dass die Lehren des Buddha im Kern sehr klar und einfach sind: Tu nichts Schlechtes, handle recht und läutere den Geist (Dhp 183). Man könnte sagen, das laufe eigentlich auf eine einzige Sache hinaus, auf den Pfad der Güte, des Friedens und der Harmonie. Die simpelsten Lehren sind oft die besten.

Als Buddhisten gehen wir also den Weg der Freundlichkeit und halten uns an die Gebote. Natürlich genügt es nicht, diese Dinge nur im Sinn zu haben, wir müssen sie in die Tat umsetzen, allein dann schaffen sie Frieden, Freiheit und Harmonie. Es kommt auf das an, was wir *tun*, und das richtige Tun ist an seinen Ergebnissen und Folgen zu erkennen. Deshalb sagte der Buddha zum ehrenwerten Upali, ob etwas mit dem *Dhamma* übereinstimme und der rechte Weg sei, bemesse sich daran, ob es Frieden und Freiheit nach sich zieht (AN 7,83).

Körperliches Leid ist unvermeidlich, und das Gefühl von Frieden und Freiheit, das sich bei richtiger Praxis einstellt, ist eine geistige Erfahrung. Der Geist sieht sich das Geschehen in der Welt nur an und weiß, dass alles *Samsara* ist und *Samsara* seiner Natur nach Leid bedeutet. Man sieht die Leiden, man steht gleichsam mittendrin, reagiert aber nicht darauf.

Die großen *Arahants* in den Suttas sagen, die Welt sei einfach Leid, das entsteht, und Leid, das vergeht (SN 12,15). Diese großen *Arahants* waren oft nicht als solche zu erkennen, sie machten ihren Almosengang, verzehrten die Speisen, verrichteten ihre Arbeit, legten sich am Abend ins Bett und standen am Morgen wieder auf. Sie fügten sich unauffällig ein, hoben sich durch nichts hervor, verschwanden sozusagen im Hintergrund. Dieses ruhige, unaufgeregte Gleichmaß charakterisiert den mittleren Weg der Praxis. Was zu Stille, Frieden und Glück führt, das ist der richtige Weg.

## Das Glück der Tugend und Selbstbeherrschung

Was den sittlichen Lebenswandel und das Halten der Gebote angeht, kann man die Menschen zwar einführen, aber was sie am Ende tun werden, bleibt ungewiss. Du kannst ihnen nur zeigen, was der Buddha tat, was die Kruba Ajahns tun und was die Suttas sagen: Wenn du ein Leben in Frieden und Glück möchtest, musst du die Verunreinigungen des Geistes im Zaum halten. Du magst Mönch oder Laie sein, wenn du dich den Sinnen ergibst, vergeudest du deine spirituellen Kräfte und lässt dich in das Getriebe der Welt hineinziehen. Leute, die das tun, mögen äußerlich glücklich wirken, aber wenn du genauer hinsiehst, zeigt sich etwas anderes. Von George Bernard Shaw ist eine köstliche Antwort auf die Frage überliefert, weshalb gläubige Menschen glücklicher wirken als ungläubige. Er sagte, mit dem Glauben sei es wie mit dem Alkohol, Betrunkene wirkten ebenfalls glücklicher als Nüchterne. Das gilt generell für die Welt der fünf Sinne. Wer auf Lust und Vergnügen aus ist – im Kino, auf Partys, beim Sex oder wo auch immer –, ist wie von den fünf Sinnen berauscht. Es ist ein Wahn, der irgendwann seinen Preis verlangt. Man borgt sich Glück, rückzahlbar in unguten Gefühlen und Ängsten, wenn nicht Depression.

Im Samannaphala-Sutta (DN 2) und anderswo sagt der Buddha, dass jemand mit einem sittlich reinen Lebenswandel *Anavajjasukha* erfährt, das Glück der Unbescholtenheit. Es ist eine schöne Sache, wenn sich solche Lehren in eurer eigenen Praxis bewahrheiten. Ihr befolgt die Gebote, ihr haltet euch zurück, ihr handelt recht, und wenn ihr über lange Zeit dabei bleibt, fühlt es sich richtig gut an. Ihr habt nichts getan, was niemand wissen darf, ihr wart nicht schlau und habt euch heimlich irgendwelchen Sinnenfreuden ergeben. Heimlichkeiten sind im Grunde sowieso nicht möglich, schließlich wisst *ihr* ja darum. Ihr habt auch nicht unbedingt Gewissensbisse oder bestraft euch selbst, aber ihr versäumt das Glück und die Freiheit des reinen Lebenswandels. Wenn ihr euer Leben gut im Auge behaltet, werdet ihr verfolgen können, wie sich euer Handeln auf euer Glück, euren Frieden und eure Freiheit auswirkt.

Selbstbeherrschung gibt euch auch ein Gefühl von Stärke. Ich habe das schon immer so erlebt, wenn ich irgendetwas abgelegt oder Wünsche im Zaum gehalten habe. Als ich mich in meiner Studentenzeit vom Alkohol verabschiedete, war es so. Du fühlst dich stark, weil du den Verunreinigungen nicht nachgegeben hast – du hast ihnen einen Tritt gegeben und bist frei. So muss es sich anfühlen, wenn man aus dem Gefängnis entlassen wird. Je mehr man sich den fünf Sinnen ergibt, desto mehr verstrickt man sich in seine Fesseln. Und wenn ihr euch umgekehrt von Gier, Hass und Verblendung befreit und dem Weg der *Ariyas* folgt, werdet ihr im gleichen Maße Glück und Frieden erfahren.

Fragt euch, wie der Buddha oder Mahamoggalana oder Sariputta gehandelt hätte. Wenn ihr euch an das Vorbild der großen Mönche und Nonnen in den Suttas haltet, könnt ihr nichts falsch machen. Der Geist wird gelassen und glücklich, weil ihr den Ursachen des Leidens widersteht und von ihnen ablasst, um sie so zu überwinden.

Wenn ihr euch also in Tugend übt, nimmt euer Glück zu. Wenn ihr glücklicher seid, profitiert davon eure Achtsamkeit, ihr findet mehr Frieden, eure Meditation wird besser. Glück ist eigentlich das Maß aller dieser Dinge. Aus Selbstbeherrschung erwächst Zufriedenheit, weil der Geist nicht mehr so sehr Sklave der Begierden ist. Freiheit vom Begehren, das ist ein ganz anderes Glück als das, was im sklavischen Festhalten an Begierden zu finden ist. In der Welt werdet ihr nur am Nasenring herumgezerrt: Kommt eine schöne Frau oder ein gut aussehender Mann daher, musst du einfach hinschauen. Irgendwann geht ihr schließlich miteinander aus, und schon sitzt du in der Falle. Du bekommst Handschellen angelegt, den Verlobungsring und den Trauring. Danach sitzt du jahrelang fest. Viele Ehen zerbrechen wieder, und dann musst du oft Unterhalt zahlen, manchmal für den Rest deines Lebens. Seht also genau hin, was ihr tut, sofern ihr euch echte Freiheit bewahren wollt.

## Sei Herr deiner Wünsche

Wenn man sich auf die Welt einlässt, denkt man erst einmal, man sei Herr seiner Wünsche und Begierden. Gibt man ihnen jedoch nach, stellt sich bald heraus, dass man ganz im Gegenteil von ihnen beherrscht wird. Dann hat man nicht mehr die freie Wahl, sondern ist zwanghaft bemüht, diese

Wünsche zu befriedigen. Vor vielen Jahren habe ich Becketts *Warten auf Godot* gesehen. Darin taucht ein tyrannischer Landbesitzer mit seinem Diener auf, den er an einem Strick um den Hals führt und schwere Koffer schleppen, allerlei Kunststücke aufführen, apportieren und sogar auf Kommando philosophieren lässt. Am nächsten Tag erscheinen die beiden wieder, aber jetzt ist der Herr blind und der Knecht stumm, der Knecht führt den Herrn am Strick und dieser ist auf ihn angewiesen. Eine der Aussagen dieses Stücks ist wohl die, dass Herr und Knecht häufig die Rollen tauschen, falls sie nicht von vornherein ambivalent sind – und das ist in unserer Beziehung zum Begehren genauso. Wir glauben, unser Verlangen unter Kontrolle zu haben und genau unserem Willen und unseren Absichten anpassen zu können, aber im Handumdrehen ist es so, dass Begierden, Wünsche und die Launen des Geistes uns beherrschen.

Um frei zu werden, müssen wir Zurückhaltung üben und nein zu unseren Wünschen und Gelüsten sagen. Unser Nein zum sinnlichen Schwelgen zieht ein wunderbares Freiheitsgefühl nach sich, wir sind nicht mehr Sklaven unserer Gelüste. Wenn man die Nacht hindurch mit dem Flugzeug unterwegs war und keinen Schlaf bekommen hat, ist es gut zu wissen, dass man auch mal ohne Schlaf auskommen kann. Jeden Tag etwas zu essen zu bekommen ist eine schöne Sache, aber wenn man mal nichts bekommt, ist es so schlimm auch wieder nicht. Der Buddha hat zwar das Fasten nicht empfohlen, aber es ist ganz gut, ab und zu einen Tag lang nichts zu sich zu nehmen, einfach um zu sehen, ob du dein Verlangen noch unter Kontrolle hast.

Vor vielen Jahren habe ich den Entschluss gefasst, während des gesamten dreimonatigen Regenzeit-Retreats keinen Tee zu trinken. Kaum hatte ich das angekündigt, kam einer meiner damaligen Mönchsnachbarn zu mir. Er war sehr besorgt, schließlich war ich Engländer, und er wusste, was Tee uns Engländern bedeutet. Ein anderer englischer Mönch hatte das früher schon unternommen und für sehr schwierig befunden. Ich sagte, ich sei fest entschlossen, es mir auch ohne Tee gut gehen zu lassen, und tatsächlich war es dann gar keine so große Sache. Es kann ganz schön sein, sich ab und zu dem Zugriff solcher Wünsche zu entziehen. Je weniger du hast und je weniger du brauchst, desto freier bist du. Du weißt, du gehörst nicht diesen Dingen, sondern sie gehören dir.

Wenn ihr Selbstbeherrschung habt, wenn ihr zu Wünschen und Gelüsten nein sagen könnt, genießt ihr nicht nur dieses herrliche Gefühl von Freiheit und Frieden, sondern gewinnt auch eine Menge Selbstvertrauen. Die Suttas formulieren es nur ein wenig anders: Wenn du tugendhaft lebst und die Gebote hältst, kannst du furchtlos überallhin gehen (DN 16,1,24). Und weil du nicht von deinen Wünschen beherrscht wirst, bist du beweglich und kannst dich wechselnden Umständen anpassen. Eindämmung der Sinne bringt also Selbstsicherheit und ein wunderbares Gefühl von Unabhängigkeit.

Legt es auf die Freiheit, den Frieden und das Glück an, die einem reinen Lebenswandel und der Herzensgüte entspringen. Aber dieser reine Lebenswandel darf nicht einfach etwas Auferlegtes sein. Tugend, richtig verstanden, ist dazu da, euch vom Leiden zu befreien. Wie ein kleines Kind, das etwas zu

Heißes anfasst, erleiden wir auch Schmerz, wenn wir etwas Falsches tun. Aber das Kind lernt aus seiner Erfahrung und wird die Warnung das nächste Mal beherzigen. Genauso kommt es für uns darauf an, die Folgen unseres Handelns genau zu betrachten. Wenn wir das versäumen, bleiben wir unter der Fuchtel von Begehren, Übelwollen, Schuldgefühlen und anderen Verunreinigungen und ziehen uns immer mehr Schmerzen und Verletzungen zu. Auf die gleiche Weise finden wir Freiheit, Frieden und Glück in der Meditation, alles hängt davon ab, dass wir wirklich loslassen und den Geist zur Ruhe bringen.

## Die Pyramide

Zu den Rezitationen im Rahmen der Ordinationszeremonie für Mönche und Nonnen gehört eine Passage aus den Suttas, die in den Worten des Buddha besagt, dass *Samadhi* umso nutzbringender und fruchtbarer ist, je mehr ihn die Kraft eines reinen Lebenswandels unterstützt (DN 16,1,12). Das heißt wohl, dass der *Samadhi* schwach bleibt, solange wir die Verunreinigungen nicht beherrschen und uns nicht auf rechtes Handeln festgelegt haben. Die Leute fragen sich oft, wie man beim Meditieren den Atem verfolgt, was man beim Auftauchen eines *Nimittas* tut, wie mit diesem oder jenem technischen Aspekt der Meditation umzugehen ist – aber was eigentlich der Antrieb des *Samadhi* ist, das wird selten gefragt. Man vergisst leicht, wie wichtig Sittlichkeit und Selbstbeherrschung für das Erlangen des *Samadhi* sind.

Im Tayana-Sutta (SN 2,8) heißt es, Einheit des Geistes oder *Samadhi* sei nicht zu erreichen, solange man sich nicht von den fünf Sinnen und dem sinnlichen Verlangen gelöst hat. Das ist sehr wichtig. Wir wissen, dass die Welt der fünf Sinne ihrer Natur nach leidvoll und zwangsläufig mit Schwierigkeiten behaftet ist. Bei meiner Arbeit für das Kloster oder als Leiter des *Sangha* weiß ich, dass sie leidvoll sein wird, weil sie eben in der Welt des Sehens, Hörens, Riechens, Schmeckens und Berührens stattfindet. Es kostet eine Menge Einsatz, alles in Gang zu halten, ich rechne nicht damit, dass alles glattgeht, nur weil ich der Verantwortliche bin. In der Welt der fünf Sinne entgehst du einfach nicht dem Leiden, und folglich gibt es nur eine Lösung: Lass ab von ihr. Bei der Meditation – also dem, was zum *Samadhi* führt – geht es einzig und allein darum, die fünf Sinne ruhigzustellen und im Geist Frieden zu schaffen. Nur vom Frieden und der Stille des Loslassens her gewinnt man ein wirklichkeitsgetreues Bild der Welt.

Als junger Mann habe ich Mittelamerika bereist. Ich habe mich durch den Dschungel der Halbinsel Yucatan geschlagen und dann eine der alten Maya-Pyramiden bestiegen. Da hatte ich nach Tagen, an denen ich immer nur meine unmittelbare Umgebung sehen konnte, zum ersten Mal einen Überblick. Das ist ein schönes Bild für das, was bei der Meditation geschieht. Wenn ihr einen richtigen *Samadhi*-Zustand erreicht, wird der Geist so klar, dass ihr zum ersten Mal ein Gesamtbild der Welt bekommt, in der ihr euch abgerackert habt.

Das ist ein wichtiger Aspekt der Weisheit – aus eurem gewohnten Ich herauszutreten und von dieser neuen Warte aus einzuschätzen, was ihr eigentlich die ganze Zeit gemacht habt. Dann seht ihr, dass ihr oft nicht so weise wart, wie ihr dachtet. Ihr wolltet etwas Gutes in der Welt tun, aber oft genug habt ihr dabei euch und anderen geschadet. Auf meinem Weg durch den Dschungel konnte ich nicht sehen, wohin ich überhaupt lief, und es war eine ziemliche Schinderei. Als ich dann oben auf der Pyramide stand, sah ich sofort, wo die kürzesten und leichtesten Anmarschwege und Zugänge waren. So geht es euch, wenn ihr tiefere Meditationserfahrungen macht: Ihr versteht, was es mit der Welt auf sich hat, ihr erkennt den Weg durch den Dschungel des Lebens, der am meisten Frieden verspricht und nicht so voller Schwierigkeiten ist.

Wer klar sieht, erwartet nichts mehr vom Leben, was es einfach nicht liefern kann. So definiere ich Leiden: etwas vom Leben erwarten, was es nicht bieten kann. Wer zu viel vom Leben haben möchte, der leidet. Er selbst ruft seine Leiden mit seinen Erwartungen hervor. Wenn ihr seht, wie begrenzt das Leben ist und wie begrenzt eure Fähigkeiten sind, dann ist euch klar, dass ihr euch allenfalls bemühen könnt, etwas Nützliches zu tun und anderen möglichst wenig Schaden zuzufügen. Und eure Absichten mögen noch so gut sein, irgendwann geht euch doch einmal etwas daneben. So ist das Leben einfach, da kann man nichts machen. Ein klarer und kluger Blick für die Welt ringsum hat etwas damit zu tun, dass man die Dinge sieht, wie sie sind: Im Dschungel geschieht einfach Schädliches und Leidvolles. Wir alle tragen Alter, Krankheit und Tod in uns, auch wenn jetzt vielleicht noch nicht viel davon zu sehen ist. Das ist die Natur des

Körpers. Wir können es nur nehmen, wie es ist, und in Frieden damit sein.

Wir sind, wie der Buddha sagt, von zwei Pfeilen des Leidens durchbohrt, von den Pfeilen des körperlichen und des seelischen Leidens (SN 36,6). An körperlichen Leiden ist nicht viel zu ändern, aber den Pfeil des seelischen Leidens könnt ihr ziehen. Seelisches Leid geht von einer ablehnenden Haltung aus: »Ich will das nicht« oder »Es sollte nicht so sein« oder »Warum ist es so?« Wenn du auf der Pyramide stehst und dein Leben und die Welt überblickst, hast du eine klare, wirklichkeitsgetreue Perspektive. Du bist weise, dein Leben nimmt seinen friedlichen, gelassenen Lauf, es gibt nur die Leiden, die der körperliche Pfeil verursacht. Weisheit verschafft dir das bestmögliche Leben.

Die Leute haben alle möglichen Vorstellungen von *Nimitta*, *Jhana*, der Natur des Daseins, den Vier Edlen Wahrheiten und dem abhängigen Entstehen. Sie wissen zwar meist nicht so recht, wovon sie überhaupt reden, aber sie spekulieren trotzdem weiter. Dabei sagte der Buddha, er lehre nichts weiter als das Leiden und die Beendigung des Leidens (SN 22,86), und folglich brauchen wir uns auf nichts anderes als das zu konzentrieren. Wenn das unsere Ausrichtung ist, sind wir auf dem Weg zu Frieden und Glück, und dieser Weg besteht darin, dass wir die Pyramide im Herzen besteigen, die Pyramide der Meditation, und uns dabei immer weiter von der Welt entfernen. Beim Besteigen dieser Pyramide findet ihr heraus, was Weisheit ist, nämlich das Wissen um den mittleren Weg der Ausgeglichenheit, der Milde, des Glücks und des Friedens. Habt ihr dieses große Gesamtbild vor Augen, werdet ihr frei. Freiheit ist an einem schönen, friedvollen Leben zu erkennen. Sicher, die Probleme des Körpers bleiben euch, aber ein großer Teil der Leidenslast – der Pfeil der geistigen Leiden – ist von euch genommen.

## Die Schönheit des mittleren Weges

Körperliche und seelische Leiden haben wir alle schon genug gehabt. Wir versuchen die körperlichen Leiden zwar zu lindern, aber wir wissen auch, dass sie nun mal mit dieser Körperlichkeit und dem Leben in der Welt verbunden sind. Und auch das gehört zum Leben, dass die Menschen Dummheiten begehen und sich und anderen unnötig schaden. Wir können hier in Australien den Kängurus zusehen, die sich um die Essensreste aus dem Kloster balgen. Sie sind so gierig wie die Menschen. Aber wenn du weißt, dass die Welt eben so ist und du nichts daran ändern kannst, lächelst du einfach und lässt es so sein, wie es ist. Auch an den Leiden andere kannst du meist nicht allzu viel ändern, aber du kannst deinen eigenen Pfeil der geistigen Leiden ziehen und lernen, wie man in Frieden lebt. Dann weißt du, dass die Leiden nur wirklich ganz zu beenden sind, wenn du vollkommene Freiheit findest und nie wieder geboren wirst. Das ist am Ende das Einzige, was wir uns wirklich wünschen können. Sich selbst und anderen *Nibbana* zu wünschen, das ist die höchste Form der Herzensgüte.

Im Ratana-Sutta heißt es, der Buddha habe zum höchsten Wohl aller Lebewesen *Nibbana* erlangt (Sn 233). Wenn ihr also anderen ein wirklich großes Geschenk machen wollt, dann seht zu, dass ihr Erleuchtung findet. Das Streben nach Erleuchtung ist wahres selbstloses Handeln. Solange ihr nicht erleuchtet seid, wisst ihr eigentlich nicht, was ihr tut. Erst wenn ihr die »Meditation« genannte Pyramide im Herzen ersteigt und die Spitze erreicht, wisst ihr wirklich, wie den Schwierigkeiten des Lebens zu begegnen ist. Erst wenn ihr euch über die Welt erhebt und aus der Vogelperspektive, von der Warte des *Ariya*, das Ganze seht, erkennt ihr, wie es funktioniert. Als in den Strom Eingetretene erkennt ihr jetzt den gesamten Zusammenhang und fragt euch staunend, wie euch dieser Zusammenhang all die Jahre entgehen konnte. Jetzt besitzt ihr die Weisheit, die sehr klar sieht, wo Frieden und Glück herkommen, und die von der Welt keine Vollkommenheit verlangt, weil die Welt keine Vollkommenheit bieten kann. Diese Weisheit ist so klar, dass sie einen beträchtlichen Teil der Leiden in dieser Welt aufhebt. Denkt also immer daran: Alle Leiden haben damit zu tun, dass ihr von der Welt etwas verlangt, das sie nicht bieten kann.

Steigt also auf die Pyramide und seht euch das Ganze von oben an. Dieses Bild gibt euch vielleicht einen Eindruck von wahrer Meditation, einen Geschmack von Weisheit und Erleuchtung und vom Weg, der dorthin führt. Dann versteht ihr, worum es auf dem buddhistischen Weg geht, nämlich einfach um Tugend, Konzentration und Weisheit. Wer die große Weisheit erreicht, der hat Frieden, was auch immer dem Körper geschehen mag. Sicher, ihr versorgt den Körper auch dann noch, aber ihr macht kein Aufhebens mehr darum, weil das alles einfach die Natur des Körpers ist. Ihr übt den wunderbaren mittleren Weg.

Einer, der den mittleren Weg geht, ist jemand, der nach und nach verschwindet. Nur wer sich in der Mitte hält, kann verschwinden. Alle Extreme – zu groß oder zu klein, zu dick oder zu dünn – fallen auf. Das war das Großartige an Ajahn Tate damals in Thailand. Man hatte ihn in diesen Prunkbau gesetzt, aber er selbst war verschwunden. Als ich den Raum betrat, erschien er mir leer, ich musste zweimal hinsehen, bis ich den kleinen alten Mönch in der Ecke sah. Das ist jetzt eure Aufgabe: wie Ajahn Tate zu sein und aus der Welt des Leidens zu verschwinden.

# ABKÜRZUNGEN
## FÜR DIE ZITIERTEN BUDDHISTISCHEN WERKE

| | |
|---|---|
| AN | Anguttara-Nikaya |
| Dhp | Dhammapada |
| DN | Digha-Nikaya |
| MN | Majjhima-Nikaya |
| SN | Samyutta-Nikaya |
| Sn | Sutta Nipata |
| Thi | Therigatha |
| Ud | Udana |

Für das Anguttara-Nikaya, Digha-Nikaya, Majjhima-Nikaya und Samyutta-Nikaya folgen die Verweise dem Sutta-Nummerierungsschema der im Verlag Wisdom Publications erschienenen englischen Übersetzung. In allen anderen Fällen liegt das Nummerierungsschema der von der Pali Text Society herausgegebenen Pali-Texte zugrunde.

Die meisten der angeführten Texte stehen in deutscher Übersetzung im Internet unter *www.palikanon.com* zur Verfügung.

# GLOSSAR

**Abhängiges Entstehen** wird eine Kausalkette genannt, die aus zwölf Gliedern besteht und insgesamt das Entstehen des Leidens aus Verblendung aufzeigt.

**Achtfacher Pfad:**

1. Rechte Anschauung oder rechtes Verstehen
2. Rechtes Denken oder rechte Absicht
3. Rechte Rede
4. Rechtes Handeln
5. Rechter Lebenserwerb
6. Rechtes Bemühen
7. Rechte Achtsamkeit
8. Rechte Konzentration (d. h. *Jhana*).

**Ajahn Chah (1918–1992):** Ein thailändischer Mönch, der von vielen als der größte thailändische Meditationsmeister des zwanzigsten Jahrhunderts angesehen wird.

**Ajahn Jagaro:** Einer der ersten westlichen Schüler Ajahn Chahs, erster Abt des Klosters Bodhinyana, 1983–1995.

**Ajahn Sumedho:** Erster westlicher Schüler Ajahn Chahs.

**Ajahn Tate (1902–1994):** Der erste Schüler von Ajahn Mun (1870–1949), der von vielen als Vater der sogenannten Wald-

Tradition Thailands angesehen wird. Ajahn Tate gilt als einer der größten thailändischen Meditationsmeister neuerer Zeit.

**Anagami:** Ein »Nicht-Wiederkehrer«. Jemand, der die dritte Stufe der Erleuchtung erlangt hat.

**Anagarika:** Ein »Hausloser«. In westlichen Theravada-Klöstern wird darunter jemand verstanden, der sich zum Halten der Acht Gebote verpflichtet hat und sich auf die Novizen-Ordination vorbereitet.

**Analaya:** Loslösung, Unabhängigkeit, wörtlich »Nicht-Sitzenbleiben«; die vom Buddha genannte vierte Bedingung für das Aufhören des Leidens (dritte Edle Wahrheit).

**Anapanasati:** Achtsamkeit auf den Atem. Die Atemmeditation. Die wichtigste Anleitung dazu ist das Anapanasati-Sutta, MN 118.

**Anatta:** Nicht-Ich, Abwesenheit eines dauerhaften Ich.

**Anavajjasukha:** Das Glück der Unbescholtenheit, des reinen Lebenswandels.

**Arahant:** Ein voll Erleuchteter; die vierte Stufe der Erleuchtung.

**Ariya:** Ein Edler. Jemand, der zumindest den Stromeintritt, also die erste der vier Stufen der Erleuchtung erreicht hat.

**Aruppa:** Immateriell, zum Beispiel bei den nichtmateriellen Stufen der Verwirklichung.

**Asava:** Wörtlich »Ausströmungen«, und zwar des Geistes in die Welt. In den Suttas werden drei Arten angegeben:

*Kamasava* – mit sinnlichem Begehren verbunden;

*Bhavasava* – mit dem Verlangen nach Sein oder Existenz verbunden;

*Avijjasava* – durch Verblendung oder Unwissenheit bedingt.

**Atta:** Das Ich oder Ego.

**Bodhinyana:** Das buddhistische Kloster in Perth, Australien, dessen Abt Ajahn Brahm ist.

**Cetana:** Absicht, Intention, Wille.

**Dhamma:** Die Lehren des Buddha; die Wahrheit; wie die Dinge wirklich sind.

**Dukkha:** Leid oder Ungenügen.

**Edlen Wahrheiten,** Die Vier: Der übergreifende Bezugsrahmen der buddhistischen Lehre:

1. Die Wahrheit vom Leiden
2. Die Wahrheit von den Ursachen des Leidens
3. Die Wahrheit vom Aufhören des Leidens
4. Die Wahrheit vom Weg zum Aufhören des Leidens

**Hindernisse** oder Hemmnisse, Die fünf:

1. Sinnliches Begehren
2. Übelwollen oder Zorn
3. Trägheit und Stumpfheit
4. Ruhelosigkeit und Bedauern
5. Zweifel

**Indriyas,** Die fünf: Fähigkeiten oder Kräfte des Geistes:

1. *Saddha* – Glaube
2. *Viriya* – Energie, Tatkraft
3. *Sati* – Achtsamkeit
4. *Samadhi* – Stille
5. *Panna* – Weisheit

**Jhana:** Tiefe meditative Verfassung der Stille und des Loslassens.

**Kamacchanda:** Verlangen nach der Welt der fünf Sinne.

**Kamma:** Willentliches Handeln oder Tun. In etwas freierer Auslegung wird der Begriff auch für die Auswirkungen des Handelns verwendet.

**Kennzeichen des Seins,** Die drei:
*Anicca* – Vergänglichkeit
*Dukkha* – Leid
*Anatta* – Nicht-Ich

**Khandhas:** Anhäufungen. Die Suttas nennen fünf Gruppen von geistigen und körperlichen Phänomenen, die unter dem Gesichtspunkt der drei Kennzeichen des Seins untersucht werden müssen. Diese fünf sind:

1. Körper – *Rupa*
2. Gefühl – *Vedana*
3. Wahrnehmung – *Sanna*
4. Geistige Formkräfte; willentliches Handeln von Körper, Rede und Geist – *Sankharas*
5. Bewusstsein – *Vinnana*

**Kruba Ajahn:** Meditationsmeister der thailändischen Wald-Tradition.

**Mahavamsa:** Ein Pali-Werk aus postkanonischer Zeit, das die frühe Geschichte Sri Lankas nachzeichnet. Wilhelm Geiger legte eine kritische Edition und später eine englische Übersetzung vor: *The Mahāvaṃsa or the Great Chronicle of Ceylon*, London: Pali Text Society, 1912. Die im vorliegenden Buch am Beginn des 10. Kapitels erzählte Geschichte von Kaiser Asoka und seinem Bruder lehnt sich an diese Übersetzung an.

**Mara:** Wörtlich »der Töter«, oft auch »der Böse« genannt. Er ist der Versucher, der immer darauf aus ist, die Lebewesen ans Rad der Wiedergeburt zu fesseln. In den Suttas wird sein Name auch als Inbegriff der geistigen Verunreinigungen verwendet.

**Metta:** Herzensgüte; der von Herzen kommende Wunsch, dass es anderen gut gehen möge, dass sie Glück und Frieden finden.

**Namarupa:** Ein umfassender Begriff für alle geistigen und körperlichen Aspekte des Seins mit Ausnahme des Bewusstseins.

**Nibbana:** Das »Erlöschen«, wie bei einer Flamme. Höchstes Ziel aller Buddhisten, die Auslöschung von Gier, Hass und Verblendung und damit das Ende aller Leiden.

**Nibbida:** Aversion, Widerwille oder Überdruss, insbesondere gegenüber dem Rad der Wiedergeburt. Nibbida ist die natürliche Folge von tiefer Einsicht und nicht etwa ein krankhafter Gemütszustand.

**Nimitta:** Zeichen oder Kennzeichen. Im Zusammenhang mit buddhistischer Meditation ein geistiges Bild, insbesondere ein innerlich gesehenes Licht.

**Niramisa-Sukha:** Wörtlich »nichtfleischliches Glück«; ein anderer Ausdruck für das Glück des tiefen Samadhi, insbesondere des Jhana-Zustands.

**Nirodha:** Das Aufhören, etwa in der dritten Edlen Wahrheit als Dukkha-Nirodha, das Aufhören des Leidens.

**Non Kai:** Eine Provinz im Nordosten Thailands.

**Pabhassara-Citta:** Der strahlende Geist; siehe zum Beispiel AN 1,49–52.

**Pali:** Eine mit dem Sanskrit verwandte Sprache, in der die Lehren des Buddha nach der Phase der mündlichen Überlieferung schriftlich niedergelegt wurden.

**Panna:** Weisheit.

**Parinibbana:** Vollkommenes Erlöschen; meist für das Ende des Lebens eines Buddha oder Arahant verwendet.

**Patinissagga:** Das »Loslassen« oder Preisgeben.

**Sabbasankharasamatha:** Volle Befriedung des Kamma erzeugenden Willens.

**Saddha:** Glaube oder Zuversicht.

**Samadhi:** Konzentration, Sammlung. Die Aufmerksamkeit bleibt anhaltend auf ein einziges Objekt ausgerichtet. Stille.

**Samatha:** Das ruhige Verweilen. Wird gern für Meditationsformen verwendet, die in die Jhanas führen, die tiefen meditativen Zustände des Loslassens.

**Sammasankappa:** Rechtes Denken oder rechte Absicht, das zweite Glied des edlen achtfachen Pfades.

**Samsara:** Wörtlich »das Weiterwandern«. Der Kreislauf von Tod und Wiedergeburt.

**Sangha:** Die Gemeinschaft der ordinierten Schüler des Buddha. Nach Buddha und Dhamma der dritte der drei Orte der Zuflucht für Buddhisten.

**Sankhara:** Im allgemeinen Sprachgebrauch der Suttas ist damit der Wille gemeint, siehe zum Beispiel SN 22,57. Manchmal ist damit alles Bedingte, das heißt aus Ursachen Hervorgegangene angesprochen.

**Sati-Sampajanna:** Achtsamkeit und klares Begreifen.
**Sila:** Tugend, sittlicher Lebenswandel.
**Sotapanna:** Ein »in den Strom Eingetretener«, der die erste Stufe der Erleuchtung erreicht hat. Ein Mensch, dem die volle Erleuchtung innerhalb der nächsten sieben Leben gewiss ist.
**Strom-Eintritt:** siehe Sotapanna.
**Sutta:** Lehrreden des Buddha oder eines seiner Hauptschüler, aufgezeichnet im Pali-Kanon.

**Tathagata:** Ausdruck, mit dem der Buddha sich selbst bezeichnete.
**Tipitaka:** Der dreiteilige Kanon der buddhistischen Schriften.

**Ubon:** Provinz im Nordosten Thailands. Dort befindet sich der Wat Pah Pong.
**Upadana:** Aufnehmen; halten; haften.
**Upasama:** Stille, Frieden.

**Vinaya:** Der Teil des buddhistischen Kanons, der die Regeln der Lebensführung für Mönche und Nonnen sowie die Anweisungen für das reibungslose Funktionieren des Sangha enthält.
**Viraga:** Verblassen, Distanzierung, Fehlen von sinnlicher Begierde, Leidenschaftslosigkeit. Viraga folgt aus tiefer Einsicht, in der man »die Dinge sieht, wie sie sind«, und daraus folgt ein Widerwille gegen Samsara.

**Wat Pah Nanachat:** Das internationale Waldkloster im nordöstlichen Thailand. Dieser Ableger von Ajahn Chahs Kloster Wat Pah Pong wurde 1975 von einer kleinen Gruppe von Westlern aufgebaut, darunter Ajahn Sumedho und Ajahn Brahm. Es war ausdrücklich für die Schulung ausländischer Mönche gedacht und ist bis heute das einzige seiner Art in Thailand.

**Wat Pah Pong:** Das von Ajahn Chah im Nordosten Thailands gegründete Kloster. Es ist heute das Hauptkloster von mehr als dreihundert angeschlossenen Klöstern der Linie Ajahn Chahs.

# ÜBER DEN AUTOR

Ajahn Brahm wurde 1951 in London geboren. Schon als sechzehnjähriger Schüler fühlte er sich nach der Lektüre buddhistischer Bücher als Buddhist. Während seines Studiums der theoretischen Physik an der Universität von Cambridge vertiefte er sein Interesse an Buddhismus und Meditation. Nach seinem Studienabschluss arbeitete er ein Jahr lang als Lehrer, ehe er nach Thailand auswanderte, um dort als Mönch zu leben.

Der Abt von Wat Sake ordinierte den Dreiundzwanzigjährigen, der danach neun Jahre lang unter dem Ehrwürdigen Meister Ajahn Chah die Meditationstradition der Waldklöster erlernte und praktizierte.

1983 wurde er um Hilfe bei der Gründung eines Waldklosters in der Nähe der westaustralischen Stadt Perth gebeten. Heute ist Ajahn Brahm selbst Abt des Bodhinyana-Klosters und spiritueller Leiter der buddhistischen Gesellschaft Westaustraliens. 2004 erhielt er die angesehene John-Curtin-Medaille für seine Vision, seine Anleitung und seinen Dienst an der australischen Gesellschaft. Der hoch gefragte Lehrer zieht mit seinen originellen und anschaulichen Gesprächen weltweit Tausende Menschen an.